物联网技术应用专业 *岗课赛证融通* 系列教材

物联网
运维与服务

主　编　唐　伟　施尚英
副主编　程　静　魏美琴
参　编　方小成　吕　盛　谭　强　赵　军　李小琼
主　审　唐　林　伍洪禄

电子工业出版社
Publishing House of Electronics Industry
北京·BEIJING

内 容 简 介

本书按照《物联网工程实施与运维职业技能等级标准（2021年版）》，秉承岗课赛证融通与中高职贯通的理念，以"理实一体"为原则，按照"项目—任务"的结构设计，充分体现项目引领、任务驱动的教学模式。全书包含智慧环境监测系统服务器搭建与配置、智慧社区安防监测系统设备配置与数据采集、智慧园区数字化监控系统运行监控、智慧农场系统管理与维护、智能车库设备故障处理等五个项目，覆盖了物联网系统运维与服务的常见技术。

本书既可作为职业院校物联网技术应用等相关专业的教材，也可作为物联网系统部署、物联网工程实施等岗位从业人员的自学参考书。

未经许可，不得以任何方式复制或抄袭本书之部分或全部内容。
版权所有，侵权必究。

图书在版编目（CIP）数据

物联网运维与服务 / 唐伟，施尚英主编. -- 北京：电子工业出版社，2025.8. -- ISBN 978-7-121-50253-8

Ⅰ. TP393.4；TP18

中国国家版本馆 CIP 数据核字第 2025T9Q305 号

责任编辑：张　凌
印　　刷：涿州市般润文化传播有限公司
装　　订：涿州市般润文化传播有限公司
出版发行：电子工业出版社
　　　　　北京市海淀区万寿路 173 信箱　　邮编：100036
开　　本：880×1230　1/16　　印张：14.75　　字数：377.6 千字
版　　次：2025 年 8 月第 1 版
印　　次：2025 年 8 月第 1 次印刷
定　　价：49.00 元

凡所购买电子工业出版社图书有缺损问题，请向购买书店调换。若书店售缺，请与本社发行部联系，联系及邮购电话：（010）88254888，88258888。

质量投诉请发邮件至 zlts@phei.com.cn，盗版侵权举报请发邮件至 dbqq@phei.com.cn。
本书咨询联系方式：（010）88254583，zling@phei.com.cn。

前　　言

近年来，在国家培育壮大发展新动能、加快发展新质生产力的形势下，物联网技术作为新一代信息技术的重要组成部分，应用在了越来越多的行业领域，成为推动产业数字化转型的重要引擎。随着经济的快速发展，企业对高素质、技能型物联网人才的需求日益迫切。随着国家"互联网+"行动和智能制造的深入发展，培养具备物联网设备安装、调试、运维能力的复合型技术技能人才已成为职业教育的重要任务。

本书内容紧扣产业发展需求，以真实工作场景为载体，注重学生实践能力的培养。本书特色如下。

1. 产教融合，项目化教学

本书采用"项目引领、任务驱动"的编写模式。每个项目均设有项目概述、学习目标、项目评价和思考练习，每项任务由任务导入、知识准备、任务实施三部分组成；帮助学生明确学习方向，巩固知识技能，形成"学—做—评—练"闭环；确保教学内容与行业需求紧密对接，助力学生实现从课堂到岗位的无缝衔接。

2. 理实一体，强化技能培养

全书模块丰富，内容生动，将理论与实践相结合，充分体现了"学中做"和"做中学"的教学理念，旨在培养学生的物联网系统管理、设备调试、故障排查、技术服务等核心职业能力。

3. 多元评价，注重能力考核

项目评价采用过程性评价与结果性评价相结合的方式，通过职业素养考核、专业能力考核等多维度考核学生综合能力，培养符合企业用人标准的高素质人才。

4. 资源丰富，提升教学效果

本书提供微课视频、PPT、教案等数字化资源，方便教师开展混合式教学，支持学生自主学习和技能强化。

物联网技术发展日新月异，由于编者水平有限，书中难免存在疏漏和不足之处，恳请专家和读者批评指正。

编　者

目　　录

项目一　智慧环境监测系统服务器搭建与配置 ········· 1
　　任务一　服务器操作系统安装及运行环境配置 ········· 2
　　任务二　服务器安全策略设置 ········· 18
　　任务三　Web 服务器搭建 ········· 33

项目二　智慧社区安防监测系统设备配置与数据采集 ········· 45
　　任务一　感知层设备配置 ········· 46
　　任务二　网络层设备配置 ········· 58
　　任务三　设备数据采集 ········· 70

项目三　智慧园区数字化监控系统运行监控 ········· 82
　　任务一　服务器日常运行监控 ········· 83
　　任务二　数据库日常运行监控 ········· 96
　　任务三　AIoT 平台日常运行监控 ········· 108

项目四　智慧农场系统管理与维护 ········· 118
　　任务一　售后服务方案设计 ········· 119
　　任务二　分布式物联网系统监控 ········· 125
　　任务三　系统运维与故障排查 ········· 138
　　任务四　系统数据库备份与还原 ········· 171

项目五　智能车库设备故障处理 ········· 182
　　任务一　车库环境系统设备运行监控 ········· 183
　　任务二　智能停车门禁系统故障维护 ········· 198
　　任务三　车位管理系统故障维护 ········· 219

项目一 智慧环境监测系统服务器搭建与配置

项目概述

智慧环境监测系统是基于物联网技术的农产品实时监测系统，该系统能通过服务器全程监测农产品的生长过程，实时调整农作物生长环境要素，如温湿度和光照度。该系统包括传感器、执行器、信号传输线路及服务器，其中服务器是整个系统的核心组成部分。本项目通过服务器操作系统安装及运行环境配置、服务器安全策略设置、Web 服务器搭建等几个实践任务来完成智慧环境监测系统服务器的搭建与配置。

学习目标

知识目标

1. 了解虚拟机的分类及主流虚拟机软件。
2. 了解 Windows Server 2019 的功能。
3. 认识 Microsoft .NET Framework 及 JDK。
4. 掌握账户管理、本地安全策略，以及防火墙的相关知识。
5. 了解 Web 服务器及 IIS 日志的相关知识。

技能目标

1. 能根据现场的实际要求，选择、安装和配置虚拟机软件。
2. 会根据服务器配置，选择、安装和配置操作系统。
3. 会根据系统应用软件的需要，安装、配置、运行环境相关的软件。
4. 能根据用户管理的需要，设置服务器不同层级的用户和用户组。
5. 会根据安全性和保密性的需要，设置服务器的文件和文件夹权限。
6. 会根据访问安全的需要，设置服务器的本地安全策略和防火墙。
7. 能对照系统安装文档安装 IIS 服务器。
8. 会根据网站建设要求设置 Web 服务器网站。
9. 会通过查看 Web 服务器日志文件诊断系统安装和维护时所出现的问题。

素养目标

1. 体验实践出真知的道理，培养实验精神和创新思维。
2. 全方位、全地域、全过程加强生态环境保护。

任务一　服务器操作系统安装及运行环境配置

任务导入

任务描述

某公司在物联网领域积累了丰富的经验，其业务涵盖物联网设计、施工和运维等方面。近期，该公司接到了阳光农场的智慧农业项目——环境监测系统。阳光农场期望通过该系统全程监测农产品的生长过程，实时调整农产品的生长环境要素，如温湿度和光照度。该公司将为阳光农场提供可靠的、定制化的智慧农业解决方案，以提高农产品的生产效率和质量。

公司决定安排工程师 A 负责服务器的搭建和配置。工程师 A 抵达现场后，按照合同约定进行现场实地环境勘察，并与用户进行沟通，确定虚拟机搭载 Windows Server 2019 操作系统，并安装 .NET Framework 和 JDK 软件，完成服务器操作系统的安装和运行环境的配置。

任务要求

1. 选择、安装和配置虚拟机软件。
2. 安装 Windows Server 2019 操作系统。
3. 安装 .NET Framework 和 JDK 软件。

知识准备

一、认识虚拟机

虚拟机，英文全称为 Virtual Machine，是指通过软件模拟的具有完整硬件系统功能的计算机系统，模拟的系统具备硬件系统功能，并在完全隔离的环境中运行。简单来说，就是虚拟机能够实现实体计算机的功能，并完成各项工作任务。当虚拟机安装在宿主机（实体计算机）上时，需要将宿主机的部分硬盘和内存容量作为虚拟机的硬盘和内存容量。每台虚拟机都有独立的 CMOS、硬盘和操作系统，用户可以像使用实体计算机一样对虚拟机进行操作。

（一）虚拟机分类

虚拟机可分为系统虚拟机、程序虚拟机和操作系统层虚拟化三类，具体分类见表 1-1。

表 1-1 虚拟机分类

类型	特点	常见机型
系统虚拟机	系统虚拟机是一种安装在计算机上的虚拟化操作系统，其本质是宿主机上的文件，而非一个完整的操作系统。但是系统虚拟机可以实现与实体计算机的操作系统相同的功能	Linux 虚拟机、Microsoft 虚拟机、Mac 虚拟机、BM 虚拟机、HP 虚拟机、SWsoft 虚拟机、SUN 虚拟机、Intel 虚拟机、AMD 虚拟机、BB 虚拟机等
程序虚拟机	程序虚拟机可以模拟实体计算机的多种功能，是一个虚拟的计算机程序。程序虚拟机具有完善的硬件架构，如处理器、堆栈、寄存器，以及相应的指令系统等	Java 虚拟机（简称 JVM）
操作系统层虚拟化	操作系统层虚拟化是一种虚拟化技术，可以将操作系统内核进行虚拟化，允许用户将软件的空间分割成几个独立的单元，并在内核中运行，而不仅仅是运行一个单一组件。软件组件通常也被称为容器（Container）、虚拟引擎（Virtualization Engine）、虚拟专用服务器（Virtual Private Server）或 Jail	Docker 容器

（二）主流虚拟机软件

1.VMware Workstation

VMware 是一个独立软件公司，于 1998 年 1 月创立，主要研究工业领域中的大型主机级虚拟技术计算机，并于 1999 年发布了其首款产品——基于主机模型的虚拟机 VMware Workstation。VMware 目前是虚拟机市场上的领航者，首先提出并采用气球驱动程序、影子页表、虚拟设备驱动程序等技术，这些技术后来均被其他的虚拟机采用。在 VMware 中可以同时运行 Linux、DOS、Windows、UNIX 等操作系统。

2.VirtualBox

VirtualBox 由德国 Innotek 公司开发，由 Sun Microsystems 公司出品，是一款开源虚拟机软件。在 Sun Microsystems 公司被 Oracle 公司收购之后，该软件正式更名为 Oracle VM VirtualBox。用户可以在 VirtualBox 上安装并执行 Solaris、Windows、DOS、Linux、OS/2 Warp、BSD 等系统，并将其作为客户端操作系统。

3.Virtual PC

Virtual PC 是 Microsoft 最新的虚拟化软件技术。此技术可以在一台计算机上同时运行多个操作系统。和其他虚拟机一样，Virtual PC 可以在一台计算机上同时模拟多台计算机，使虚拟机使用起来与实体计算机一样，还可以进行 BIOS 设定、硬盘进行分区、格式化、操作系统安装等操作。

二、了解 Windows Server 2019

根据不同公司和操作系统内部结构划分，目前市面上主流的操作系统可以分为 Windows、

Linux、UNIX 等。属于 Windows 类的 Windows Server 系列是 Microsoft 公司在 2003 年 4 月 24 日推出的服务器操作系统，其核心是 Microsoft Windows Server System，目前常用的服务版本是 Windows Server 2019。Windows 类的操作系统在界面图形化、多用户、多任务、网络支持、硬件支持等方面都有良好表现。

（一）Windows Server 2019 功能

1. 混合云

Windows Server 2019 提供混合云服务，包括具有 Active Directory 的通用身份平台、基于 SQL Server 技术构建的通用数据平台，混合管理和 Server Core。

（1）混合管理。混合管理为 Windows Server 2019 的内置功能。Windows Admin Center（管理中心）将传统的 Windows Server 管理工具整合到基于浏览器的现代远程管理应用中，该应用适用于任何环境（物理环境、虚拟环境、本地环境、Azure 和托管环境）。

（2）Server Core。Windows Server 2019 中的 Server Core 可按需求应用其兼容性功能，同时它还包含具有桌面体验图形环境的 Windows Server 中的一部分二进制文件和组件，这使它无须添加环境本身，因此显著提高了 Windows Server 核心安装选项的应用兼容性，增加了 Server Core 的功能，同时尽可能地保持精简。

2. 安全增强

Windows Server 2019 中的安全性方法包括三个方面：保护、检测和响应。

（1）Windows Defender 高级威胁检测。Windows Server 2019 集成的 Windows Defender 高级威胁检测可发现并解决安全漏洞，防止主机被入侵。该检测会锁定设备以避免攻击媒介和恶意软件的攻击，从而保护结构虚拟化功能，帮助其适用 Windows Server 或 Linux 工作负载的受防护虚拟机；还可保护虚拟机工作负载免受未经授权的访问。打开具有加密子网的交换机的开关，即可保护网络流量。

（2）Windows Defender ATP。Windows Server 2019 将 Windows Defender 高级威胁防护（ATP）嵌入到了操作系统中，可提供预防性保护、检测攻击、零日漏洞及其他功能。这使得用户可以访问深层内核和内存传感器，从而提高性能和防篡改，并在服务器计算机上启用相应操作。

3. 容器改进

Windows Server 2019 的容器技术可帮助 IT 专业人员和开发人员进行协作，从而更快地交付应用程序。通过将应用从虚拟机迁移到容器中，同时将容器优势转移到现有应用中，且只需最少量的代码更改。

（1）容器支持。Windows Server 2019 可以借助容器更快地实现应用现代化。它提供更小的 Server Core 容器镜像，可加快下载速度，并为 Kubernetes 集群和 Red HatOpenShift 容器平台的计算、存储和网络连接提供更强大的支持。

（2）工具支持。Windows Server 2019 改进了 Linux 操作系统，基于之前对并行 Linux 和 Windows 操作系统的支持，还可为开发人员提供对 Open SSH、Curl 和 Tar 等标准工具的支持，从而降低复杂性。

（3）应用程序兼容。Windows Server 2019 使基于 Windows 操作系统的应用程序容器化变得更加简单,提高了现有 Server Core 容器映像的应用兼容性。

(4)性能改进。Windows Server 2019 容器基础映像的安装包大小、本地文件的大小和启动时间都得到了改善,从而加快了容器工作流。

4. 超融合

Windows Server 2019 中的技术扩大了超融合基础架构(HCI)的规模,增强了性能和可靠性。通过具有成本效益的高性能软件定义的存储和网络使 HCI 更加普及,它允许部署规模从 2 个节点扩展到 100 多个节点。

Windows Server 2019 中的 Windows Admin Center 是一个基于轻量级浏览器且部署在本地的平台,可整合资源以增强可见性和可操作性,进而简化 HCI 部署的日常管理工作。

(二)Windows Server 2019 版本介绍

1. 许可版本

Windows Server 2019 目前包括 3 个许可版本,各个版本的应用场景如下。

(1)Datacenter Edition(数据中心版)适用于高虚拟化数据中心和云环境。

(2)Standard Edition(标准版)适用于物理或最低限度虚拟化环境。

(3)Essentials Edition(基本版)适用于不超过 25 个用户或不超过 50 台设备的小型企业。

2. 版本区别

基本版目前应用较少,所以主要将标准版和数据中心版进行比较,见表 1-2。其中,Hyper-V 是 Microsoft 提出的一种系统管理程序虚拟化技术,能够实现桌面虚拟化,这样设计是想为广泛的用户提供更熟悉、成本效益更高的虚拟化基础设施软件,降低运作成本、提高硬件利用率、优化基础设施,以及增强服务器的可用性。

表 1-2 标准版和数据中心版比较

功能	标准版	数据中心版
可用作虚拟化主机	支持,每个许可证允许运行两台虚拟机及一台 Hyper-V 主机	支持,每个许可证允许运行无限台虚拟机及一台 Hyper-V 主机
Hyper-V	支持	支持,包括受防护的虚拟机
网络控制器	不支持	支持
容器	支持(Windows 容器不受限制;Hyper-V 容器最多为两个)	支持(Windows 容器和 Hyper-V 容器均不受限制)
主机保护对Hyper-V支持	不支持	支持
存储副本	支持(一种合作关系和一个具有单个 2 TB 卷的资源组)	支持,无限制
存储空间直通	不支持	支持
继承激活	在托管于数据中心时作为访客	可以是主机或访客

三、Microsoft .NET Framework 介绍

Microsoft .NET Framework（简称 .NET Framework）是用于 Windows 操作系统的新托管代码编程模型。其用于构建在视觉上引人注目的应用程序，能实现跨技术边界的无缝通信，还能支持各种业务流程。每台计算机上都需要安装 Microsoft .NET Framework，它是开发框架的运行库。如果程序最开始是使用 .NET 开发的，则需要使用 Microsoft .NET Framework 作为底层框架。

Microsoft .NET Framework 支持生成和运行 Windows 应用及 Web 服务，旨在实现下列目标。

（1）提供一个一致的、面向对象的编程环境，无论对象代码是在本地、Web 服务器中，还是远程存储和执行。

（2）提供一个将软件部署和版本控制冲突最小化的代码执行环境。

（3）提供一个可提高代码（由未知的或不完全受信任的第三方创建的代码）执行安全性的代码执行环境。

（4）提供一个可消除脚本环境或解释环境性能问题的代码执行环境。

（5）使开发人员在面对类型大不相同的应用（基于 Windows 操作系统的应用和基于 Web 的应用）时经验是一样的。

（6）按照工业标准生成所有通信，确保基于 .NET Framework 生成的代码可与任何代码集成。

四、Java Development Kit 介绍

Java 运行环境（Java Runtime Environment，JRE）是一个软件，它可以让计算机系统运行 Java 应用程序（Application Program）。JRE 的内部有一个 Java 虚拟机（Java Virtual Machine，JVM），以及一些标准的类函数库（Class Library）。

Java Development Kit（JDK）是 Java 语言的软件开发工具包，主要用于移动设备、嵌入式设备上的 Java 应用程序。JDK 是整个 Java 开发的核心，包含了 JRE 和 Java 集成开发工具。

没有 JDK，就无法编译 Java 程序（指 Java 源码 .java 文件）。如果只想运行 Java 程序（指 class、.jar 或其他归档文件），则要确保已安装相应的 JRE。Java 各种集成开发工具、JVM、JRE、JDK、OS 之间的关系如图 1-1 所示。

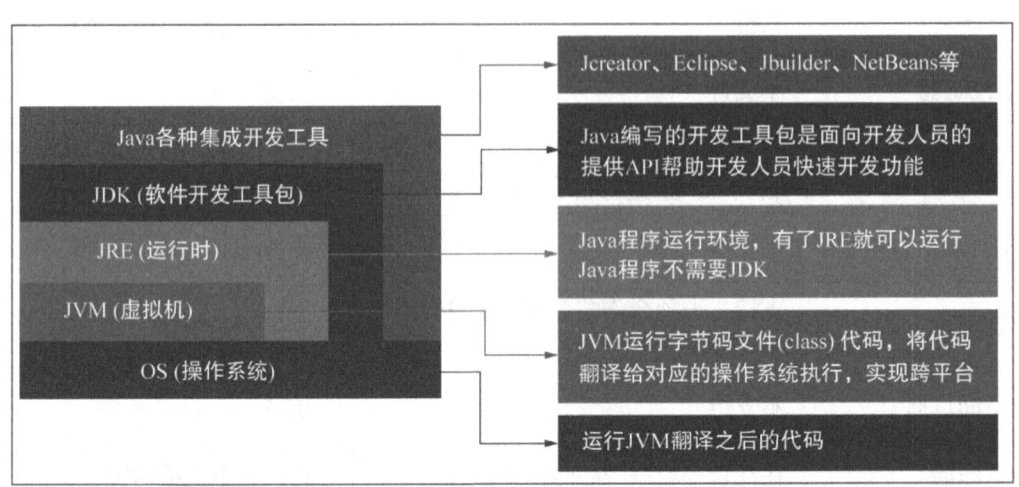

图 1-1　Java 各种集成开发工具、JVM、JRE、JDK、OS 之间的关系

任务实施

一、环境监测系统虚拟机安装

本任务选用 VirtualBox 作为虚拟电脑安装软件，具体操作如下。

（一）下载 VirtualBox 软件

访问 VirtualBox 官方网站，本任务的宿主机使用的是 Windows 操作系统，根据这一情况选择"Windows hosts"选项，如图 1-2 所示。

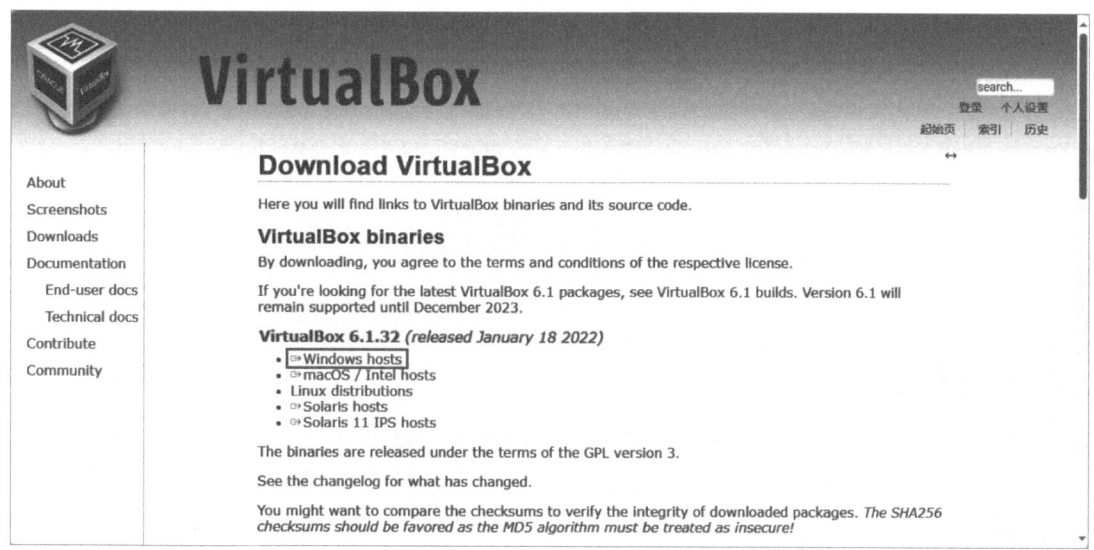

图 1-2　VirtualBox 软件下载

（二）安装 VirtualBox 软件

软件安装过程极为简单，双击待安装软件，按照默认的提示安装即可。

二、环境监测系统 Windows Server 2019 安装

（一）下载 Windows Server 2019

Microsoft 官方网站提供各种版本的 Windows 操作系统下载源。例如，下载 Windows Server 2019，只需到 Microsoft 官方网站，按照网站提示下载即可。

（二）安装 Windows Server 2019

在已经安装的虚拟电脑上进行 Windows Server 2019 的安装，具体操作如下。

1. 虚拟电脑的创建

单击"新建"按钮，在"名称"文本框中输入虚拟电脑名称"Windows Server 2019"，在"版本"下拉列表中选择"Other Windows（64-bit）"选项，如图 1-3 所示。单击"下一

7

步"按钮,在弹出的对话框中设置内存容量,建议至少为 4 096 MB,并选择"现在创建虚拟硬盘"选项。

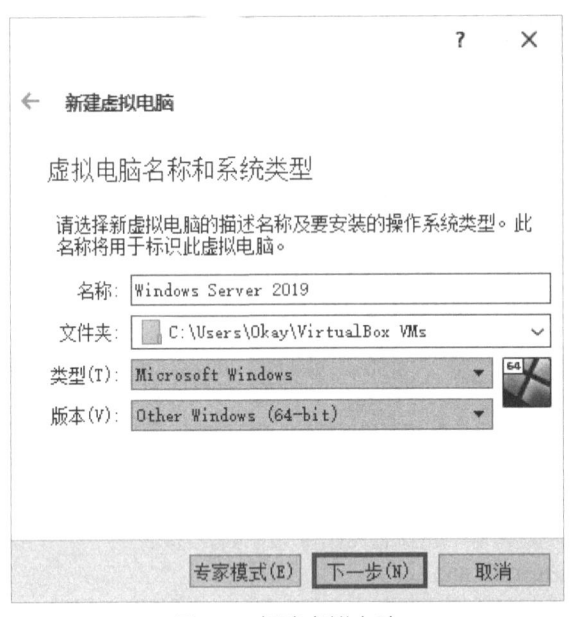

图 1-3　新建虚拟电脑

2. 虚拟硬盘创建

"虚拟硬盘文件类型"设置为"VDI(VirtualBox,磁盘映像)",将"硬盘空间使用"设置为"动态分配",单击"下一步"按钮。在"创建虚拟硬盘"对话框中选择文件存放的位置和设置硬盘大小,建议将硬盘大小设置为"30 GB",单击"创建"按钮即可完成,如图 1-4 所示。

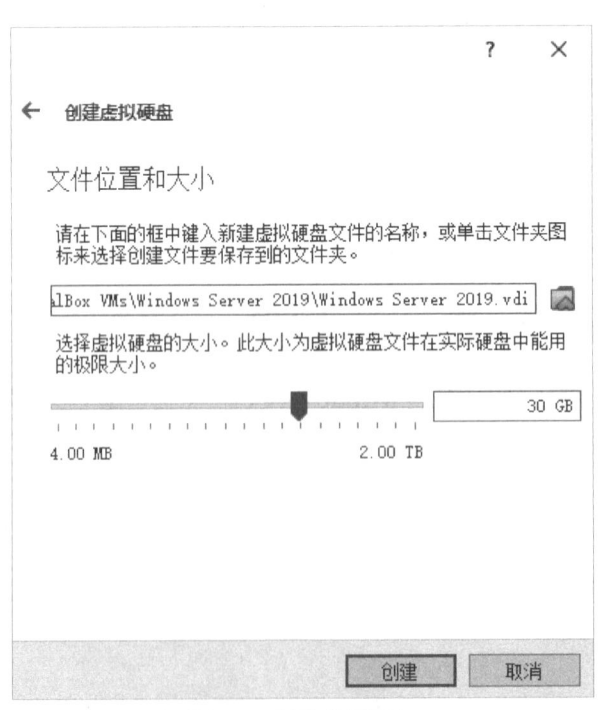

图 1-4　创建虚拟硬盘

3. 虚拟电脑启动

这时"Oracle VM VirtualBox 管理器"界面左侧列表中将出现"Windows Server 2019"选项，此时须单击界面右侧列表中的"启动"按钮，如图 1-5 所示。

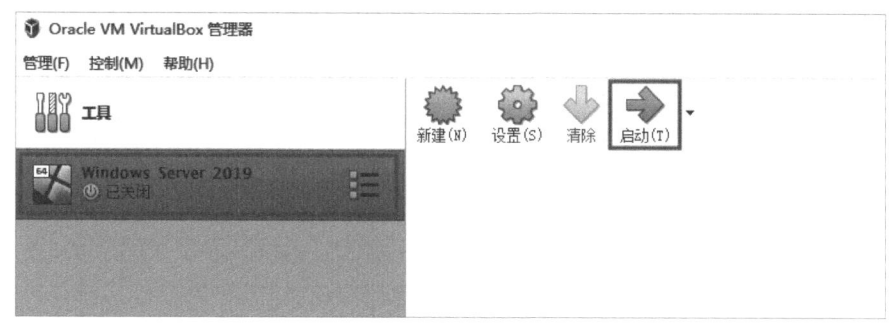

图 1-5　启动虚拟电脑

4. 启动盘选择

在弹出的"选择启动盘"对话框中，选择 Windows Server 2019 的 ISO 文件，单击"启动"按钮，如图 1-6 所示。

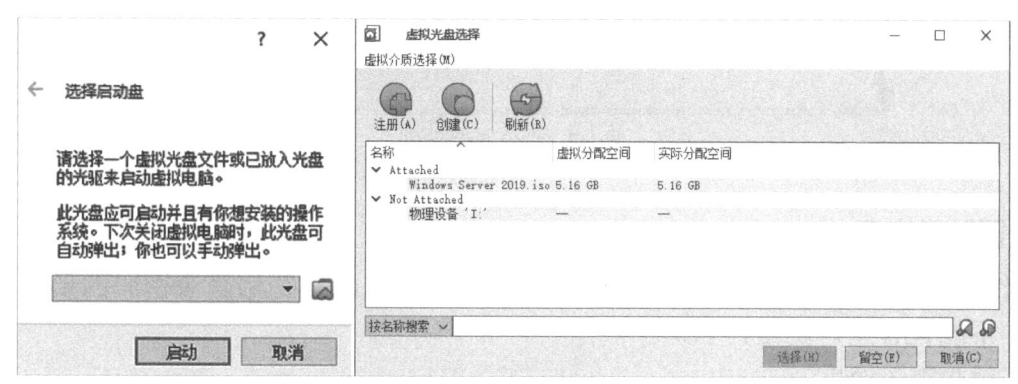

图 1-6　选择启动盘

5. 操作系统安装

按照安装程序向导的提示进行安装，在倒数第二个设置操作之前的操作都较为简单，这里只做简要说明，具体操作如下。

（1）"要安装的语言""时间和货币格式""键盘和输入方法"均选择默认选项，单击"下一步"按钮。

（2）在弹出的对话框中单击"现在安装"按钮。

（3）在"激活 Windows"对话框中选择"我没有产品密钥"选项。

（4）在"选择要安装的操作系统"对话框中选择"Windows Server 2019 Standard（桌面体验）"选项，单击"下一步"按钮。

（5）在"适用的声明和条款"对话框中勾选"我接受许可条款"复选框，单击"下一步"按钮。

（6）在"你想执行哪种类型的安装"对话框中，勾选"自定义，仅安装 Windows（高级）"复选框。

9

6. 磁盘空间划分

磁盘空间的划分至关重要，当弹出"你想将 Windows 安装在哪里？"对话框时，需要创建分区，如图 1-7 所示。单击"新建"按钮，输入磁盘大小，如 15 360 MB（建议系统盘大小至少为 10 240 MB，即 10 GB），单击"应用"按钮，建议将硬盘至少划分为两个分区。

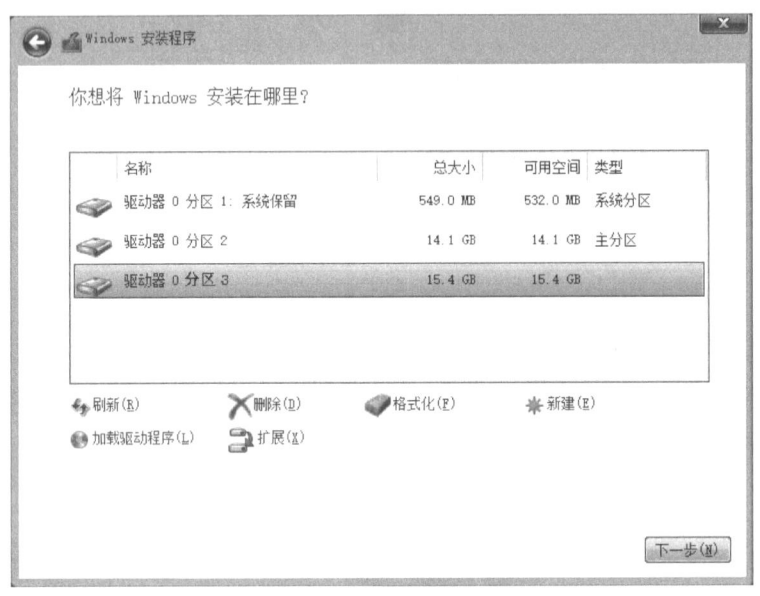

图 1-7　划分磁盘空间

7. 设置登录密码

在操作系统自动安装完成之后，提示设置初始登录密码，初始登录密码的要求如下。

（1）不能包含用户的账户名。

（2）至少有 6 个字符。

（3）至少包含以下 4 类字符中的 3 类字符：英文大写字母（A~Z）、英文小写字母（a~z）、基本数字（0~9）、特殊字符（!、$、#、% 等）。

三、环境监测系统 Windows Server 2019 网络配置

在虚拟机上完成 Windows Server 2019 的安装工作之后，Windows Server 2019 还需要能够对 Internet 网络进行访问。因此，还需进行相应的网络配置，具体操作如下。

（一）设置 VirtualBox

在"Orade VM VirtualBox 管理器"界面中完成宿主机与虚拟机之间的网络设置。选择"Windows Sever 2019"选项，单击"设置"按钮，在"Windows Server 2019 - 设置"界面中选择"网络"选项，在对应的选项卡中将"连接方式"设置为"桥接网卡"，"名称"设置为宿主机当前连接 Internet 所使用的网卡，"混杂模式"设置为"全部允许"，单击"确定"按钮。VirtualBox 虚拟机网络设置如图 1-8 所示。

项目一 智慧环境监测系统服务器搭建与配置

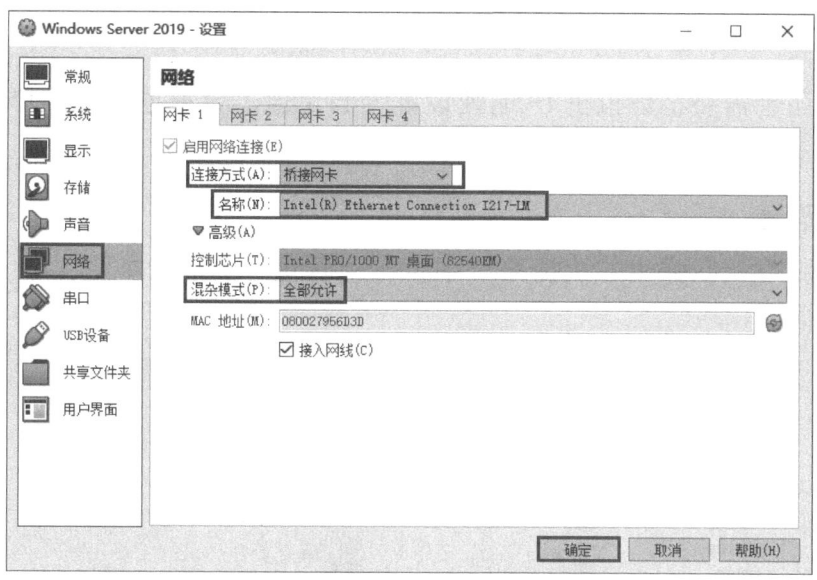

图 1-8 VirtualBox 虚拟机网络设置

（二）宿主机和虚拟机间网络测试

在宿主机上通过"Win+R"组合键打开"运行"程序，在文本框中输入"cmd"，单击"确定"按钮，打开命令提示符窗口。在打开的窗口中输入"ipconfig/all"命令，如图1-9所示，获取宿主机的 IP 地址，如 192.168.1.4。

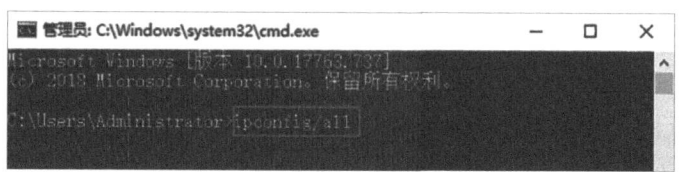

图 1-9 获取宿主机的 IP 地址

在虚拟机上同样通过"Win+R"组合键打开"运行"程序，在文本框中输入"cmd"，单击"确定"按钮，打开"命令提示符"窗口。执行 ping 宿主机 IP 命令，测试虚拟机与宿主机间网络连接的通断，能 ping 通并且无任何数据包丢失表明连接正常，如图 1-10 所示。

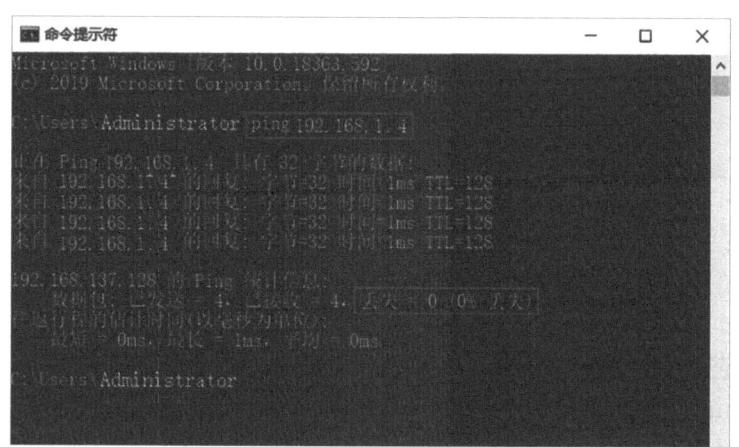

图 1-10 虚拟机与宿主机连接通断测试

11

（三）虚拟机静态 IP 地址设置

日常中可能还会需要将虚拟机 IP 地址设置为固定值，这里也进行简单说明，具体操作如下。

1. 服务器管理器

右击"此电脑"，在弹出的快捷菜单中执行"管理"命令，如图 1-11 所示，弹出"服务器管理器"对话框。

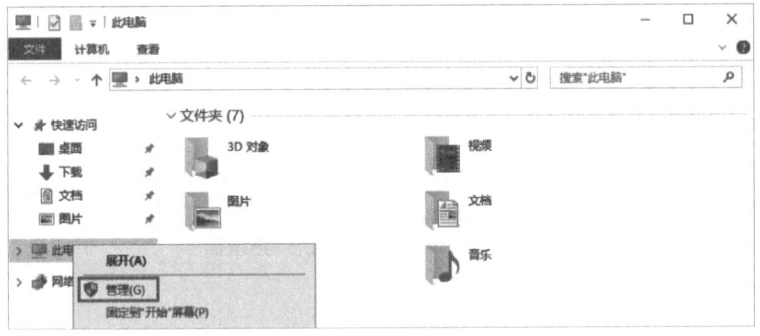

图 1-11 打开服务器管理器

2. 网络连接

在"服务器管理器"对话框中选择"本地服务器"选项，单击"由 DHCP 分配的 IPv4 地址，IPv6 已启用"文字链接，双击"网络连接"界面中的"以太网"图标，如图 1-12 所示，弹出"以太网状态"对话框。

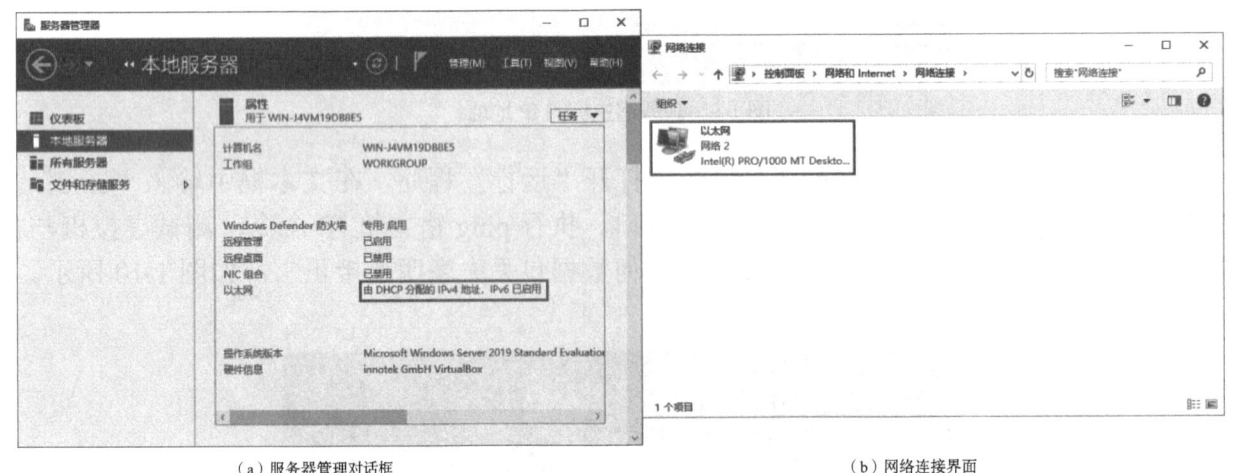

（a）服务器管理对话框　　　　　　　　　　　　（b）网络连接界面

图 1-12 网络连接

3. IP 地址设置

在"以太网状态"对话框中执行"属性"命令，弹出"以太网属性"对话框，选择"Internet 协议版本 4（TCP/IPv4）"选项，在弹出的"Internet 协议版本 4（TCP/IPv4）属性"对话框中输入需要的 IP 地址、子网掩码、默认网关和 DNS 服务器地址，单击"确定"按钮即可完成，如图 1-13 所示。

项目一　智慧环境监测系统服务器搭建与配置

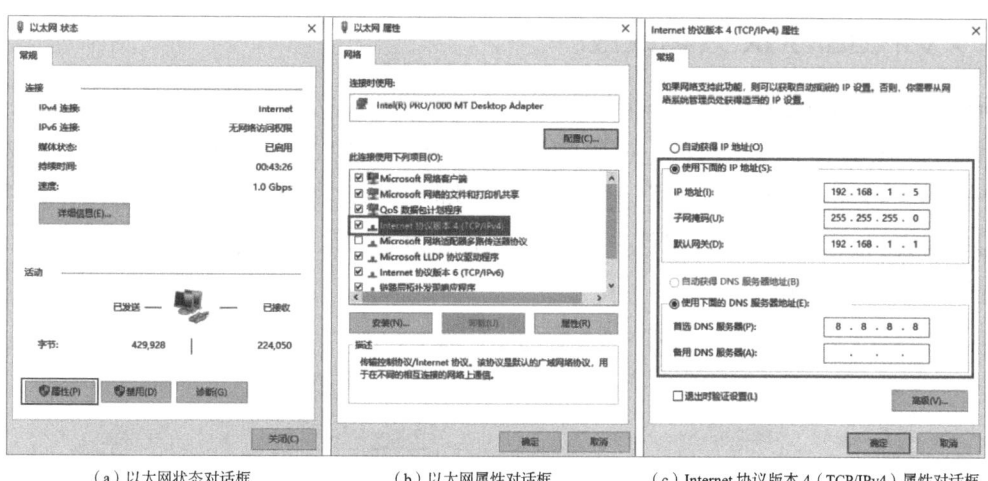

（a）以太网状态对话框　　　　　（b）以太网属性对话框　　　　（c）Internet 协议版本 4（TCP/IPv4）属性对话框

图 1-13　设置 IP 地址

四、环境监测系统服务器共享文件夹设置

本操作的目的是在环境监测系统服务器的宿主机和虚拟机之间创建共享文件夹，以实现两者之间的文件共享，具体操作如下。

（一）宿主机共享文件夹创建及设置

在宿主机上创建名为"虚拟机共享"的文件夹，右击该文件夹，在弹出的快捷菜单中执行"属性"命令，在弹出的"虚拟机共享属性"对话框中选择"共享"选项卡，在"共享"选项卡中单击"共享"按钮，在弹出的"网络访问"对话框中选择要与其共享的用户，如"asus"，执行"共享"命令，将提示"你的文件夹已共享"，单击"完成"按钮即可完成，如图 1-14 所示。

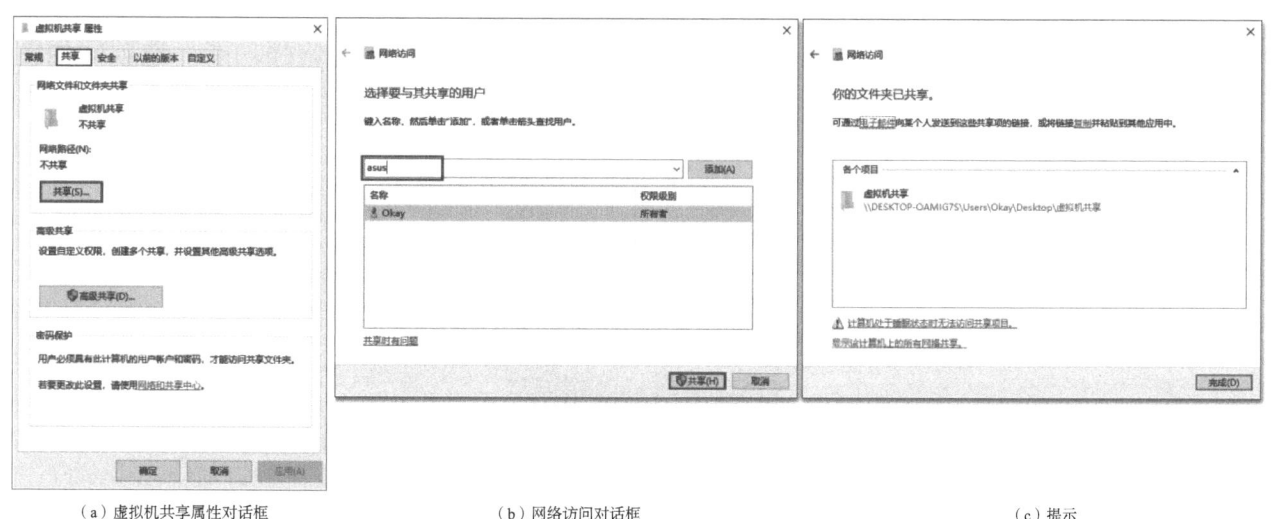

（a）虚拟机共享属性对话框　　　　　（b）网络访问对话框　　　　　（c）提示

图 1-14　设置共享文件夹

13

（二）VirtualBox 共享设置

在"Oracle VM VirtualBox 管理器"界面中单击"设置"按钮，弹出"Windows Server 2019 - 设置"对话框，在对话框中选择"共享文件夹"选项，单击右侧的图标或者按"Insert"键，在弹出的"添加共享文件夹"对话框中，将"共享文件夹路径"设置为宿主机创建的虚拟机共享文件夹的路径，勾选"固定分配"复选框，单击"确定"按钮，即可完成VirtualBox 共享如图 1-15 所示。

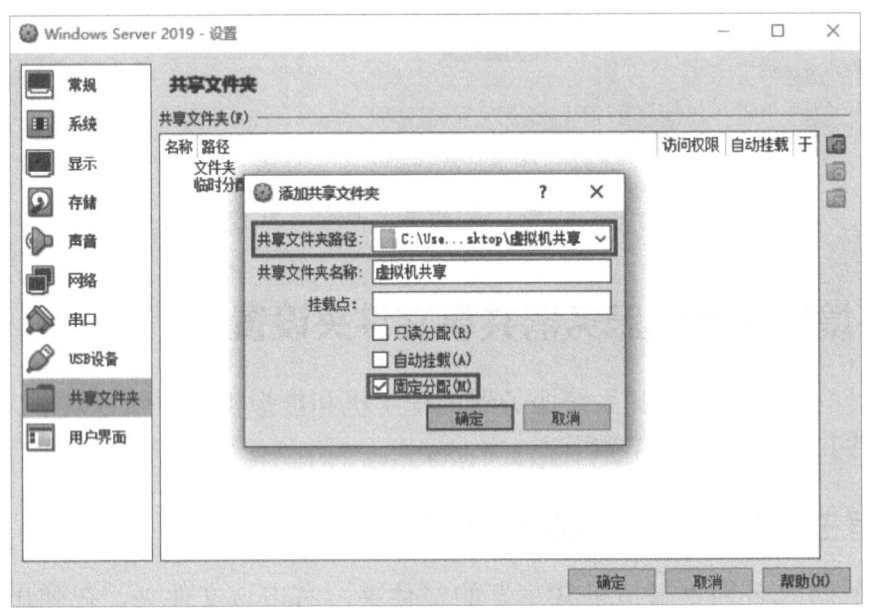

图 1-15　设置 VirtualBox 共享

（三）虚拟机共享设置

1. 增强功能安装

在虚拟机上单击"设备"按钮，在弹出的快捷菜单中选择"安装增强功能"选项，如图 1-16 所示。

图 1-16　安装增强功能

2.VBoxWindowsAdditions 安装

在"此电脑"界面中单击"CD 驱动器"图标，双击"VBoxWindowsAdditions"应用程序，按照提示完成安装并重启。

3. 网络发现和文件共享设置

在"此电脑"界面中选择"网络"选项，执行"启用网络发现和文件共享"命令，如图 1-17 所示。

图 1-17　启用网络发现和文件共享

随后出现"VBOXSVR"图标，单击该图标可以看到宿主机创建的共享文件夹，通过该文件夹可以实现宿主机和虚拟机之间的文件共享，如图 1-18 所示。

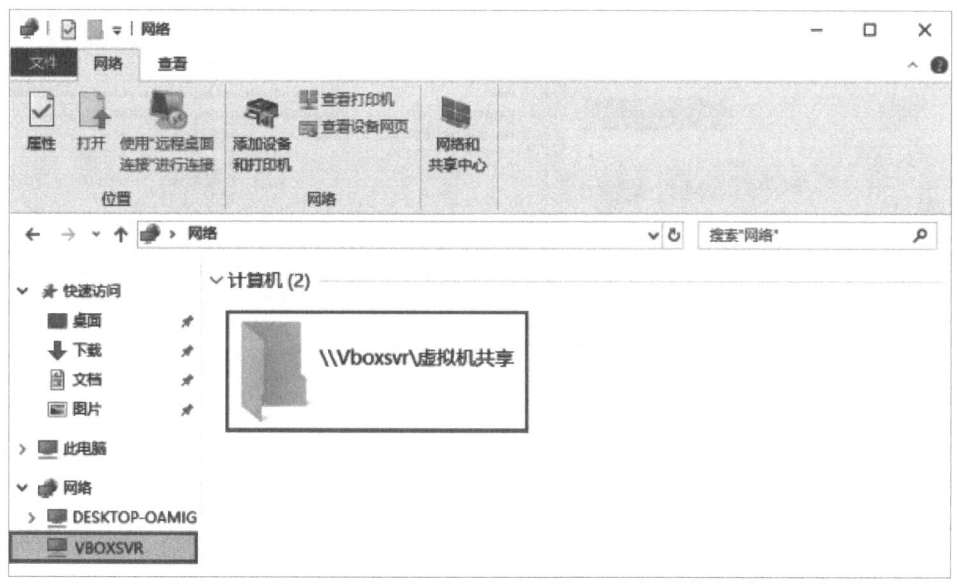

图 1-18　共享文件夹

五、环境监测系统 JDK 安装

（一）下载 JDK 软件

访问 Oracle 官方网站，选择"资源"→"Java 下载"选项，在 Java 软件列表中选择面向开发人员的 JDK，选择 Windows 操作系统版本的 64 位压缩包进行下载。

（二）安装 JDK 软件

在虚拟机上安装已经下载的 JDK 压缩包，整个安装过程非常简单，按照提示安装即可。

（三）JDK 环境变量设置

1. 环境变量设置界面

右击"此电脑"，在弹出的快捷菜单中执行"属性"命令，在"系统"界面中选择"高级系统设置"选项，在弹出的"系统属性"对话框中选择"高级"选项卡，单击"环境变量"按钮，弹出"环境变量"对话框，在系统变量选区中单击"新建"按钮，如图1-19所示。

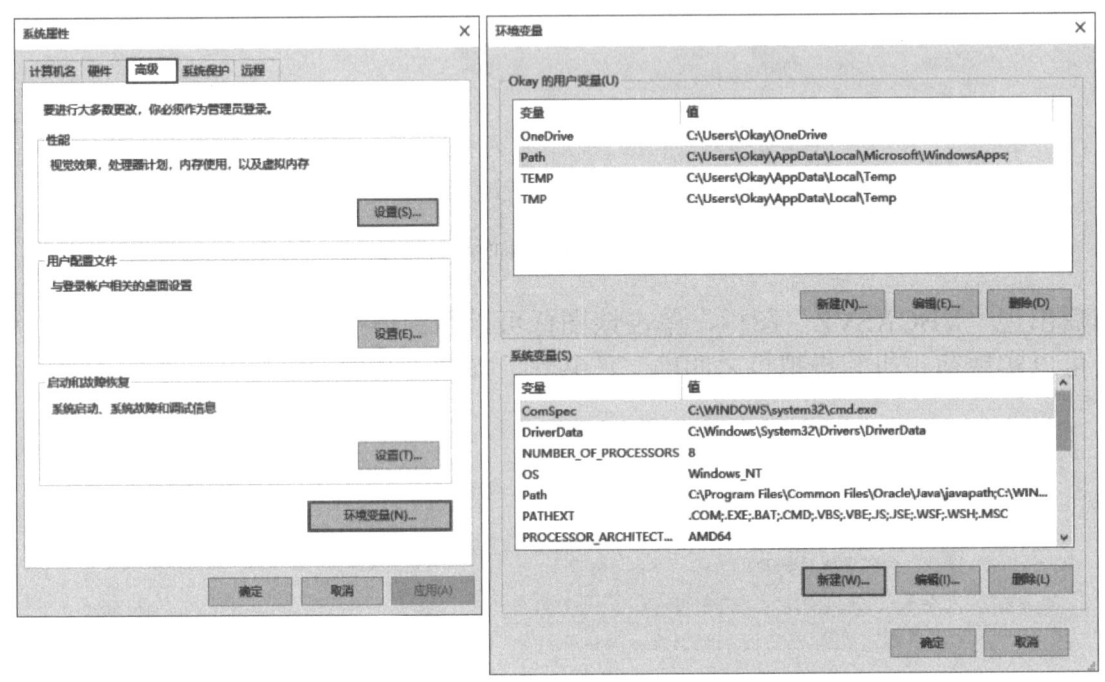

（a）系统属性对话框　　　　　　　　　　（b）环境变量对话框

图1-19　设置环境变量

2. JAVA_HOME 环境变量设置

在"新建系统变量"对话框中，填写"变量名"为"JAVA_HOME"，设置"变量值"为JDK的安装路径，也可以通过单击"浏览目录"按钮填写变量值，单击"确定"按钮，如图1-20所示，将返回"环境变量"对话框。

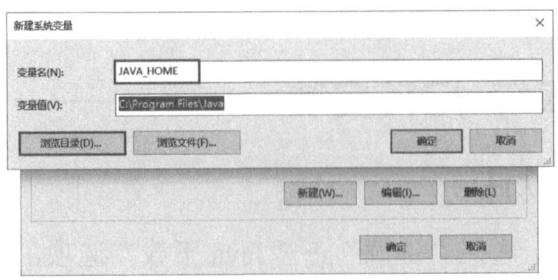

图1-20　设置JAVA_HOME环境变量

3. CLASSPATH 环境变量设置

再次单击环境变量对话框中的"新建"按钮，弹出"新建系统变量"对话框，填写

"变量名"为"CLASSPATH",设置"变量值"为".;%JAVA_HOME%lib\dt.jar;%JAVA_HOME%\lib\tools.jar",单击"确定"按钮,如图 1-21 所示,返回"环境变量"对话框。

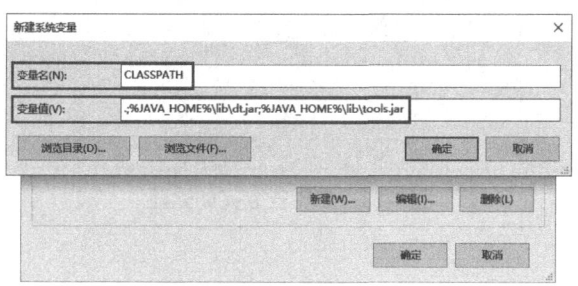

图 1-21　设置 CLASSPATH 环境变量

4.Path 环境变量设置

在"系统变量"选区中选中"Path"变量,单击"编辑"按钮,在弹出的"编辑环境变量"对话框中单击"新建"按钮,在文本框中输入"%JAVA_HOME%\bin",单击"确定"按钮,如图 1-22 所示。

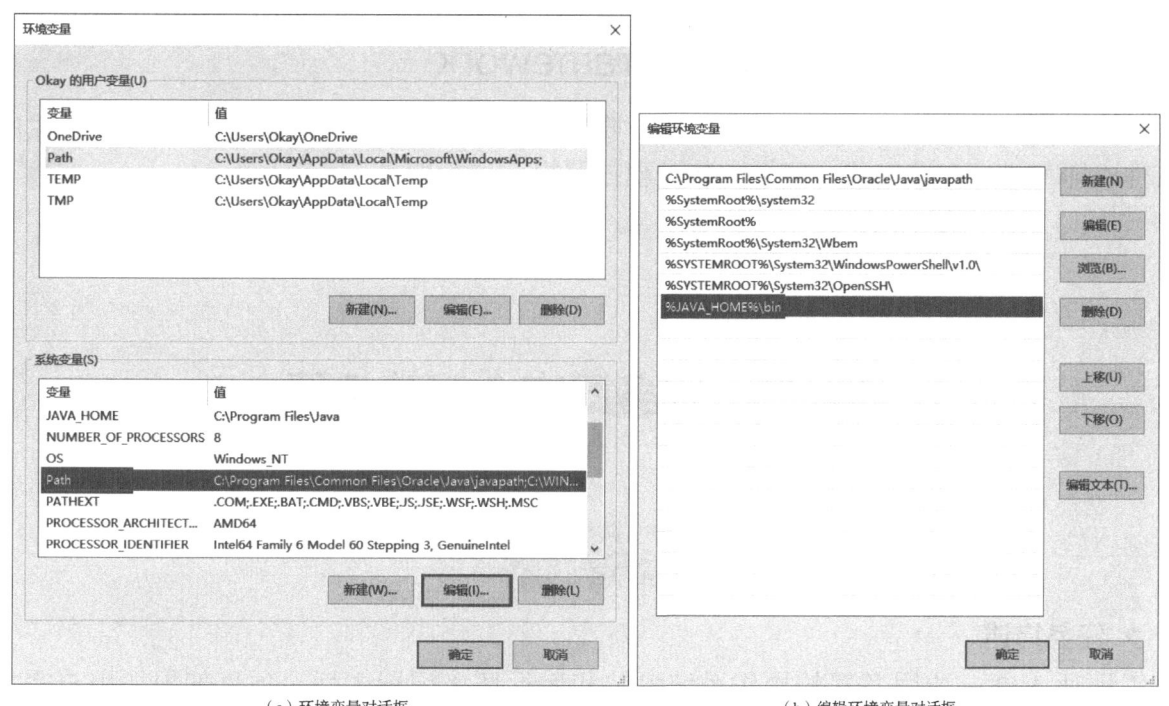

（a）环境变量对话框　　　　　　　　　　　（b）编辑环境变量对话框

图 1-22　设置 Path 环境变量

将 JDK 环境变量都设置好之后,单击"确定"按钮,退出系统环境变量设置界面。

5.JDK 安装完成验证

在 JDK 环境变量设置完成之后,按"Win+R"组合键,打开"运行"程序,在文本框中输入"cmd"并单击"确定"按钮,打开命令提示符窗口,输入"java -version"命令。如果能够看到 JDK 的版本号,则说明 JDK 安装成功,如图 1-23 所示。

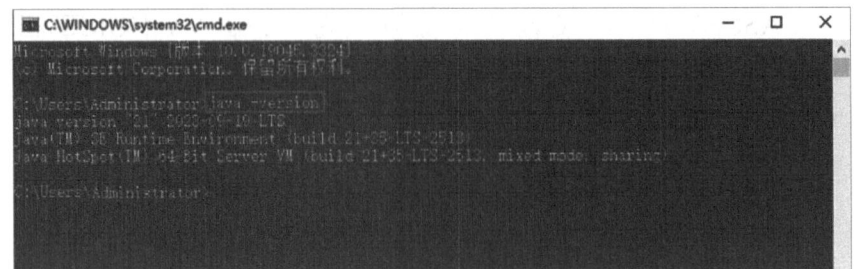

图 1-23　JDK 安装完成验证

六、环境监测系统 Microsoft .NET Framework 安装

（一）下载 Microsoft .NET Framework

访问 Microsoft 官方网站，下载 .NET Framework。安装该软件的目的是使采用 .NET Framework 开发的应用程序能够在服务器上正常运行，这样不需要下载用于应用程序开发的 Developer Pack 版本，选择包含运行库的 Runtime 版本即可。

（二）安装 Microsoft .NET Framework

在安装 Microsoft .NET Framework 时需要保持与 Internet 网络连接通畅，双击下载的安装文件，即可进行在线安装，整个安装过程按照提示进行即可。

任务二　服务器安全策略设置

任务导入

任务描述

工程师 A 在完成服务器的操作系统安装和运行环境配置之后，项目部根据用户需求，安排 A 对阳光农场的维护人员 B 进行一次有关服务器安全管理的技能培训。

A 通过当前的服务器指导 B 进行现场实践。考虑到后期运行维护的需要，此次培训 B 需要掌握的技能包括用户和用户组的设置、文件及文件夹权限的管理、本地安全策略的设置，以及防火墙的设置。

任务要求

1. 设置 Windows Server 2019 服务器的用户和用户组。
2. 设置 Windows Server 2019 服务器的文件及文件夹权限。
3. 设置 Windows Server 2019 服务器的本地安全策略。
4. 设置 Windows Server 2019 服务器的防火墙。

知识准备

一、用户账户

用户账户是对计算机用户身份的标识,本地用户账户和密码只对本机有效,存储在本地安全账户数据库 SAM 中,文件路径为"C:\Windows\System32\config\SAM",对应的进程为 lsass.exe。

在 Windows 操作系统中,可以设置多个用户账户,这些用户账户除了具有区分不同用户的作用,还可以分配不同的权限,从而起到保护系统安全的作用。

(一)用户账户的特征

用户账户具有以下 3 个典型特征。

1. 权限

不同的用户账户可以拥有不同的权限。

2. 名称与密码

每个用户账户都包含一个名称和一个密码。

3. SID

每个用户账户都拥有一个唯一的安全标识符 SID(Secrurity Identifier)。

(二)系统内置账户

Windows Server 2019 标准版内置用户账户有 4 个。

1. Administrator

Administrator 是管理本地计算机(域)的内置账户,默认密码永不过期。

2. DefaultAccount

DefaultAccount 是系统管理的内置账户,默认密码永不过期、账号已禁用。

3. Guest

Guest 是供来宾访问本地计算机或域的内置账户,默认用户不能修改密码、密码永不过期、账户已禁用。

4. WDAGUtilityAcount

WDAGUtilityAcount 是操作系统为 Windows Defender 的防护方案管理和使用的账户,默认账户已禁用。

二、组账户

组账户是用户账户的集合,组内的用户自动拥有组所设置的权限。在 Windows 操作系统中，一个用户账户可以进入多个组，组和组之间可以有不同的权限。合理利用组账户来管理用户账户权限，可以减轻网络管理的负担。

（一）本地内置组账户

Windows Server 2019 内置的本地组账户有很多，在这里主要关注以下 8 个组账户。

1.Users

Users 组是普通用户组，该组的用户无法对系统和资料进行有意或无意的修改。因此，用户可以运行经过验证的应用程序，但大多数旧版应用程序都不可以运行。Users 组提供了一个最安全的程序运行环境，因为分配给该组的默认权限不允许用户修改操作系统的设置或用户资料。在经过 NTFS 格式化的卷上，默认安全设置将禁止该组的用户执行危险操作系统和已安装程序完整性的操作。例如，用户不能修改系统注册表设置、操作系统文件或程序文件，用户可以创建本地组，但只能修改自己创建的本地组；用户可以关闭工作站，但不能关闭服务器。

2.Power Users

Power Users 组是高级用户组，可以执行除了为 Administrators 组保留的其他任何操作系统任务。分配给 Power Users 组的默认权限允许该组的用户修改整个计算机的设置。但 Power Users 组不具有将自己添加到 Administrators 组中的权限。在权限设置中，Power Users 组的权限仅次于 Administrators 组。

3.Administrators

Administrators 组是管理员组。在默认情况下，Administrators 组中的用户对计算机或域有不受限制的完全访问权。分配给 Administrators 组的默认权限允许组内的用户对整个系统进行完全控制。一般来说，应该把系统管理员或与其有着同样权限的用户设置为 Administrators 组的成员。

4.Guests

Guests 组是来宾组，跟 Users 组的用户有同等的访问权限，但 Guests 组用户的限制更多。

5.Backup Operators

Backup Operators 组的用户可以通过 Windows Server Backup 工具来备份或还原计算机内的文件，无论他们是否有权限访问这些文件。

6.Performance Monitor Users

Performance Monitor Users 组的用户可以监视本地计算机的运行性能。

7.Remote Desktop Users

Remote Desktop Users 组的用户可以通过计算机的远程桌面服务进行登录。

8.Network Configuration Operators

Network Configuration Operators 组的用户可以执行常规的网络配置工作（更改 IP 地

址），但是不能安装、删除驱动程序与服务，也不能执行与网络服务器配置有关的操作，如 DNS 服务器与 DHCP 服务器的设置。

（二）特殊组账户

除了前面介绍的组，Windows Server 2019 中还有一些特殊组，这些组内用户无法更改。下面列出几个常见的特殊组。

1.Everyone

所有用户都属于 Everyone 组。若 Guests 账户被启用，则在分配权限给 Everyone 组时要小心。因为如果某用户在计算机内没有账户，那么在通过网络登录计算机时，该计算机会自动允许该用户利用 Guests 账户来连接，因为 Guests 也属于 Everyone 组，所以该用户将具备 Everyone 组所拥有的权限。

2.Authenticated Users

凡是利用有效的用户账户登录计算机的用户，都属于 Authenticated Users 组。

3.Interactive

凡是在本地登录（按"Ctrl+Alt+Del"组合键的方式登录）的用户，都属于 Interactive 组。

4.Network

凡是通过网络来登录计算机的用户，都属于 Network 组。

5.Anonymous Logon

凡是未利用有效的用户账户登录计算机的用户（匿名用户），都属于 Anonymous Logon 组。Anonymous Logon 默认并不属于 Everyone 组。

三、文件及文件夹权限

用户在访问服务器资源时，需要具备相应的文件及文件夹权限。值得注意的是，这里的权限仅适用于文件系统为 NTFS 或者 ReFS 的磁盘，其他的文件系统，如 exFAT、FAT32 及 FAT 均不具备权限。

权限可划分为基本权限与特殊权限，其中基本权限可以满足日常需求，故本任务将针对基本权限进行介绍。

（一）基本权限的种类

基本权限可以按文件和文件夹来分类。

1. 文件基本权限的种类

（1）读取。具备读取权限的用户可以读取文件内容、查看文件属性与权限等。还可以通过打开"文件资源管理器"窗口，右击文件，在弹出的快捷菜单中执行"属性"命令来查看只读、隐藏等文件属性。

(2) 写入。具备写入权限的用户可以修改文件内容、在文件中追加数据或改变文件属性等（用户至少具备读取权限和写入权限才可以修改文件内容）。

(3) 读取和执行。具备读取和执行权限的用户除了具备读取的所有权限，还具备执行应用程序的权限。

(4) 修改。具备修改权限的用户除了具备上述的所有权限，还可以删除文件。

(5) 完全控制。具备完全控制权限的用户拥有上述的所有权限，还有更改权限和取得所有权的特殊权限。

2. 文件夹基本权限的种类

(1) 读取。具备读取文件夹权限的用户可以查看文件夹中文件与子文件夹的名称、文件夹的属性与权限等。

(2) 写入。具备写入文件夹权限的用户可以在文件夹中新建文件与子文件夹、改变文件夹的属性等。

(3) 列出文件夹内容。用户除了拥有读取权限，还具备遍历文件夹的权限，即可以进出此文件夹的权限。

(4) 读取和执行。读取和执行权限与列出文件夹内容的权限相同。不过列出文件夹内容权限只会被文件夹继承，而读取和执行权限会同时被文件夹与文件继承。

(5) 修改。具备修改文件夹权限的用户除了拥有上述所有权限，还可以删除文件夹。

(6) 完全控制。具备完全控制文件夹权限的用户拥有上述所有权限，还有更改权限和取得所有权的特殊权限。

（二）用户最终有效权限

在实际操作中，用户可以归属不同的组，不同的组对某个文件或文件夹的权限并不一定相同。因此，用户最终能否具备对某个文件或文件夹的权限，存在如下规则。

1. 权限继承

在对文件夹设置权限之后，这个权限默认会被该文件夹的子文件夹与文件继承。

例如，设置用户 A 对甲文件夹拥有读取的权限，则用户 A 对甲文件夹内的子文件夹与文件也拥有读取的权限。

2. 权限累加

用户如果同时属于多个组，且该用户与这些组分别对某个文件或文件夹拥有不同的权限设置，则该用户对这个文件的最终有效权限是所有权限的总和。

例如，若用户 A 本身具备对文件 F 的写入权限，且用户 A 同时属于业务部组和经理组，其中业务部组具备对文件 F 的读取权限；经理组具备对文件 F 的执行权限，则用户 A 对文件 F 的最终有效权限为所有权限的总和，即"写入＋读取＋执行"权限。

3. "拒绝"权限优先级更高

虽然用户对某个文件的有效权限是其所有权限的总和，但是如果其中有任一权限被设置为拒绝，则用户将不会拥有任何权限。

例如，用户 A 本身具备对文件 F 的读取权限，用户 A 同时还属于业务部组和经理组，且其对于文件 F 的权限为拒绝读取和修改，则用户 A 的读取权限会被拒绝，即用户 A 无法读取文件 F，也无法修改文件。

四、本地安全策略

系统管理员通过组策略充分控制和管理用户的工作环境，可以确保用户处在受控制的工作环境中，还可以限制用户。让用户拥有适当环境的同时减轻服务器管理人员的管理负担。组策略可以通过本地安全策略和域组策略实现，其中域组策略优先级高于本地安全策略，即如果设置了域组策略，那么本地安全策略将失效。考虑到本书面向学生群体，这里只对本地安全策略进行讲解。

本地安全策略包含计算机配置与用户配置两部分，计算机配置只对计算机环境产生影响，用户配置也只对用户环境产生影响。本地安全策略是用来设置本地单一计算机的策略，该策略中的计算机配置只会被应用于这台计算机，而用户配置会被应用于登录这台计算机的所有用户。

本地安全策略用于提升本地服务器的安全性，包括账户策略（密码策略、账户锁定策略）和本地策略（用户权限分配、安全选项策略）。

（一）密码策略

在 Windows Server 2019 中，密码策略有以下几种可供设置的选项，其详细功能及要求如下。

1. 密码必须符合复杂性要求

用户设置密码必须满足以下要求。
（1）不能包含用户账户名称或全名。
（2）长度至少要 6 个字符。
（3）至少要包含英文大写字母（A~Z）、英文小写字母（a~z）、基本数字（0~9）、特殊字符（!、$、#、% 等）4 类字符中的 3 类。

按照上述要求，111AAAaaa 是有效密码，而 1234AAAA 是无效密码，因为它只使用了基本数字和英文大写字母两种字符组合。如果用户账户名称为 Mike，那么 123ABCMike 就是无效密码，因为它包含了用户账户名称。

2. 密码长度最小值

密码长度最小值是用来设置用户的密码最少需要几个字符的，它的取值范围为 0~14，默认值为 0，表示允许用户可以不设置密码。

3. 密码最短使用期限

密码最短使用期限是用来设置用户密码最短的使用期限的，在期限未到之前，用户不能修改密码。它的取值范围为 0~998 天，默认值为 0，表示用户可以随时更改密码。

4. 密码最长使用期限

密码最长使用期限是用来设置密码最长的使用期限的，用户在登录时，如果密码已经到使用期限，那么系统会要求用户更改密码。它的取值范围为 0~999 天，其中 0 表示密码没有使用期限限制，用户若不进行设置，则默认值是 42 天。

5. 强制密码历史

强制密码历史是用来设置是否保存用户曾经使用过的旧密码的，并确定在用户修改密码时是否允许重复使用旧密码，具体取值的含义如下。

（1）1~24。表示要保存密码历史记录。如果设置为 6，那么表示用户的新密码必须与前 6 次旧密码不同。

（2）0。为默认值，表示不保存密码历史记录，因此同一密码可以被重复使用。

6. 启用可还原的加密功能来储存密码

如果应用程序需要读取用户的密码，并用此验证用户身份，那么就可以启用可还原的加密功能来存储密码。不过在开启该功能之后，用户相当于没有进行密码加密，因此除非必要，不要启用此功能。

（二）账户锁定策略

账户锁定策略有以下可供设置的选项，详细功能及要求如下。

1. 账户锁定时间

账户锁定时间是设置锁定账户的时间，时间过后将自动解除锁定。它的取值范围为 0~9999 分钟，其中 0 表示永久锁定，账户不会自动解除锁定，在这种情况下，必须由系统管理员手动解除锁定。

2. 账户锁定阈值

账户锁定阈值可以设置在用户登录多次失败（密码输入错误）之后，锁定用户账户。在未解除锁定之前，用户无法登录此账户。它的取值范围 0~999，默认值为 0，表示用户账户永远不会被锁定。

3. 账户锁定计数器

账户锁定计数器用来记录用户登录失败的次数，其初始值为 0。用户登录失败一次，计数器值加 1；登录成功，计数器值重置为 0。如果计数器的值达到账户锁定阈值，那么账户将被锁定。

另外，在账户被锁定之前，从上一次登录失败开始时计时，如果超过了该计数器所设置的时间长度，那么计数器记录的次数将自动归零。

（三）用户权限分配

用户权限分配的功能是将权限分配给特定的用户或组。常见的用户权限见表 1-3。

表 1-3 常见的用户权限

用户权限名称	用户权限解释
允许本地登录	该权限允许用户直接在计算机上登录
拒绝本地登录	该权限拒绝用户直接在计算机上登录，且优先于"允许本地登录"权限
将工作站加入域	该权限允许用户将计算机加入域
关闭系统	该权限允许用户对计算机进行关机操作
从网络访问该计算机	该权限允许用户通过网络访问该计算机
拒绝从网络访问该计算机	该权限拒绝用户通过网络访问该计算机，且优先于"从网络访问该计算机"权限
从远程系统强制关机	该权限允许用户通过远程计算机来对该计算机进行关机操作
备份文件和目录	该权限允许用户进行文件和文件夹备用操作
还原文件和目录	该权限允许用户进行文件和文件夹还原操作
管理审核和安全日志	该权限允许用户定义待审核的事件，以及查询、清除安全日志
更改系统时间	该权限允许用户更改该计算机的系统日期和时间
加载和卸载设备驱动程序	该权限允许用户加载或卸载设备的驱动程序
取得文件或其他对象的所有权	该权限允许用户夺取其他用户对所拥有的文件或其他对象的所有权

（四）安全选项

安全选项可以用来启用一些安全设置，常用的安全选项如下。

1. 交互式登录：无须按"Ctrl+Alt+Del"组合键

交互式登录是指直接在计算机上登录，而不通过网络登录。该选项可以使登录界面不显示按"Ctrl+Alt+Del"组合键登录时显示的提示消息。

2. 交互式登录：不显示最后的用户名

在客户端登录界面不显示上一个登录者的用户名。

3. 交互式登录：提示用户在密码过期之前更改密码

设置后可以在用户密码过期的前几天提示用户更改密码。

4. 交互式登录：之前登录到缓存的次数（域控制器不可用时）

在域用户登录成功后，相关账户信息将被存储到计算机的缓存区中，如果后面该计算机无法与域控制器连接，则该用户在登录时还可以通过缓存区的账户信息来验证身份并登录。通过此策略可以设置缓存区内账户信息的数量，默认记录 10 个登录用户的账户信息。

5. 交互式登录：试图登录的用户的消息文本、试图登录的用户的消息标题

在用户登录时，如果希望在其登录界面上显示提示信息，则需要设置这两个选项来实现，这两个选项分别对应消息文本和消息标题。

6. 关机：允许系统在未登录的情况下关闭

用户通过关机选项可以设置是否在登录界面的右下角显示关机图标，如果设置了关机图标，即可在未登录的情况下直接通过此图标对计算机进行关机操作。

五、防火墙

（一）防火墙的功能

防火墙的功能主要是及时发现并处理在计算机网络运行时可能存在的安全风险、数据传输等问题。防火墙对这些问题的处理措施主要是隔离与保护，同时对计算机网络安全中的各项操作实时记录并检测，以确保计算机网络运行的安全性，保障用户资料与信息的完整性，为用户提供更好、更安全的计算机网络使用体验。

（二）Windows Defender 防火墙

Windows Server 2019 内置的 Windows Defender 防火墙可以保护计算机免受外部恶意软件的攻击。Windows Server 2019 默认已经启用 Windows Defender 防火墙。Windows Server 2019 将网络位置分为专用网络、公用网络，以及域网络，并且能够自动判断与设置计算机所在的网络位置。不同网络位置的计算机对防火墙有着不同的设置，安全要求也不同。例如，位于公用网络的计算机，其 Windows Defender 防火墙的设置较为严格，而位于专用网络的计算机，其 Windows Defender 防火墙设置则较为宽松。

Windows Defender 防火墙会阻拦大部分的入站连接，但是可以通过设置允许应用通过防火墙，以此来解除 Windows Defender 防火墙对某些程序的阻拦。

任务实施

一、环境监测系统用户账户设置

环境监测系统用户账户设置主要涉及本地用户账户创建、本地用户账户修改及密码修改。

（一）本地用户账户创建

创建本地用户账户需要由系统管理员或者借助相应的系统管理员权限账户进行操作。假设需要在环境监测系统服务器上添加一个本地用户账户，具体要求及相关操作步骤如下。

（1）用户名为"监测01"。
（2）密码设置为"HJJC_01"。
（3）密码策略设置为"用户下次登录时须更改密码"。

单击"开始"按钮，选择"Windows 管理工具"→"计算机管理"选项，打开"计算机管理"界面，选择"系统工具"→"本地用户和组"→"用户"→"新用户"选项，在弹出的"新用户"对话框中按要求完成对用户名、密码及其他的设置，勾选"用户下次登录时须更改密码"复选框,单击"创建"按钮,即可完成本地用户账户创建,如图1-24所示。

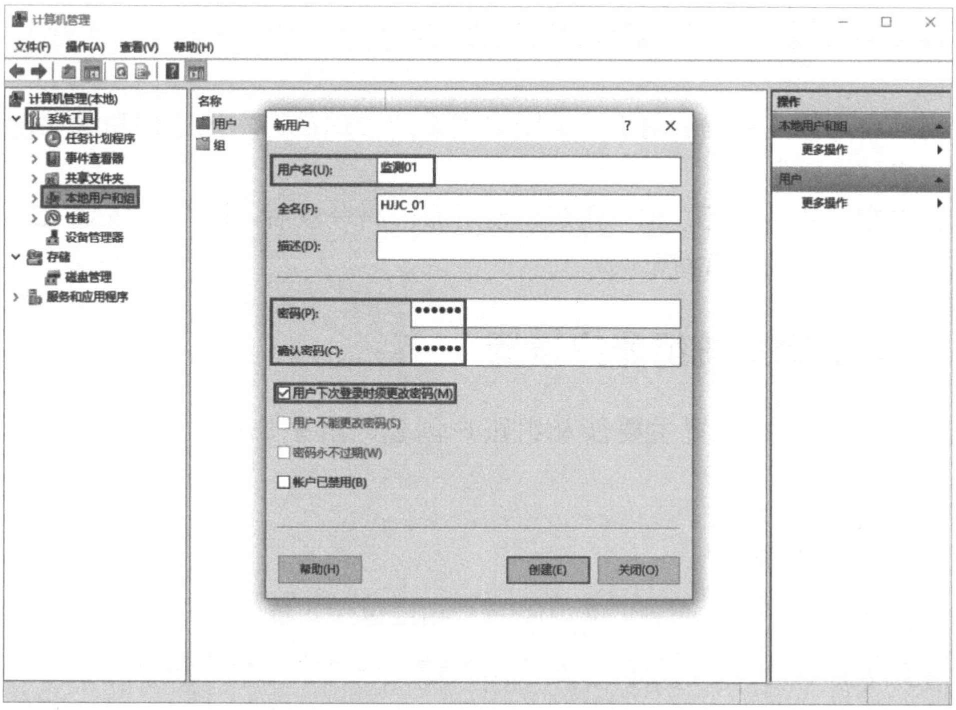

图1-24 本地用户账户创建

(二)本地用户账户修改

修改本地用户账户同样需要由系统管理员或者借助相应的系统管理员权限账户进行操作,可进行修改用户账户密码、删除用户账户,以及更改用户名等操作。

假设需要对新创建的"监测01"账户进行修改,将其密码修改为"HJJC_02",相关操作步骤如下。

进入"计算机管理"界面,选择"系统工具▦"→"本地用户和组"→"用户"选项,右击"监测01"账户,在弹出的快捷菜单中选择"设置密码"选项,如图1-25所示,在弹出的快捷菜单中完成对新密码的设置。

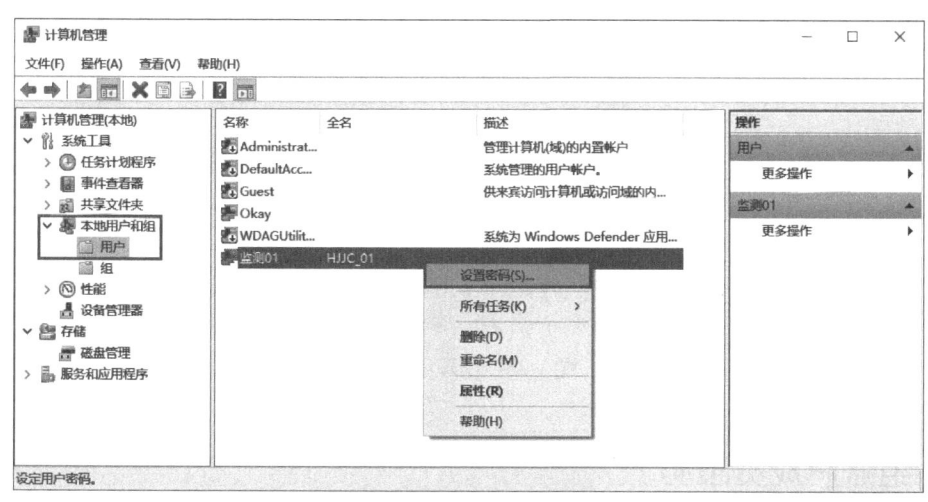

图1-25 本地用户账户修改

（三）用户密码修改

假设"监测01"账户的用户需要自行更改密码为"a_12345678"，注意事项和相关操作步骤如下。

注意：用户自行修改密码的前提是该账户被系统管理员在本地用户和组中设置为"用户下次登录时须更改密码"。

在登录界面中切换到"监测01"账户，使用原密码登录后，按"Ctrl+Alt+Del"组合键，选择"更改密码"选项并设置新密码。

二、环境监测系统组账户设置

环境监测系统组账户设置主要涉及组账户创建、组账户成员添加，需要系统管理员权限。

（一）组账户创建

假设需要创建一个名为"监测"的组账户，相关操作步骤如下。

进入"计算机管理"界面，选择"系统工具"→"本地用户和组"选项，右击"组"选项，在弹出的快捷菜单中选择"新建组"选项，在弹出的"新建组"对话框的组名文本框内输入组名"监测"，单击"创建"按钮，如图1-26所示。

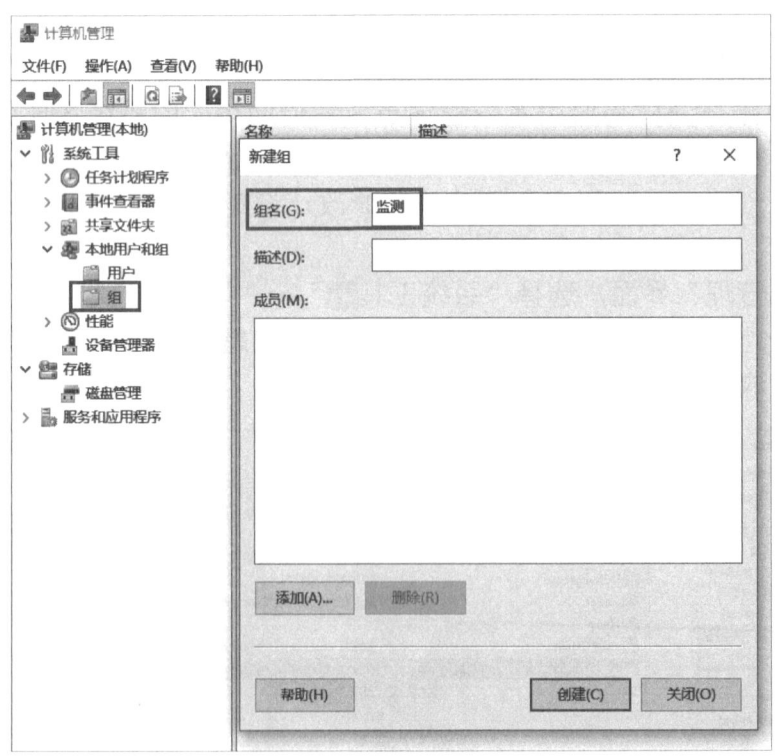

图1-26 创建组账户

（二）组账户成员添加

假设需要将"监测01"账户添加到"监测"组中，相关操作步骤如下。

进入"计算机管理"界面,选择"系统工具"→"本地用户和组"→"组"选项,右击"监测"组,在弹出的快捷菜单中选择"添加到组"选项(这里也可以进行组的删除和重命名操作),在弹出的"监测属性"对话框中单击"添加"按钮,在弹出的"选择用户"对话框中单击"高级"按钮,将对象类型设置为"用户",单击"立即查找"按钮,在搜索结果中选择"监测01"账户选项,单击"确定"按钮,如图1-27所示。

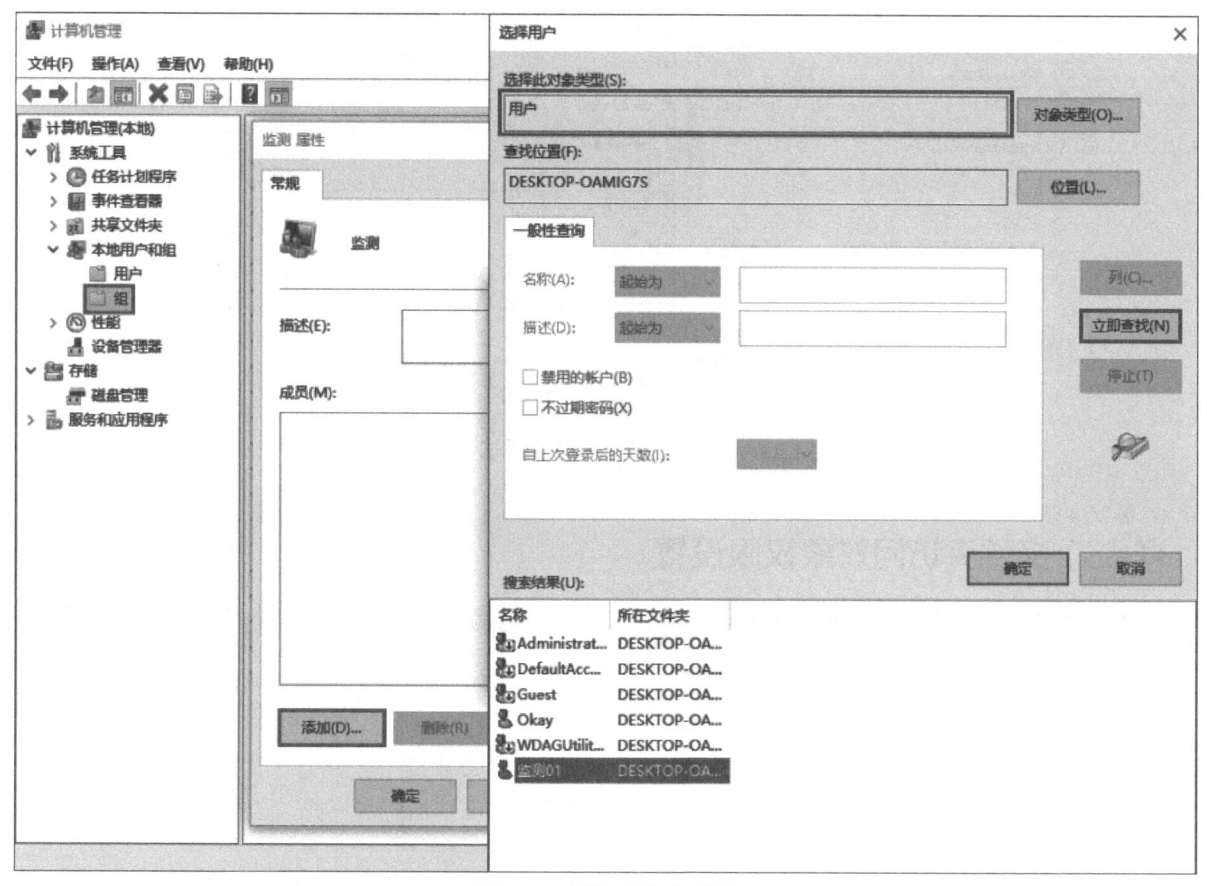

图1-27 添加组账户成员

三、环境监测系统文件及文件夹权限设置

自行在Windows Server 2019上创建名为"环境监测系统"的文件夹,用于文件及文件夹权限的设置演练。

假设需要在"环境监测系统"文件夹中添加"监测"组的修改、读取和执行、列出文件夹内容权限,相关操作步骤如下。

(一)文件夹添加访问对象

右击"环境监测系统"文件夹,在弹出的快捷菜单中执行"属性"命令,在"环境监测系统属性"对话框中选择"安全"选项卡,单击"编辑"按钮,在弹出的"环境监测系统的权限"对话框中单击"添加"按钮,在弹出的"选择用户或组"对话框中,采用类似组账户成员添加的操作添加"监测"组,单击"确定"按钮,如图1-28所示。

29

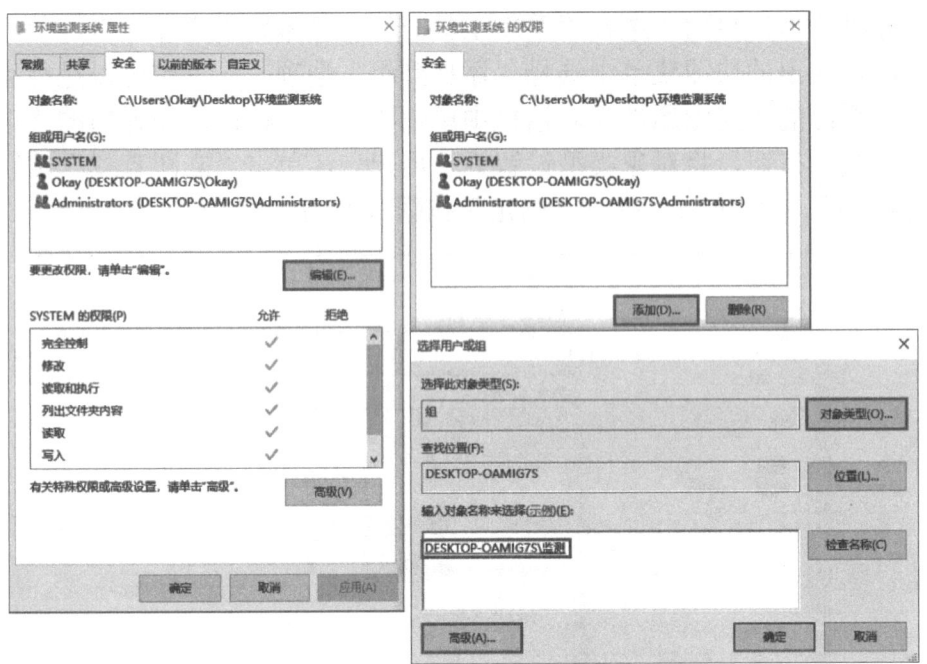

图 1-28　环境监测系统文件夹添加访问对象

（二）文件夹访问对象权限设置

在"环境监测系统的权限"对话框中，勾选"修改""读取和执行""列出文件夹内容"的"允许"复选框，如图 1-29 所示。

图 1-29　文件夹访问对象权限设置

四、环境监测系统本地安全策略设置

环境监测系统本地安全策略的设置包括密码策略、账户锁定策略、用户权限分配、安全选项设置。

（一）密码策略设置

环境监测系统密码策略设置的要求和相关操作步骤如下。

（1）用户必须设置密码。

（2）密码长度最小值为 8 个字符。

（3）密码最短使用期限为 3 天。

（4）密码最长使用期限为 30 天。

单击"开始"按钮，选择"Windows 管理工具"→"本地安全策略"选项，进入"本地安全策略"界面，选择"账户策略"→"密码策略"选项，按照上述要求对各项进行设置，如图 1-30 所示。

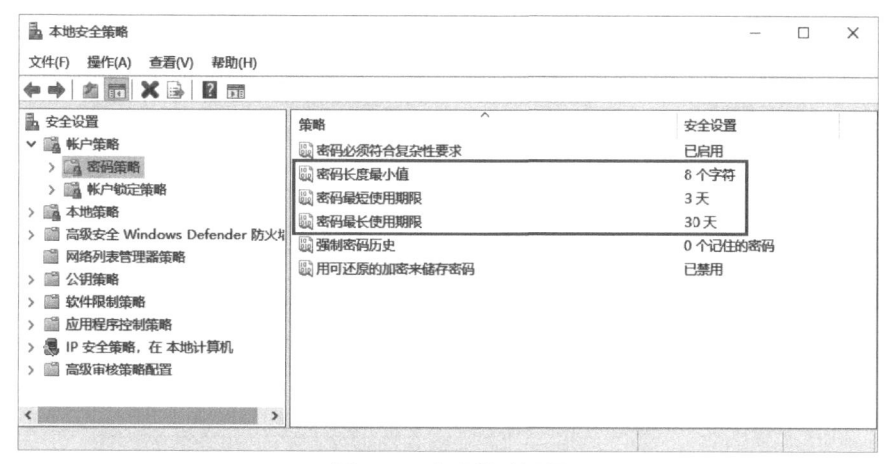

图 1-30　密码策略设置

（二）账户锁定策略设置

环境监测系统账户锁定策略设置的要求和相关操作步骤如下。

（1）登录失败 5 次锁定账户。

（2）被锁定账户 120 分钟后自动解锁。

进入"本地安全策略"界面，选择"账户策略"→"账户锁定策略"选项，按照上述要求对各项进行设置，先修改"账户锁定阈值"，再修改"账户锁定时间"，如图 1-31 所示。

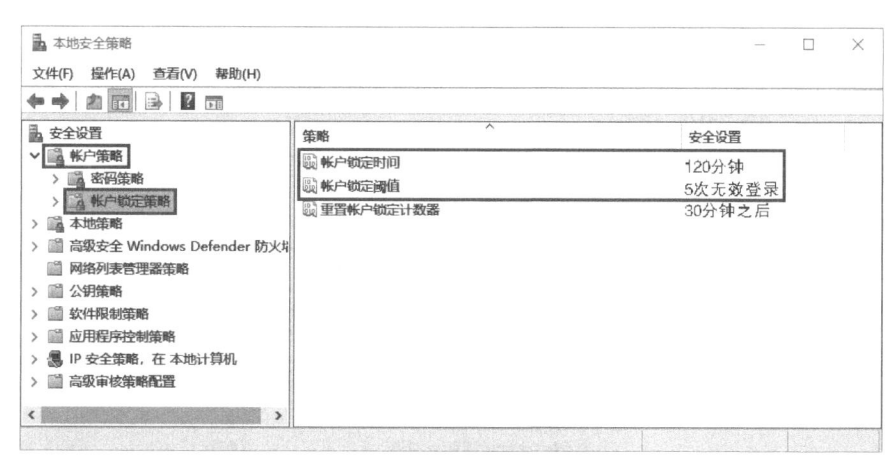

图 1-31　账户锁定策略设置

（三）用户权限分配设置

环境监测系统用户权限分配设置的要求和相关操作步骤如下。

（1）为"监测"组添加备份文件和目录。

（2）拒绝通过远程桌面服务登录。

进入"本地安全策略"界面，选择"本地策略"→"用户权限分配"选项，双击"备份文件和目录"选项，修改其安全设置，将其添加至"监测"组中，对"拒绝通过远程桌面服务登录"执行同样的操作，将其也添加至"监测"组中，如图1-32所示。

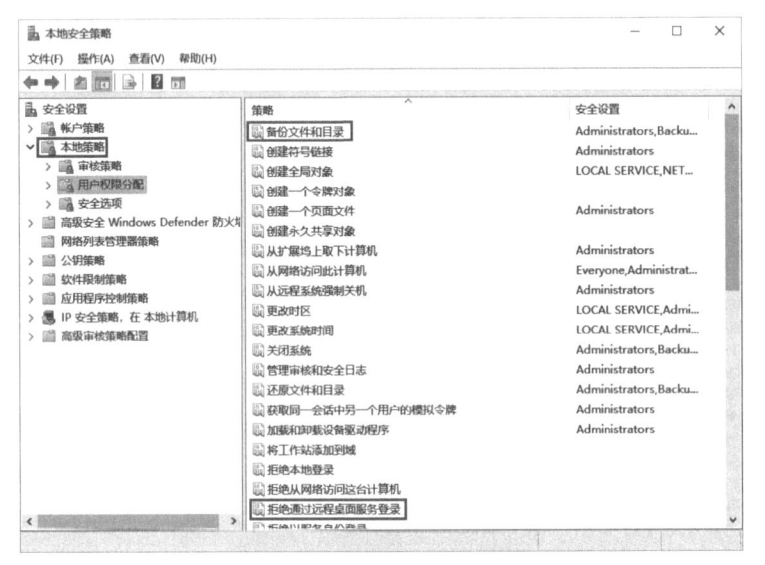

图1-32 用户权限分配设置

（四）安全选项设置

环境监测系统安全选项设置的要求和相关操作步骤如下。

（1）密码过期前3天提醒用户更改密码。

（2）添加登录提示，消息标题为"注意："，消息文本为"非环境监测系统运维人员不得登录！"。

进入"本地安全策略"界面，选择"本地策略"→"安全选项"选项，找到上述要求所对应的选项，按照要求进行修改，如图1-33所示。

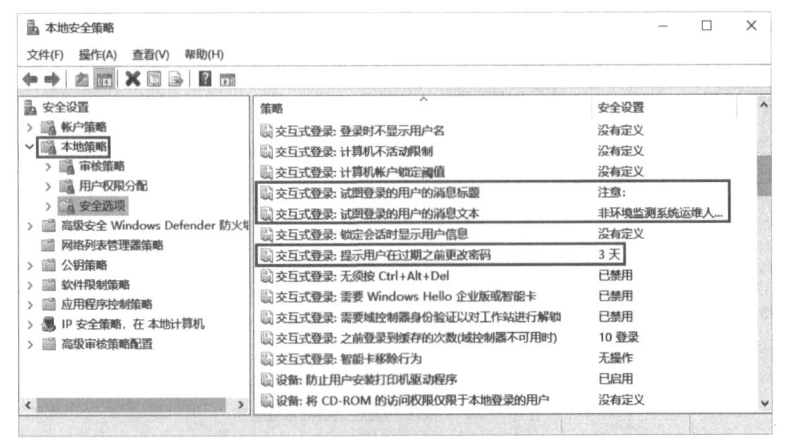

图1-33 安全选项设置

五、环境监测系统防火墙设置

管理网络用户对环境监测系统服务器的访问，要求和相关操作步骤如下。

（1）不允许网络用户通过公用网络访问环境监测系统服务器的共享文件和打印机。

（2）允许网络用户通过公用网络和专用网络查看环境监测系统服务器性能日志和警报。

单击"开始"按钮，选择"Windows 系统"→"控制面板"选项，进入"控制面板"界面，选择"系统和安全"→"Windows Defender 防火墙"→"允许的应用"选项。在"允许的应用"界面中，按照上述要求设置相关选项，单击"确定"按钮，如图 1-34 所示。

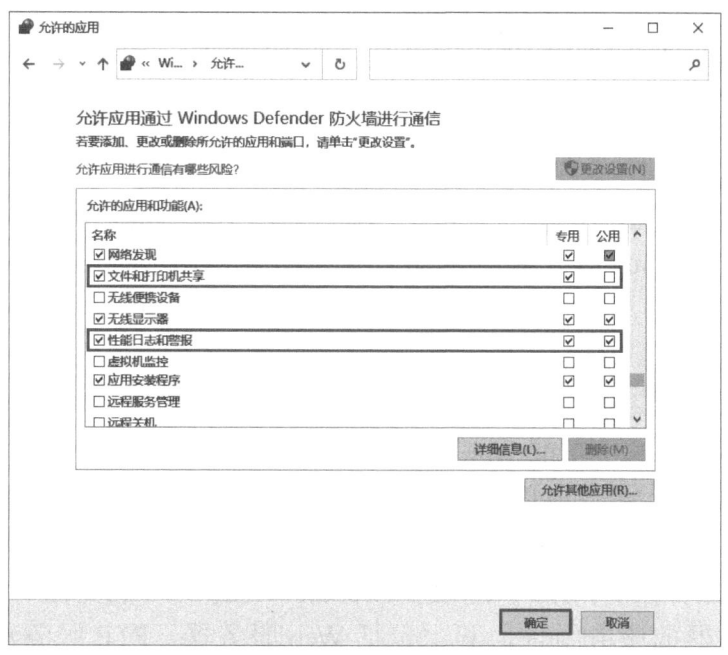

图 1-34　环境监测系统防火墙设置

任务三　Web 服务器搭建

任务导入

任务描述

公司项目部在完成环境监测系统服务器操作系统安装、运行环境配置，以及安全策略设置之后，计划在服务器上完成 Web 服务器的搭建和部署。该任务仍然由工程师 A 负责。

根据与项目部和客户的沟通协调，A 决定在服务器上安装 IIS，完成网站的基本设置，并通过日志查看方式确认 Web 服务器是否成功部署。

任务要求

1. 在 Windows Server 2019 服务器上安装 IIS 软件。
2. IIS 网站的基本设置。
3. 设置和查看 IIS 日志。

知识准备

一、认识 Web 服务器

Web 服务器也称为 WWW（World Wide Web）服务器，其主要功能是提供网上信息浏览服务。

Windows NT/2000/2003 操作系统下最常用的服务器是 Microsoft 公司的 IIS（Internet Information Server），而 UNIX 和 Linux 操作系统下的常用 Web 服务器有 Apache、Nginx、Tomcat 等，其中应用最广泛的是 Apache。下面对常见 Web 服务器进行简单介绍。

（一）IIS 服务器

IIS 服务器是 Microsoft 公司的 Web 服务器产品。IIS 是允许在公共 Intranet 或 Internet 上发布信息的 Web 服务器，是目前最流行的 Web 服务器产品之一，很多著名的网站都是建立在 IIS 服务器上的。它提供了一个图形界面的管理工具，称为 Internet 服务管理器，可用于监视配置和 Internet 服务控制。IIS 只能在 Microsoft Windows 平台上运行。

IIS 是 Web 服务器的服务组件，其中包括 Web 服务器、FTP 服务器、NNTP 服务器和 SMTP 服务器，分别用于网页浏览、文件传输、新闻服务和邮件发送。它使在网络（互联网和局域网）上发布信息变得很容易。它提供的 ISAPI（Intranet Server API）作为扩展 Web 服务器功能的编程接口，同时还提供了一个 Internet 数据库连接器，可以实现对数据库的查询和更新。

（二）Apache 服务器

Apache 服务器是世界上用得最多的 Web 服务器，市场占有率达 60% 左右。它源于 NCSAhttpd 服务器，在 NCSA WWW 服务器项目停止之后，NCSA WWW 服务器的用户开始交换用于此服务器的补丁，这也是 Apache 名称的由来（pache，补丁）。世界上很多著名的网站使用的都是 Apache 服务器，它的优势主要在于源代码开放、可移植性、强大的开发队伍、支持跨平台的应用（几乎可以运行在所有的 UNIX、Windows、Linux 操作系统上）等。Apache 服务器的模块支持非常丰富，属于重量级产品，但在速度、性能上不及其他轻量级的 Web 服务器，所消耗的内存也比其他的 Web 服务器高。

（三）Nginx 服务器

Nginx 服务器是一个轻量级、高性能的 HTTP 和反向代理服务器，也是一个 IMAP/POP3/SMTP 代理服务器。Nginx 服务器是由 Igor Sysoev 为俄罗斯访问量第二的 Rambler.ru

站点开发的，第一个公开版本 0.1.0 发布于 2004 年 10 月 4 日，其源代码以类 BSD 许可证的形式发布。Nginx 服务器以稳定性、丰富的功能集、示例配置文件和较低的系统资源消耗而闻名。2011 年 6 月 1 日，Nginx 1.0.4 发布。目前，中国大陆使用 Nginx 服务器的网站有新浪、网易、腾讯等。

（四）Tomcat 服务器

Tomcat 服务器是一个基于 Java、开放源代码、运行 Servlet 和 JSP Web 应用软件的 Web 应用软件容器。Tomcat 服务器是根据 Servlet 和 JSP 规范执行的，因此也可以说它实行了 Apache-Jakarta 规范，且比绝大多数商业应用软件服务器要好。但是它对静态文件、高并发的处理比较弱。

二、认识 IIS 日志

（一）IIS 日志概要

IIS 日志就是 IIS 服务器运行的记录。IIS 日志查看是所有 Web 服务器管理者都必须掌握的技能。服务器的异常状况和访问 IP 来源等信息都会记录在 IIS 日志中，所以 IIS 日志对服务器的运行、维护、管理非常重要。IIS 日志的存放路径、命名格式及文件后缀名称如下。

1. 存放路径

IIS 日志在不同操作系统的服务器上的存放路径存在区别，它在 Windows Server 2019 服务器上的默认存放路径为"%systemRoot%\inetpub\logs\LogFiles\"。假设操作系统安装在 C 盘，那么默认的 IIS 日志存放路径为"C:\inetpub\logs\LogFiles\"。

2. 命名格式

IIS 日志支持以下日志命名格式：IIS 日志命名格式、美国国家超级计算应用中心（NCSA）的通用日志命名格式、万维网联合会（W3C）扩展日志命名格式，以及 ODBC 日志文件格式（采用自定义格式，需要 Windows 版权支持，这里不做讨论）。

对于 Windows Server 2019 服务器，当 IIS 创建日志文件时，假设日志文件设置为按小时查询，命名格式如下。

（1）IIS 日志命名格式。u_in+ 年份的后两位数字 + 月份 + 日期 + 时段。

（2）美国国家超级计算应用中心的通用日志命名格式。u_nc+ 年份的后两位数字 + 月份 + 日期 + 时段。

（3）万维网联合会扩展日志命名格式。u_ex+ 年份的后两位数字 + 月份 + 日期 + 时段。

IIS 日志查看还支持按月、周、天的方式进行，此时生成的日志文件名称会相应简化。例如，按月份查询 W3C 扩展日志，生成的日志文件格式为"u_ex+ 年份的后两位数字 + 月份"。

3. 文件后缀名称

IIS 日志文件统一的后缀名称为".log"。例如，2021 年 9 月 30 日生成的 W3C 扩展日志文件为"u_ex210930.log"。

（二）IIS 字段描述

1. 日志开头注释的含义

IIS 日志会记录所有 Web 服务器的运行记录。打开日志，其开头几行的作用描述如下。

#Software:Microsoft Internet Information Services 10.0   //IIS 版本
#Version:1.0   // 版本
#Date:2021-12-16 08:58:50   // 创建时间
#Fields:date time s-ip cs-method cs-uri-stem cs-uri-query s-port cs-username c-ipcs (User-Agent) cs (Referer)sc-status sc-substatus sc-win32-status time-taken   // 日志格式

2. 日志格式中各字段的含义

对于日志格式，上述代码有部分字段未显示，所有字段的含义如下。

date：表示访问日期。
time：表示访问时间。
s-sitename：表示 Web 服务器的代称。
s-ip：表示 Web 服务器的 IP 地址。
cs-method：表示访问方法，常见的有两种，一是 GET，相当于平常访问一个 URL 的动作；二是 POST，相当于提交表单的动作。
cs-uri-stem：表示访问哪一个文件。
cs-uri-query：表示访问地址的附带参数，如 .asp 文件后面的字符串 id=12 等，如果没有参数则用 "-" 表示。
s-port：表示服务器端口。
cs-username：表示访问者名称。
c-ip：表示访问者的 IP 地址。
cs (User-Agent)：用户代理，即用户所用的浏览器。
sc-status：表示协议状态，200 表示成功，403 表示没有权限，404 表示找不到该界面，500 表示程序有错。
sc-substatus：表示协议子状态。
sc-bytes：表示发送的字节数。
cs-bytes：表示接收的字节数。
time-taken：表示所用时间。

（三）IIS 日志返回状态代码

IIS 日志返回状态代码对应日志中的 sc-status 字段，常见返回状态代码的含义见表 1-4。

表 1-4　常见 IIS 日志返回状态代码的含义

代码	代表含义
2××	成功
200	正常；请求已完成

(续表)

代码	代表含义
201	正常；紧接 POST 命令
202	正常；请求已接受，但处理尚未完成
203	正常；部分信息（返回的信息只是一部分）
204	正常；无响应（服务器已成功满足请求，但不存在要回送的信息）
3××	重定向
301	已移动（请求的数据具有新的位置且更改是永久的）
302	已找到（请求的数据临时具有不同的 URI）
303	请参阅其他（可在另一 URI 下找到对请求的响应，且应使用 GET 方法检索此响应）
304	未修改（未按预期修改文档）
305	使用代理（必须通过位置字段中提供的代理来访问请求的资源）
306	未使用（不再使用）；保留此代码以便将来使用
4××	客户机中出现的错误
400	错误请求（请求中有语法问题，或不能满足请求）
401	未授权（未授权客户机访问数据）
402	需要付款（表示计费系统已生效）
403	禁止（即使有授权也不需要访问）
404	找不到（服务器找不到给定的资源）；文档不存在
407	代理认证请求（客户机首先必须使用代理认证本身）
410	请求的网页不存在（永久）
415	介质类型不受支持（因为不支持请求实体的格式，服务器拒绝服务请求）
5××	服务器中出现的错误
500	内部错误（因为意外情况，服务器不能完成请求）
501	未执行（服务器不支持请求的工具）
502	错误网关（服务器接收到来自上游服务器的无效响应）
503	无法获得服务（因为临时过载或维护，服务器无法处理请求）

任务实施

一、环境监测系统 IIS 服务器搭建

（一）安装 IIS 服务器

在环境监测系统的 Windows Server 2019 虚拟机上进行 IIS 服务器的安装，操作步骤如下。

1. 在服务器管理器上添加 IIS 服务器功能

右击"此电脑"，在弹出的快捷菜单中执行"管理"命令，打开"服务器管理器"界面，选择"仪表板"选项，单击"管理"按钮，选择"添加角色和功能"选项，如图 1-35 所示。

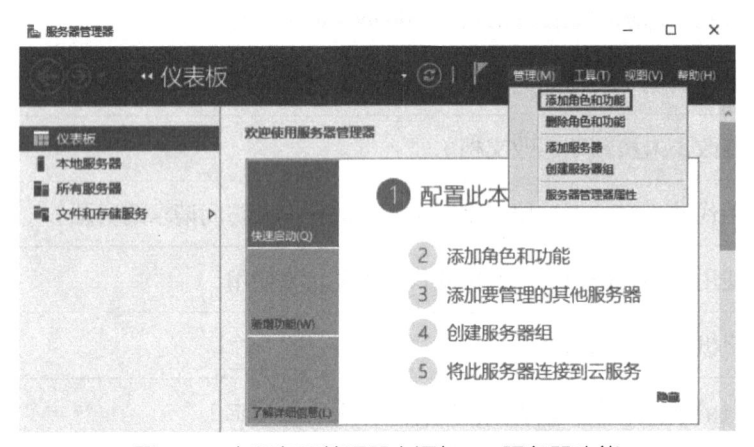

图 1-35　在服务器管理器上添加 IIS 服务器功能

2. IIS 服务器安装和设置

进入"添加角色和功能向导"界面，选择"服务器角色"选项，在"角色"列表中双击"Web 服务器（IIS）"，在弹出的对话框中勾选"包括管理工具（如果适用）"复选框，单击"添加功能"按钮，如图 1-36 所示。该过程除"服务器角色"选项外，均采用默认设置即可完成 IIS 服务器的安装和设置。

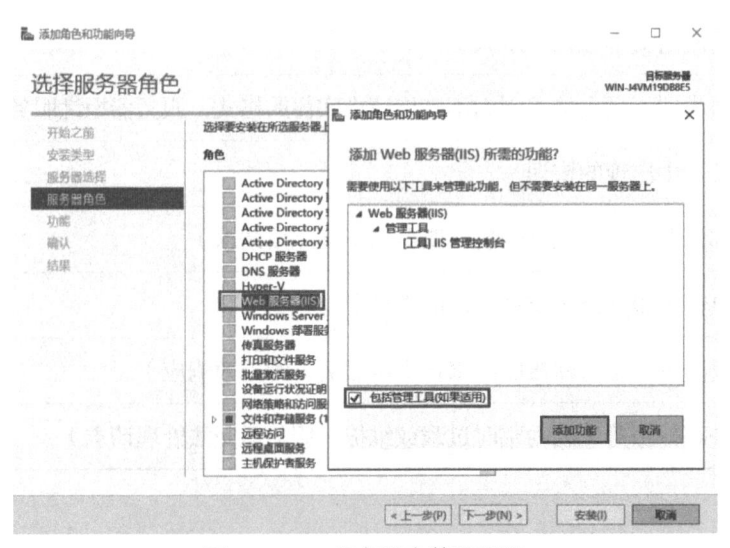

图 1-36　IIS 服务器安装和设置

（二）IIS 服务器网站基本设置

1. IIS 服务器网站默认主页访问

在 IIS 安装完成之后，在"服务器管理器"界面中会出现相关界面。右击新安装的 IIS 服务器，在弹出的快捷菜单中选择对应的 IIS 管理器，如图 1-37 所示。

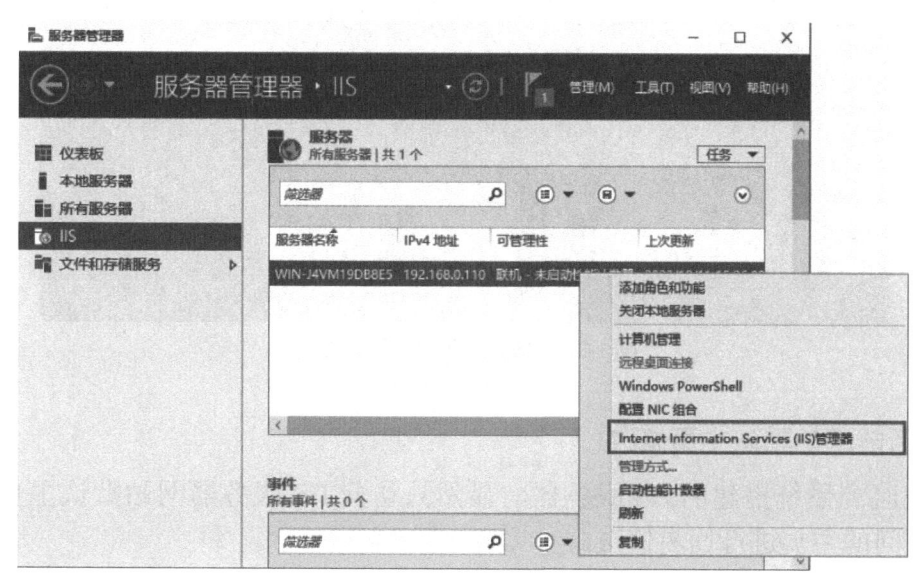

图 1-37　进入 IIS 管理器

在随后弹出的"Internet Information Services（IIS）管理器"界面（以下简称"IIS 管理器"界面）中，可以查看 IIS 服务器网站的默认主页。选择"Default Web Site"选项，单击"浏览 *:80（http）"按钮，打开 IIS 服务器网站默认主页，如图 1-38 和图 1-39 所示。

图 1-38　通过 IIS 管理器打开 IIS 服务器网站默认主页

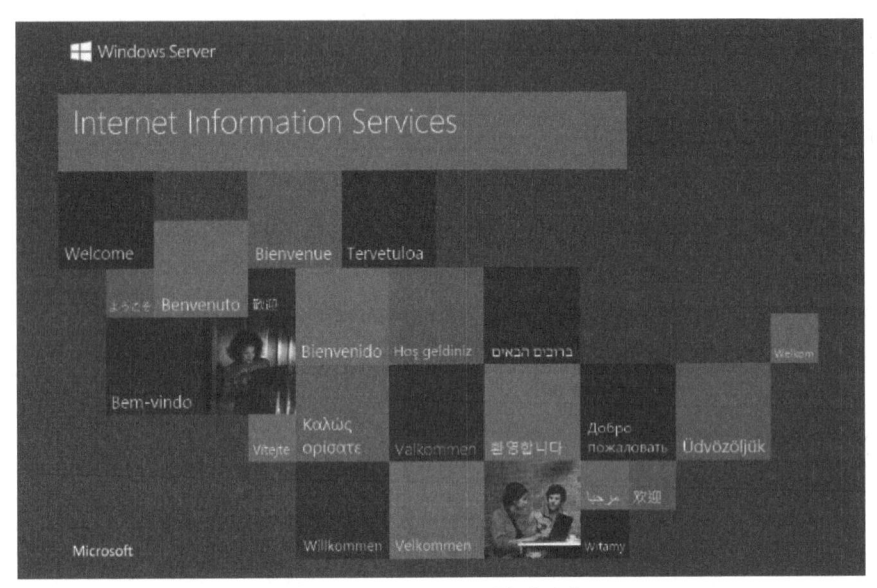

图 1-39　IIS 服务器网站默认主页

2. IIS 服务器网站默认主页修改

对于环境监测系统搭建的 IIS 服务器，显然只访问 IIS 服务器网站默认主页并不合适。这里可以对访问的主页进行简易修改。

在 Default Web Site 的主目录（路径为"C:\inetpub\wwwRoot"）下使用记事本新建一个"default.htm"空白文档，如图 1-40 所示。

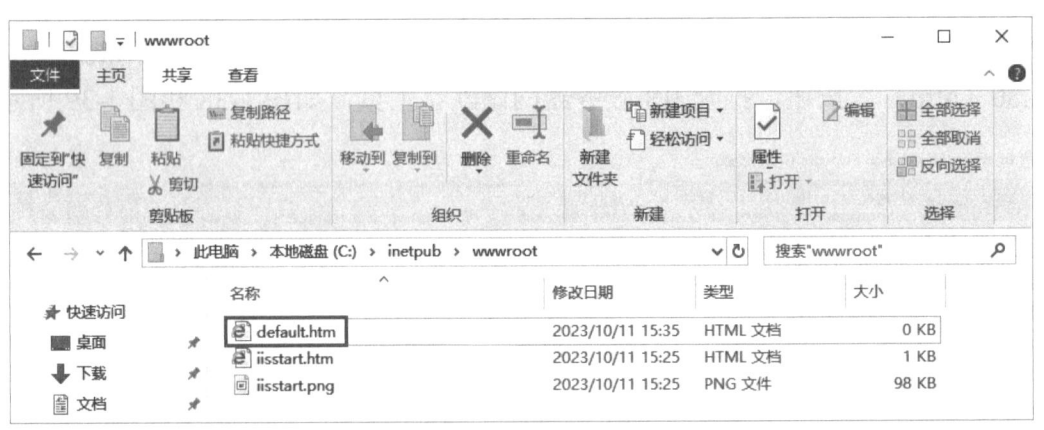

图 1-40　新建"default.htm"空白文档

假设想要环境监测系统的网站主页上出现"欢迎访问环境监测系统"字样，则可以使用记事本对该网页文件进行编辑和保存，如图 1-41 所示。

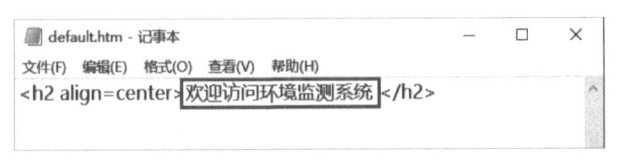

图 1-41　IIS 服务器网站默认主页内容修改

在修改之后确认"default．htm"文档位于"iisstart.htm"文档的前面，再次单击"浏览*:80（http）"按钮，此时的 IIS 服务器网站默认主页如图 1-42 所示。

图 1-42　IIS 服务器网站默认主页

二、环境监测系统 IIS 服务器日志设置和查看

（一）设置 IIS 服务器日志文件

环境监测系统的 IIS 服务器日志文件设置要求如下。
（1）日志文件格式为 W3C。
（2）日志文件存放目录采用默认目录。
（3）仅将日志文件写入，不包括 ETW 事件。
（4）每小时自动创建一个新的日志文件。
（5）日志文件的字段除默认字段外，还需添加发送字节数和接收字节数两个字段。

进入"IIS 管理器"界面，双击"日志"图标，弹出"日志"对话框，按照上述前 4 项要求设置 IIS 服务器日志文件的格式、目录、日志事件目标、日志文件滚动更新，如图 1-43 所示。

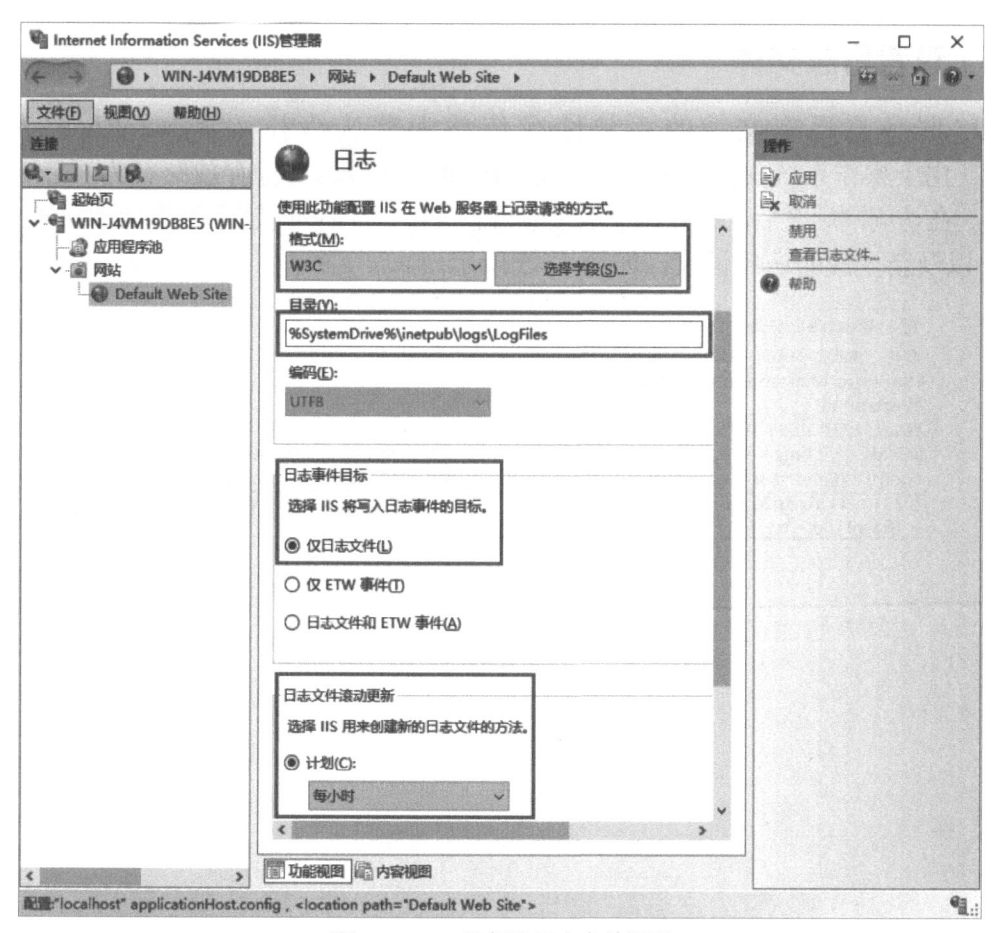

图 1-43　IIS 服务器日志文件设置

最后一项要求的相关操作步骤如下。在"日志"对话框中单击"选择字段"按钮，弹出"W3C 日志记录字段"对话框，勾选"发送的字节数（sc-bytes）""接收的字节数（cs-bytes）"复选框，单击"确定"按钮，单击"应用"按钮，如图 1-44 所示，会提示已经保存更改。

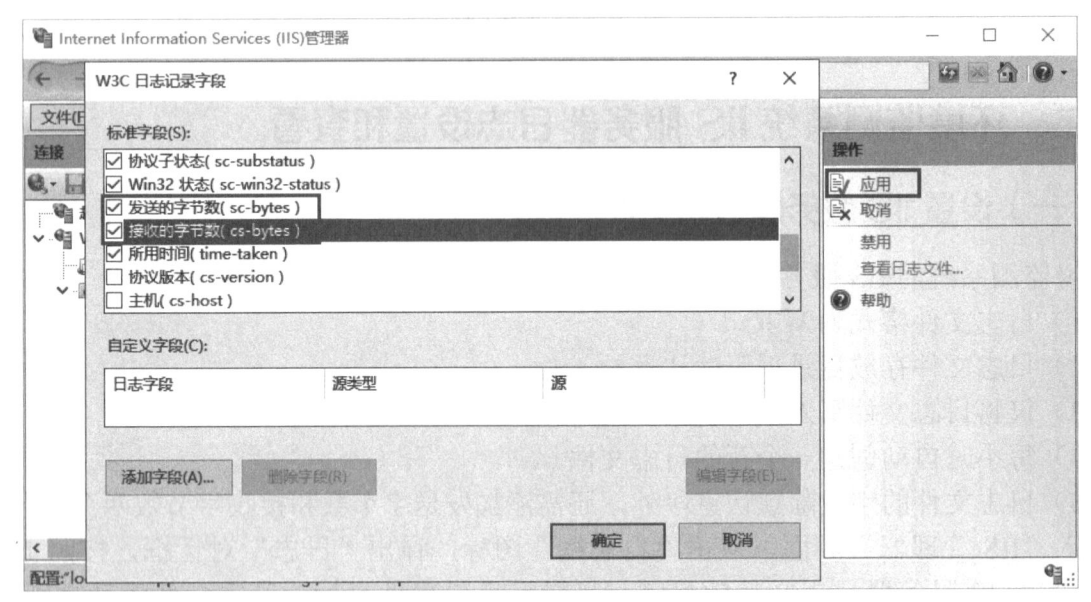

图 1-44　为日志文件添加字段

（二）查看日志文件

此时 IIS 服务器日志文件的存放路径依然为默认路径"%systemRoot%\inetpub\logs\LogFiles\"。由于操作系统安装在 C 盘，所以 IIS 服务器日志文件存放路径为"C:\inetpub\logs\LogFiles\"。在访问网站之后，打开路径下生成日志文件，此时可以看到新增了 sc-bytes、cs-bytes 两个字段，以及新生成的访问记录，如图 1-45 所示。

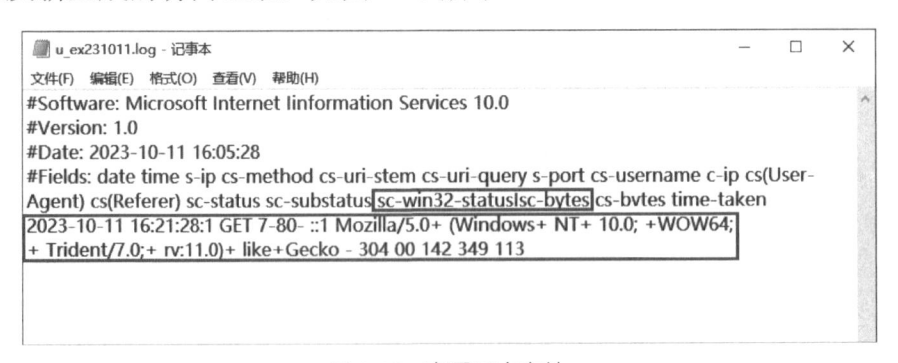

图 1-45　查看日志文件

项目评价

以小组为单位，配合指导老师完成表 1-5 所示的项目评价表。

表 1-5　项目评价表

项目名称	评价内容	分值	评价分数 自评	评价分数 互评	评价分数 师评
职业素养考核项目（30%）	考勤、仪容仪表	10分			
	责任意识、纪律意识	10分			
	团队合作与交流	10分			
专业能力考核项目（70%）	积极参与教学活动并正确理解任务要求	10分			
	对智慧环境监测系统服务器搭建与配置的相关理论知识的掌握程度	10分			
	能够理解和掌握 Windows 操作系统的安装及运行环境配置	10分			
	环境监测系统的用户账户、组账户、文件夹权限、本地安全策略及防火墙任务的实践操作	20分			
	掌握 IIS 搭建、基本设置、日志查看等操作技能	20分			
合计：综合分数＿＿＿自评（20%）+互评（20%）+师评（60%）		100分			
综合评语		教师（签名）：			

思考练习

一、选择题

1. 以下不属于系统虚拟机的是（　　）。
   A.Linux 虚拟机　　B.Java 虚拟机　　C.Microsoft 虚拟机　　D.Intel 虚拟机
2. Windows Server 2019 标准版内置用户账户有（　　）。
   A.1 个　　B.2 个　　C.3 个　　D.4 个

3. 不同的组对某个文件或文件夹的权限并不一定相同，下列关于用户权限的规则错误的是（　　）。

A. 设置用户 A 对甲文件夹拥有读取的权限，则用户 A 对甲文件夹内的文件也拥有读取的权限

B. 用户 A 同时属于业务部组和经理组，其中业务部组具备对文件 B 的读取权限；经理组具备对文件 B 的执行权限，则用户 A 对文件 B 的最终有效权限为读取＋执行

C. 用户 A 本身具备对文件 B 的读取权限，该用户同时属于业务部组和经理组，且其对于文件 B 的权限为拒绝读取和修改，则用户 A 可以读取文件 B

D. 用户 A 本身具备对文件 B 的读取权限，该用户同时属于业务部组和经理组，且其对于文件 B 的权限为拒绝读取和修改，则用户 A 的读取权限会被拒绝

4. Web 服务器的主要功能是（　　）。

A. 提供网上信息浏览服务　　B. 文件传输　　C. 新闻服务　　D. 邮件发送

二、填空题

1. 每台虚拟机都有独立的 CMOS 和 _____，用户可以像使用实体计算机一样对虚拟机进行操作。

2. Windows Server 2019 中的安全性方法包括保护、检测和 _____。

3. IIS 是一种 Web 服务组件，其中包括 Web 服务器、FTP 服务器、NNTP 服务器和 SMTP 服务器，分别用于 _____、_____、_____ 和 _____。

4. 写出下面日志格式中各字段的含义。

（1）s-ip：_____。

（2）cs-uri-stem：_____。

（3）s-port：_____。

（4）cs-bytes：_____。

三、简答题

1. 什么是虚拟机？
2. 简述用户账户的典型特征。
3. 简述防火墙的功能。
4. 常见的 Web 服务器有哪些？

项目二　智慧社区安防监测系统设备配置与数据采集

项目概述

智慧社区安防监测系统覆盖了人员门禁管理、社区周界防护、社区进出车辆道闸管理等系统，还能对社区公共设备、水、电、煤气和消防进行预警智能监测。本项目通过完成智慧社区安防监测系统感知层设备配置、网络层设备配置、设备数据采集，实现对各子系统的统一管理、认证。打造了智慧社区安防监测体系，做到治安事件的事前预警、事中指挥、事后处理，把危害降到最小，维护公共安全和社会稳定，把整合的数据资源及时向社区居民公布，提升社区管理和民生服务的智慧化水平，促进智慧化城市的发展。

学习目标

知识目标
1. 熟悉物联网设备配置规范。
2. 掌握物联网技术应用中典型的网络设备配置规范。
3. 了解 ThingsBoard 平台。

技能目标
1. 能根据设备产品说明书，完成设备配置。
2. 能利用设备上位机软件，完成设备参数值修改。
3. 会使用物联网中心网关，实现设备实时数据查看和设备控制。
4. 会根据社区安防场景布置图，正确安装各类设备。
5. 能根据工程设计需求，正确完成设备功能配置。
6. 能配置 ThingsBoard 平台，实现物联网项目设备添加操作和设备实时数据查看。
7. 会使用物联网中心网关，实现与 ThingsBoard 平台的互联。

素养目标
1. 培养大局意识、核心意识。
2. 培养专注、负责的工作态度。

任务一　感知层设备配置

任务导入

任务描述

M 社区是一个高档社区，为了打造智慧社区安防监测系统，该社区向主营物联网产品和技术服务的 L 公司提出搭建智慧社区安防监测系统的需求，通过在社区内特定位置安装摄像头、门禁、探针、RFID、报警器等设备，实现对各子系统的统一管理、认证。L 公司的物联网工程师 C 根据物联网各类设备产品说明书，实现智慧社区安防监测系统感知设备配置，运用物联网中心网关完成传感器、执行器的数据采集、执行操作。

任务要求

1. 根据设备产品说明书，完成设备配置操作。
2. 根据设备上位机软件，完成设备参数设置。
3. 会使用物联网中心网关，进行设备数据实时查看和设备控制。

知识准备

一、物联网设备配置规范

（一）设备配置依据

为了采集现实世界中的感知数据信息，物联网工程设计方案中会使用各种类型的物联网设备，但大部分传感器设备、网络设备等都需要进行配置才能实现相关功能。物联网工程师对设备的配置应当依据技术规范，科学合理地完成物联网设备及配套设备（计算机软件）的配置工作，并能满足开展检定或校准的需要。物联网工程实施与运维工程师设备配置的依据可参考工程项目中设备运行条件、设备维护和管理方法、工程地形地貌等情况，结合已建、在建的物联网工程条件，合理进行设备配置。在一些特定场所中，除了配置物联网设备常规功能，还应考虑当地标准和自然环境条件。

（二）设备配置要求

物联网工程实施人员要依据物联网工程项目中提供的工程施工图、工程实施方案和设备产品说明书等规范，准确核对设备配置要求后才能进行设备配置工作。设备配置前常见操作包括以下几个步骤。

（1）确定设备技术参数。
（2）查阅设备主要功能。

（3）精读工程实施标准。
（4）检测设备运行环境。

物联网工程实施人员要养成阅读设备技术参数、设备功能、实施标准的习惯，必须知晓该设备的工作参数、模式、协议、功能、运行环境等信息，方便进行设备配置工作。

（三）设备配置注意事项

为了确保设备安全、可靠地运行，物联网工程实施人员配置设备时须检查设备表面有无损坏情况，配置设备时要遵循以下注意事项。

（1）配置前检查设备连接与供电方式是否正确。
（2）阅读设备技术参数。
（3）确认设备已涵盖所需功能。
（4）认真查看工程设计方案。

二、低功率广域网设备配置

低功率广域网（LPWAN）是一种用在物联网感测器上，可以用低比特率进行长距离通信的无线网络。低电量需求、低比特率与使用时机等特征可以用来区分 LPWAN 与无线广域网，无线广域网被设计用来连接企业或用户，可以传输更多资料但耗能也更高。

（一）LoRa 设备配置

LoRa 是一个低功耗的局域网无线标准，其最大特点是在同样的功耗下比其他无线标准传输的距离更远，实现了低功耗和远距离传输的特性。目前市面上基于 LoRa 技术的通信设备功能主要有串口转换、数据采集等。

1. 传输模式配置

LoRa 设备常见的工作模式有透传模式、主从模式等。当设备工作模式为透传模式时，LoRa 设备信道、速率相同即可实现设备之间通信。当设备工作为主从模式时，LoRa 设备信道相同、地址不同即可实现设备之间通信。

2. LoRa 设备网络参数配置

LoRa 设备包含 PAN ID、通道、设备 ID、波特率等参数，在配置时须确保多个 LoRa 设备的 PAN ID、通道参数相同，设备 ID 不同，方可进行网络组网。LoRa 设备网络参数配置见表 2-1。

表 2-1　LoRa 设备网络参数配置

常见网络参数	功能
PAN ID	网络标识符
通道	信息传递过程中的流通渠道
设备 ID	设备标识符
波特率	数据信号调制载波的速率

（二）NB-IoT 设备配置

若物联网工程项目应用于偏远地区或综合布线难度较大时，可使用窄带物联网（Narrow Band Internet of Things，NB-IoT）技术实现数据的采集和传输。NB-IoT 构建蜂窝网络，只消耗大约 180 kHz 的带宽，可直接部署于 GSM 网络、UMTS 网络或 LTE 网络，以降低部署成本、实现平滑升级。

1. 网络供应商选择

使用 NB-IoT 设备进行网络互联时，需要选择网络供应商并插入 NB-IoT 卡，目前市场上主流的 NB-IoT 网络供应商有中国移动、中国联通、中国电信等。NB-IoT 与手机 SIM 卡在功能上比较相似，默认开通数据业务，可选择是否开通短信业务，但是不支持语音、彩信等业务。

2. 网络参数配置

选择好网络供应商后，还需对 NB-IoT 设备常见的参数进行配置，具体参数配置见表 2-2。

表 2-2　NB-IoT 设备常见参数配置

常见配置参数	协议
工作模式	用于设备数据传输，常见协议有 TCP/UDP、MQTT、HTTP 等
波特率	数据信号调制载波的速率
目标地址	接收数据的设备地址
目标端口	接收数据的设备端口

三、短距离无线设备配置

短距离无线通信的特点是通信距离短，覆盖范围一般在几百米之内，发射器的发射功率较低，一般小于 100 MW。在物联网工程项目中短距离无线通信技术的应用范围广泛，其设备具有低成本、对等通信等重要特征。

（一）Wi-Fi 设备配置

Wi-Fi 设备采用 Wi-Fi 技术进行数据无线收、发操作，属于物联网传输层。该类设备内置无线网络协议栈，以及 TCP/IP 栈，Wi-Fi 设备大多应用在无线智能家居等场景中。目前 Wi-Fi 技术越来越普及，搭载 Wi-Fi 技术的设备方便一般用户快速部署。

1. 网络连接方式配置

Wi-Fi 设备连接方式一般包含 AP 模式和自组网模式。基于 AP 模式的无线网络是由 AP 创建，众多终端加入所组成的无线网络，网络中所有的通信都通过 AP 来转发完成。基于自组网模式的无线网络也称为自组网，由两个或两个以上终端组成，网络中不存在 AP，这种类型的网络是一种松散的结构，网络中所有的终端都可以直接通信。

对 Wi-Fi 设备进行初始化后，一般使用自组网模式进入设备配置界面，具体步骤如下。

（1）准备两台以上拥有无线网卡的设备。
（2）设置需要互联设备的 IP 地址在同一网络段。
（3）设置接收端的 SSID 等参数。
（4）接入端设备搜索区域内的 SSID 无线节点，连接即可。

2. 网络参数配置

登录 Wi-Fi 设备后，需要把 Wi-Fi 设备连接到其他无线网络中，修改"Wi-Fi 设备"为 AP 模式，并配置接入参数。常见的 Wi-Fi 模块设备参数配置见表 2-3。

表 2-3　Wi-Fi 模块设备参数配置

常见配置参数	功能
无线名称	设置无线网络名称
无线密码	设置无线网络密码
密码认证类型	一般用户来说采用 WPA-PSK 或 WPA2-PSK
无线信道	2.4 GHz 频段地划分为 13 个信道，各信道中心频率相差 5 MHz，向上向下分别扩展 11 MHz，信道宽为 22 MHz

（二）ZigBee 通信设备配置

ZigBee 通信是一种低速率、低功耗、近距离的双向无线网络技术，ZigBee 设备包含 ZigBee 协调器、ZigBee 路由器节点和 ZigBee 终端节点。工程实施时需要配置节点模式才能进行数据收发操作。

1.ZigBee 通信设备特点

（1）ZigBee 协调器是网络各节点信息的汇聚点，是网络的核心设备，负责组建、维护和管理网络，并通过串口实现各节点与上位机的数据传递。ZigBee 协调器有较强的通信、处理和发射能力，能够把数据发送至远程控制端。

（2）ZigBee 路由器节点负责转发数据资料包，进行数据的路由路径寻找和路由维护，允许节点加入网络并辅助其子节点通信。路由器节点是终端节点和协调器节点的中继，为终端节点和协调器节点之间的通信接力。

（3）ZigBee 终端节点可以直接与协调器节点相连，也可以通过路由器节点与协调器节点相连。

2.ZigBee 设备组网模式配置

配置 ZigBee 设备时首先需要确定 ZigBee 设备模式类型，ZigBee 设备模式配置见表 2-4。

表 2-4　ZigBee 设备模式配置

常见模式	功能
Router	Router 模式又称路由节点，该模式一般用于连接传感器设备
Coordinator	Coordinator 模式又称协调器，该模式一般用于汇聚子节点设备数据

3.ZigBee 设备网络参数配置

ZigBee 设备包含 PAN ID、通道、设备 ID、波特率等参数，配置时需确保多个 ZigBee 设备的 PAN ID、通道参数相同，设备 ID 不同，方可进行网络组网。ZigBee 设备网络参数配置见表 2-5。

表 2-5　ZigBee 设备网络参数配置

常见网络参数	功能
PAN ID	网络标识符
通道	信息传递过程中的流通渠道
设备ID	设备标识符
波特率	数据信号调制载波的速率

四、总线型传感器设备配置

总线型传感器设备采用有线传输介质作为通信介质，所有的设备都通过相应的硬件接口直接连接到通信介质，以此实现设备数据收发。

（一）RS-485 总线型设备配置

RS-485 是由电信行业协会和电子工业联盟定义的电气特性标准。依据该标准的设备能在近距离条件下以数字通信网络进行有效的信号传输。配置 RS-485 总线型设备前需阅读设备产品说明书，不同的设备配置方法有所不同，基本参数配置见表 2-6。

表 2-6　RS-485 总线型设备基本参数配置

常见配置参数	功能
设备地址	识别设备连接通道
波特率	数据信号调制载波的速率
数据位	设备的数据位设置值，常使用 8
校验位	设备的校验位设置值，常使用 NONE
停止位	设备的停止位设置值，常使用 1

（二）CAN 总线型设备配置

CAN 是控制器区域网络的缩写，是 ISO 国际标准化的串行通信协议。CAN 总线属于工业现场总线的范畴，与一般的通信总线相比，CAN 总线的数据通信更加地可靠、实时和灵活。CAN 总线型设备常见参数配置见表 2-7。

表 2-7　CAN 总线型设备常见参数配置

常见配置参数	配置内容
设备模式	TCP、UDP 等
目标地址	目标设备 IP 地址信息
目标端口	目标设备端口信息

任务实施

一、光照值传感器配置

先阅读光照值传感器产品说明书，查看该设备配套的上位机和设备修改命令，光照值传感器（485 型）设备配置命令见表 2-8。

表 2-8　光照值传感器（485 型）设备配置命令

常见配置内容	十六进制命令
获取设备地址	Fe 03 00 00 00 02XX（其中 X 代表校验码）
修改设备地址	原地址 06000000 新地址 XX（其中 X 代表校验码）

计算机通过串口与光照值传感器互联，打开串口调试助手查看光照值传感器地址，如图 2-1 所示。使用"fe 03 00 00 00 02 X X"命令查询原地址（X X 指代地址），再用"原地址 06 00 00 00 新地址 X X"命令修改设备地址为 03。

图 2-1　查看光照值传感器地址配置

二、温湿度传感器配置

计算机使用串口调试助手与温湿度传感器互联，打开温湿度传感器上位机软件，单击"自动获取当前波特率与地址"按钮，再设置设备地址为 2，如图 2-2 所示。

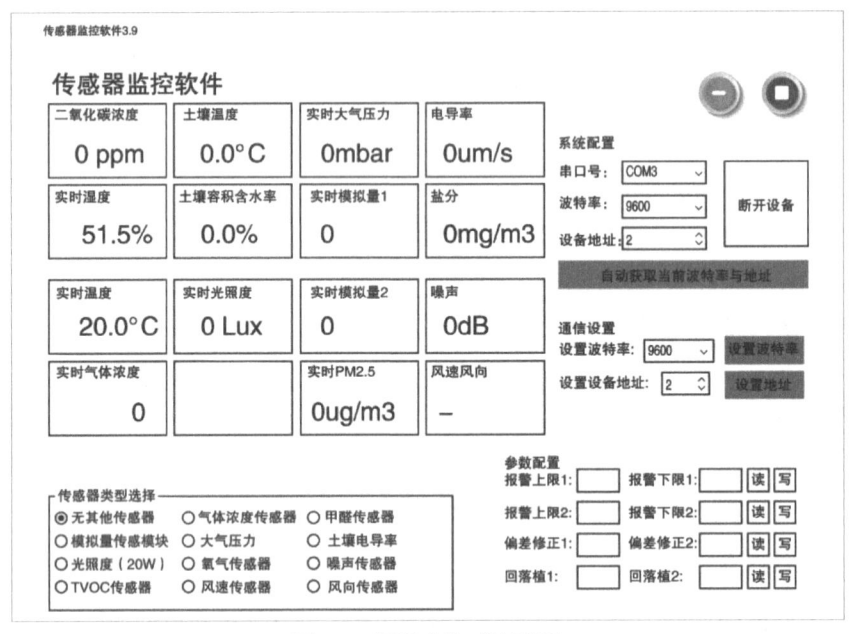

图 2-2　温湿度传感器配置

三、ZigBee 协调器配置

计算机串口与 ZigBee 设备接口相连，打开 ZigBee 配置工具软件，如图 2-3 所示，在串口下拉列表中选择"COM3"，单击"打开串口"按钮。

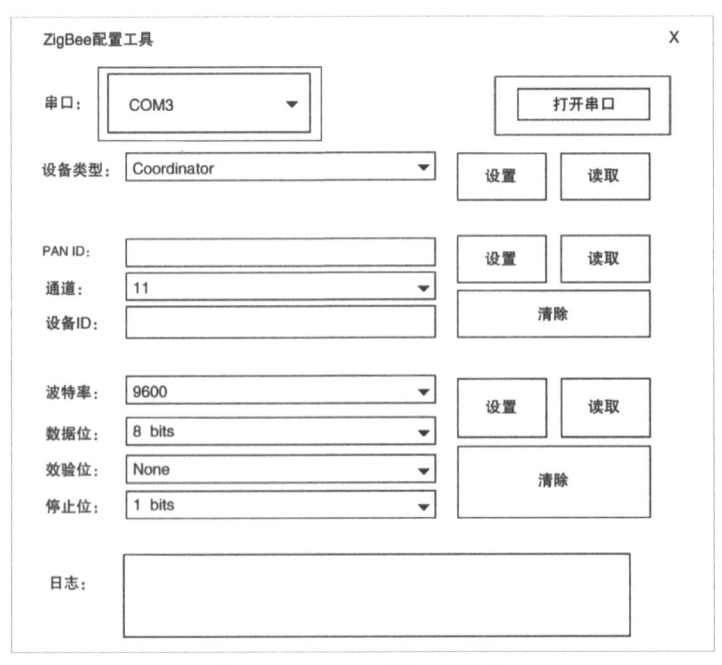

图 2-3　ZigBee 配置工具软件

单击 ZigBee 配置工具的"读取"按钮，读取 ZigBee 设备的参数信息，再配置 ZigBee 设备类型，如图 2-4 所示。

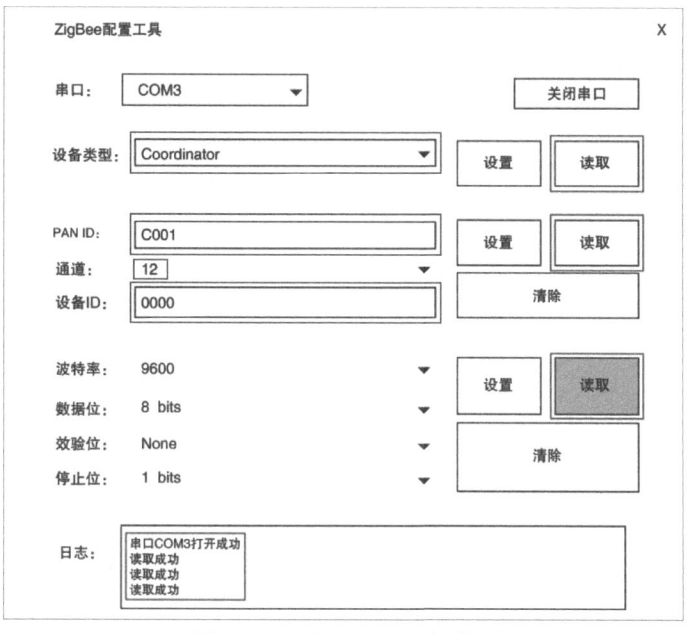

图 2-4　配置 ZigBee 设备类型

四、ZigBee 路由节点配置

设备使用 RS-485 接口连接计算机，打开 ZigBee 配置工具软件，配置 ZigBee 设备类型、PAN ID、通道、设备 ID 等参数，如图 2-5 所示，其中 PAN ID、通道等参数须和从设备一致。

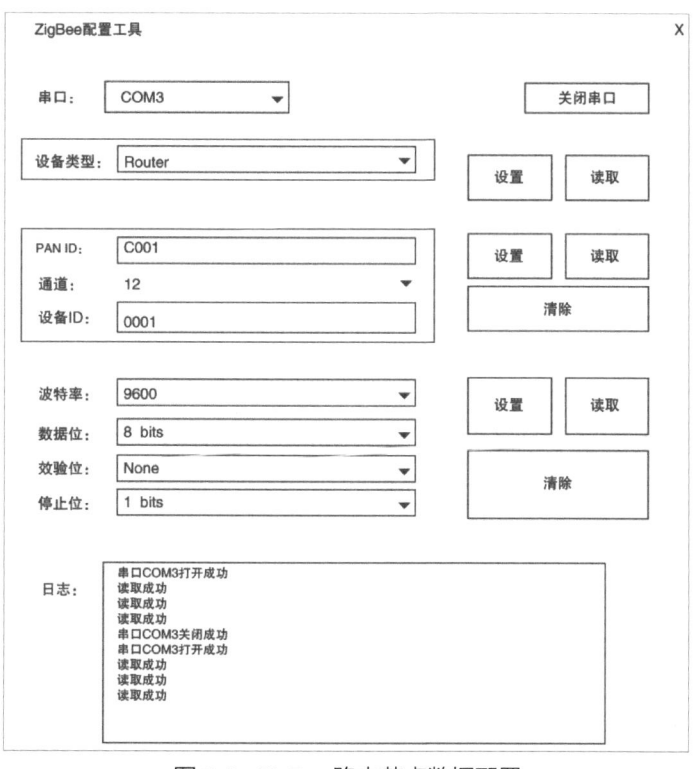

图 2-5　ZigBee 路由节点数据配置

配置完成后，ZigBee 路由节点设备"连接"指示灯将闪烁，协调器设备"连接"指示灯将长亮。

五、物联网中心网关配置

物联网中心网关是感知网络与传统通信网络的纽带，可以实现感知网络与通信网络，以及不同类型感知网络之间的协议转换。物联网中心网关在添加设备时分为新增连接器、新增设备和新增执行器/新增传感器三个步骤，如图 2-6 所示。

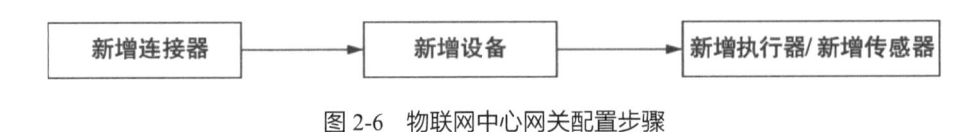

图 2-6　物联网中心网关配置步骤

在社区安防监测系统的物联网中心网关中需要创建 3 个"新增连接器"，分别为 RS-485、串口服务器、UHF；4 个"新增设备"，分别为 ADAM4150、温湿度传感器、光照值传感器、超高频桌面读卡器；"新增执行器/新增传感器"共 5 个，分别为电动推杆、警示灯、人体红外感应、温度、湿度，如图 2-7 所示。

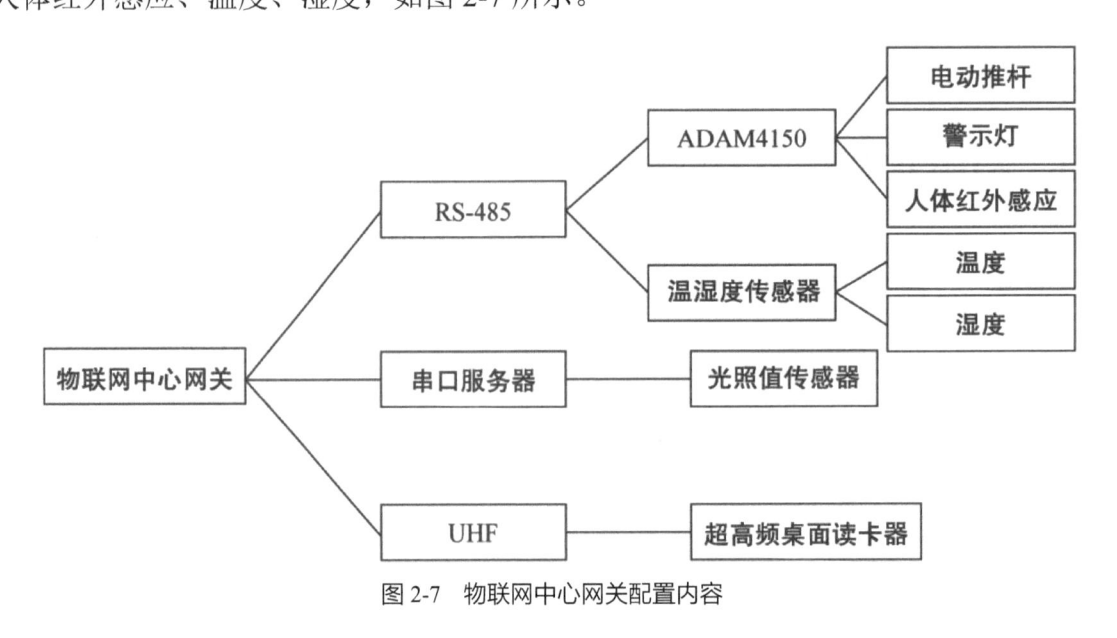

图 2-7　物联网中心网关配置内容

（一）新增连接器

连接器是物联网中心网关管理相同类型设备的总控制台，在物联网中心网关"新增连接器"中包含"串口连接器"和"网络连接器"两大类。通过 RS-232、RS-485 或串行服务器连接到网关的物联网设备必须使用"串口连接器"；通过 TCP/IP 网络连接到网关的物联网设备必须使用"网络连接器"。

1. 新增"RS-485"连接器

在物联网中心网关配置界面中单击"新增连接器"按钮，选择"串口设备"选项，配置参数见表 2-9。

表 2-9 "RS-485"连接器配置参数

连接器名称	RS-485
连接器设备类型	Modbus over Serial
设备接入方式	串口接入
波特率	9600
串口名称	勾选接入端口名称
停止位	设备的停止位设置值，常使用1

2. 新增"串口服务器"连接器

在物联网中心网关配置界面中单击"新增连接器"按钮，选择"串口设备"选项，配置参数见表 2-10。

表 2-10 "串口服务器"连接器配置参数

连接器名称	串口服务器
连接器设备类型	Modbus over Serial
设备接入方式	串口服务器接入
串口服务器 IP	192.168.0.5
串口服务器端口	填写接入地RS-485端口
停止位	设备的停止位设置值，常使用1

3. 新增"UHF"连接器

在物联网中心网关配置界面中单击"新增连接器"按钮，选择"串口设备"选项，配置参数见表 2-11 所示。（注：串口名称的下拉菜单中的 ttySUSBX 选项中 X 代表设备连接到物联网中心网关的 USB 端口号）。

表 2-11 "UHF"连接器配置参数

连接器名称	UHF
连接器设备类型	UHF Desktop
设备接入方式	串口接入
波特率	57600
串口名称	勾选接入端口名称
停止位	设备的停止位设置值，常使用1

（二）新增设备

在物联网应用中有的设备类似中间件，集成了设备之间的数据传递、设备控制等功能，如 ADAM4150、ZigBee、LoRa 等。为了对该类设备，以及该设备下属设备进行统一管理，需要在物联网中心网关中"新增设备"。

1. 新增"ADAM4150"设备

选中"RS-485"连接器,单击"新增"按钮,配置参数见表 2-12。

表 2-12 "ADAM4150"设备配置参数

设备名称	ADAM4150
设备类型	4150
设备地址	01

2. 新增"温湿度传感器"设备

选中"RS-485"连接器,单击"新增"按钮,配置参数见表 2-13。由于两个 ZigBee 节点盒均采用透传模式,配置时物联网中心网关只需以 RS-485 连接方式配置温湿度传感器即可。

表 2-13 "温湿度传感器"设备配置参数

设备名称	温湿度传感器
设备类型	温湿度传感器(RS-485)
设备地址	02

3. 新增"光照值传感器"设备

选中"串口服务器"连接器,单击"新增"按钮,配置参数见表 2-14。

表 2-14 "光照值传感器"设备配置参数

设备名称	光照值传感器
设备类型	光照值传感器(485型)
设备地址	03
标识名称	illumination

4. 新增"超高频桌面读卡器"设备

选中"UHF"连接器,单击"新增"按钮,配置参数见表 2-15。

表 2-15 "超高频桌面读卡器"设备配置参数

配置内容	参数
设备名称	超高频桌面读卡器
标识名称	UHF
设备类型	RFID超高频

(三)新增执行器/新增传感器

在"新增设备"配置完成后,就可以添加该设备下属的执行器/传感器。

1. 新增"电动推杆"执行器

选中"ADAM4150"设备，单击"新增执行器"按钮，配置参数见表2-16。

表2-16 "电动推杆"执行器配置参数

配置内容	参数
设备名称	电动推杆
标识名称	linearAc
设备类型	电动推杆
前进通道号	DO1
后退通道号	DO2

2. 新增"警示灯"执行器

选中"ADAM4150"设备，单击"新增执行器"按钮，配置参数见表2-17。

表2-17 "警示灯"执行器配置参数

设备名称	警示灯
标识名称	alarm
设备类型	警示灯
可选通道号	DO3

3. 新增"人体红外感应"传感器

选中"ADAM4150"设备，单击"新增传感器"按钮，配置参数见表2-18。

表2-18 "人体红外感应"传感器配置参数

设备名称	人体红外感应
标识名称	infrared
传感器类型	人体
可选通道号	DI0

4. 新增"温度"传感器

选中"温湿度传感器"设备，单击"新增传感器"按钮，配置参数见表2-19。

表2-19 "温度"传感器配置参数

设备名称	温度
标识名称	temperature
传感器类型	485总线温度传感器

5. 新增"湿度"传感器

选中"温湿度变送器"设备，单击"新增传感器"按钮，配置参数见表2-20。

表 2-20 "湿度"传感器配置参数

设备名称	湿度
标识名称	humidity
传感器类型	485总线湿度传感器

六、物联网中心网关设备数据监控查看

完成所有配置后单击"物联网中心网关数据监控"按钮，可查看创建的设备的实时数据，或者运行控制执行器，如图 2-8 所示。

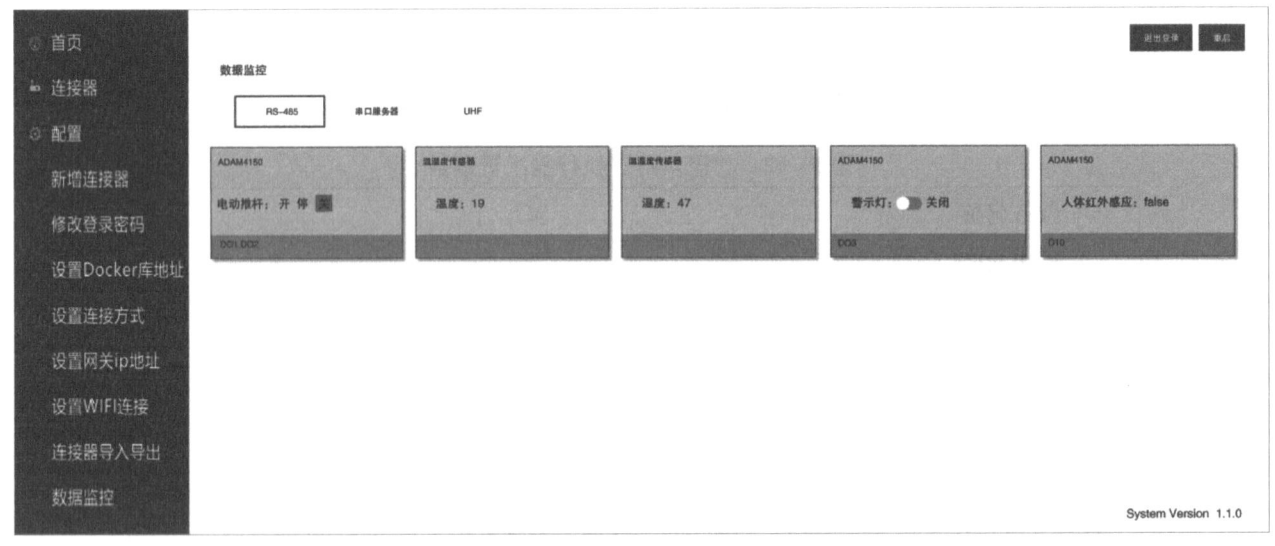

图 2-8 物联网中心网关设备数据监控

任务二　网络层设备配置

任务导入

◇ 任务描述

任务选取 M 社区安防监测系统中部分真实场景。物联网工程师 C 需要先根据项目工程设计图，完成社区安防监测系统设备的安装任务，再运用物联网工程师工作岗位技能，依照项目实施方案完成已装设备的配置任务。任务结构图如图 2-9 所示。

图 2-9　任务结构图

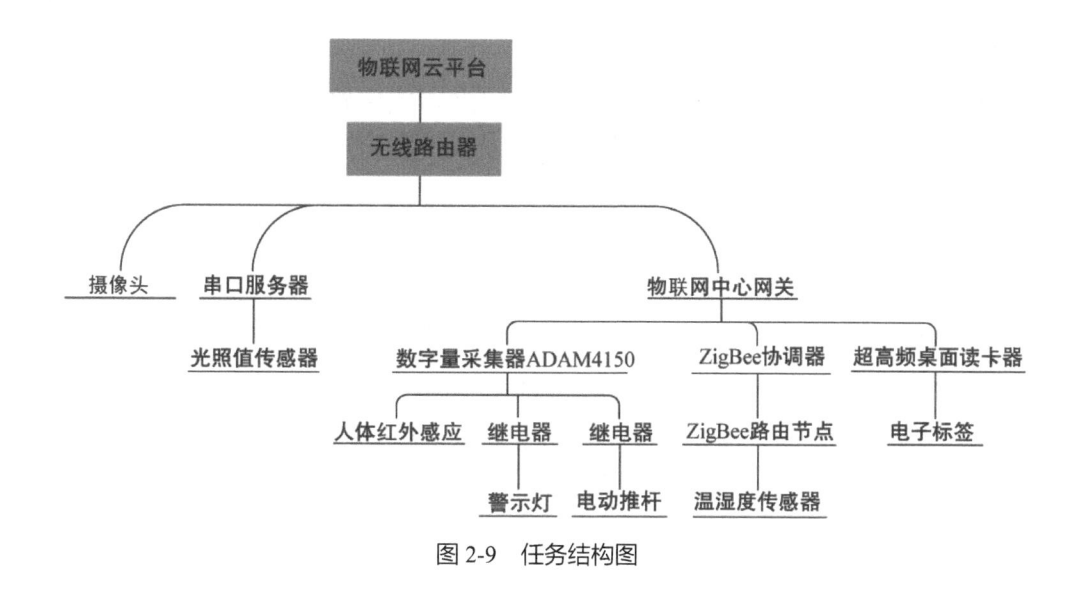

任务要求

1. 根据任务结构图，正确完成设备安装任务。
2. 根据工程设计方案，正确完成设备配置任务。

知识准备

物联网技术应用中典型的网络设备有路由器、交换机、物联网中心网关、无线传输设备等。市面上没有统一的配置标准，不同厂家生产的同类设备的配置模式也不同，但设备的功能都是大同小异的。物联网工程实施与物联网运维工程师在项目实施中需要经常查阅设备配套的说明书，仔细完成各类设备配置工作。

一、路由器配置

（一）上网方式配置

路由器上网方式配置的目的是把外部网络与路由器所在的本地网络相互连接，常见的上网方式有 PPPoE、静态 IP 和动态 IP。

1.PPPoE

PPPoE 上网方式也叫宽带拨号上网，运营商给用户分配用户名和密码，用户通过用户名和密码进行用户身份认证。

2. 静态 IP

静态 IP 上网方式是使用运营商提供的固定 IP、网关、DNS 地址进行宽带接入。配置时需要将运营商提供的固定 IP 地址等参数手动填写到路由器中，常见的静态 IP 上网方式应用在企业、校园等内部网络环境中。

3. 动态 IP

动态 IP 上网方式也叫自动获取 IP 地址上网，该方式由路由器自动获取 IP、子网掩码、物联网中心网关及 DNS 地址。动态 IP 上网方式无需输入任何参数。常见的动态 IP 上网方式多应用在校园、酒店和企业等内部网络环境中。

路由器上网方式配置见表 2-21。

表 2-21 路由器上网方式配置

上网方式	配置内容
PPPoE	添加 ISP 提供的账号和密码，进行 WAN 口拨号
静态IP	需手动设置 WAN 口地址参数信息且地址与 WAN 口设备地址处于同一网络
动态IP	自动获取 WAN 口地址参数信息

（二）路由器设备地址配置

在物联网工程实施中，常需要多设备之间的联动配置，为方便各个设备相互访问，需要对设备地址进行固定。路由器 LAN 地址配置见表 2-22，配置参数有 IP 地址、子网掩码等。

表 2-22 路由器 LAN 地址配置

常见配置参数	配置内容
IP地址	选择为手动模式，可添加路由器 IP 地址
子网掩码	选择为手动模式，可添加路由器子网掩码

（三）DHCP 服务配置

DHCP（动态主机配置协议）服务能自动为网络中的客户机分配 IP 地址、子网掩码、默认网关、DNS 服务器等参数。物联网产品中绝大部分路由器都具有 DHCP 服务配置功能，工程师在物联网项目实施时可阅读设备产品说明书。路由器 DHCP 服务配置见表 2-23，配置中可填写 DHCP 划分的 IP 地址范围、地址租期、网关地址和 DNS 地址等参数。

表 2-23 路由器 DHCP 服务配置

常见配置参数	配置内容
IP地址范围	自动分配 IP 地址，选择为手动模式，可进行修改
地址租期	可手动设置地址和租期
网关地址	除了分配 IP 地址，DHCP 服务器还可以为网络内的设备指定 DNS 服务器地址和默认网关
DNS地址	选择为手动模式，可填写 DNS 地址

（四）无线网络设置

路由器除了使用有线介质互联，部分路由器还具有无线连接功能。路由器中的无线网络又称为 Wi-Fi，是一种基于 IEEE 802.11 标准的无线局域网技术。运用 Wi-Fi 可以实现通过无线方式连接路由器，从而快速实现设备部署。目前常见的路由器 Wi-Fi 有 2.4 GHz 和 5 GHz 两个频段，2.4 GHz 无线网络配置见表 2-24，配置参数包括无线网络名称、无线密码、密码认证类型、无线信道、无线接入模式等。

表 2-24　2.4 GHz 无线网络配置

常见配置参数	配置内容
无线网络名称	设置无线网络名称
无线密码	设置无线网络密码
密码认证类型	一般用户采用 WPA-PSK 或 WPA2-PSK
无线信道	2.4 GHz 频段划分为 13 个信道，各信道中心频率相差 5 MHz，向上、向下分别扩展 11MHz，信道带宽 22 MHz
无线接入模式	常用模式有 11b、11n、11g、11bgn mixed 等

（五）IP 与 MAC 映射设置

IP 与 MAC 映射是路由器将 IP 地址与 MAC 地址绑定，防止非法终端设备接入引起安全问题。物联网工程师配置设备前需要查阅设备产品说明书，进入路由器配置界面中设置 IP 地址与 MAC 地址绑定。路由器地址映射配置见表 2-25。

表 2-25　路由器地址映射配置

常见配置参数	配置内容
IP 地址	选择为手动模式，可添加路由器 IP 地址
子网掩码	选择为手动模式，可添加路由器子网掩码

二、交换机配置

在物联网项目中，交换机主要用于将同一网络的多个设备连接起来，在接入层指引并控制通往网络的数据流。一般应用场景中交换机采用默认配置即可，不需要进行额外配置。如果网络规模较大，可采用企业级交换机提供的数据转发服务。企业级交换机带有独立的 IOS，可手动配置各类服务，满足物联网项目的网络需求。企业级交换机常见的配置内容包括调整端口速度、带宽和安全要求。

（一）交换机端口配置

交换机端口配置一般包含全双工、半双工通信模式。全双工通信模式允许连接交换机的设备同时发送和接收数据，该配置能增加交换机的有效带宽。当交换机端口只连接一个设备并且在全双工模式下运行时，会创建微分段 LAN。半双工通信模式是指连接到交换机的设备能单向进行发送和接收数据，该模式不会同时进行收发操作，半双工通信会引起交换机性能问题，因为数据一次只能在一个方向上流动，经常会发生冲突。在大多数硬件中全双工通信模式已经取代了半双工通信模式。交换机端口配置见表2-26。

表2-26 交换机端口配置

常见配置参数	功能
Access	只能属于1个VLAN，一般用于连接计算机端口
Trunk	支持多个VLAN，一般用于交换机之间连接
Hybrid	支持多个VLAN，可用于交换机之间连接或用户计算机连接
端口地址	指定端口地址

（二）交换机 VLAN 配置

虚拟局域网（VLAN）是使用虚拟方式对接入交换机 LAN 口的设备进行分组。物联网工程师能将接入交换机 LAN 口的设备按照逻辑分组方式加入 VLAN 中，以实现便捷、安全的设备管理，从而提升网络性能、降低成本。社区安防监测系统的 VLAN 应用如图 2-10 所示。

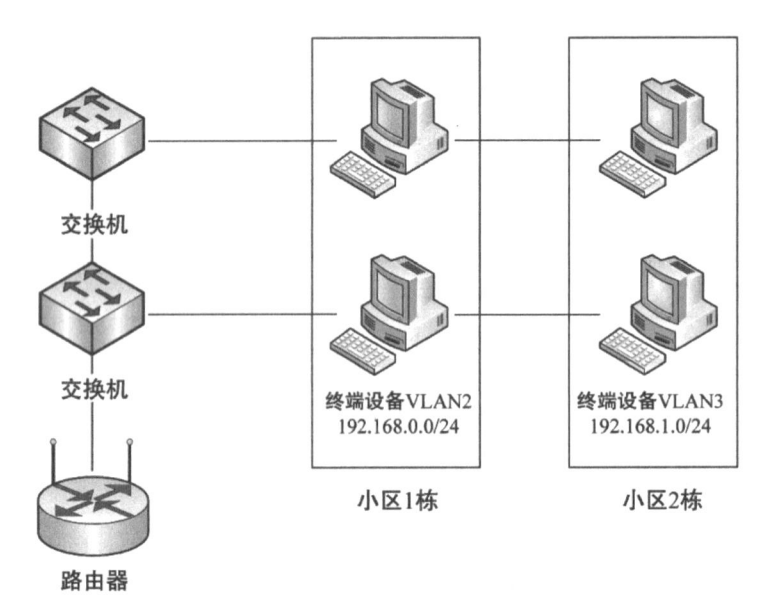

图 2-10 社区安防监测系统的 VLAN 应用

以企业级交换机为例，先进入交换机 IOS 中，大部分交换机可以使用图像用户界面方式配置 VLAN，也可以使用命令方式配置 VLAN。表 2-27 为命令方式创建和加入交换机的 VLAN 配置。

表 2-27 命令方式创建和加入交换机的 VLAN 配置

常见配置参数	配置内容
VLAN	创建一个名为"编号"的 VLAN
Switchport Access VLAN	添加一个端口到"VLAN 编号"中

三、物联网中心网关配置

物联网中心网关可以看作感知网络与传统通信网络的纽带，该设备可以实现感知网络与通信网络之间的协议转换，既可以实现广域互联，也可以实现局域互联。目前市面上物联网中心网关功能大致上分为网络参数配置、端口参数配置等。物联网工程师在实施物联网项目时，需要查阅设备产品说明书，确认设备的具体功能和配置方法。

（一）物联网中心网关设备地址配置

物联网中心网关设备使用时一般要设定固定的 IP 地址，方便设备接入或管理。不同厂家的物联网中心网关配置设备 IP 地址参数的方式有所不同，但基本都包含地址类型选择、IP 地址、子网掩码、网关地址、DNS 地址等参数，物联网中心网关设备地址配置见表 2-28。

表 2-28　物联网中心网关设备地址配置

常见配置参数	配置内容
地址类型选择	选择自动或手动分配地址
IP地址	设备 IP 地址
子网掩码	设备子网掩码
网关地址	转发数据的设备地址
DNS地址	DNS 服务地址

（二）物联网中心网关端口配置

物联网工程实施时，物联网中心网关会连接一个或多个感知层设备，常见的连接接口有 RS-485、RS-232、RJ-45 等。在感知层设备连接物联网中心网关前先查看感知层设备具体参数，如端口类型、波特率、数据位、校验位、停止位等参数。接入到物联网中心网关后根据感知层设备参数进行端口配置，物联网中心网关端口参数配置见表 2-29，除了端口配置，添加感知层设备时还要添加设备名称、标识符、设备地址等参数。

表 2-29　物联网中心网关端口参数配置

常见配置参数	配置内容
端口类型	接入设备使用的端口类型，常有 RS-485/RS-232 等
波特率	接入设备的波特率值，常使用 9600
数据位	接入设备的数据位值，常使用 8
校验位	接入设备的校验位值，常使用 NONE
停止位	接入设备的停止位值，常使用 1

四、串口服务器配置

如果物联网工程设计时采用了大量的感知层设备,一般的物联网中心网关设备无法提供大量接入端口,所以为支持多个感知层设备接入,工程应用中可使用串口服务器扩展端口数量。串口服务器提供串口转网络功能,能够将 RS-232、RS-485、RS-422 串口转换成 TCP/IP 网络接口,实现 RS-232、RS-485、RS-422 串口与 TCP/IP 网络接口的数据双向、透明传输,或者支持 Modbus 协议双向传输。

(一)串口服务器设备地址配置

串口服务器设备使用时一般要设定固定 IP 地址,方便其他设备接入或管理。不同厂家的串口服务器配置方式有所不同,物联网工程实施与运维工程师可查阅产品说明书,表 2-30 为串口服务器地址配置,包含地址类型选择、IP 地址、子网掩码、物联网中心网关、DNS 等参数信息。

表 2-30 串口服务器地址配置

常见配置参数	配置内容
地址类型选择	选择自动或手动分配地址
IP 地址	设备 IP 地址
子网掩码	设备子网掩码
物联网中心网关	设备数据转发地址
DNS	DNS 服务器地址

(二)串口服务器端口配置

串口服务器能实现 RS-485、RS-232 等端口连接。连接感知层设备前先查看感知层设备参数信息,如端口类型、波特率等,再使用相应接口连接感知层设备,并配置串口服务器端口参数,串口服务器端口配置见表 2-31。

表 2-31 串口服务器端口配置

常见配置参数	功能
工作方式	设备类型的工作方式,常用的有 TCP Client
波特率	设备的波特率设置值,常使用 9600
数据位	设备的数据位设置值,常使用 8
校验位	设备的校验位设置值,常使用 NONE
停止位	设备的停止位设置值,常使用 1

任务实施

一、设备工位布局与接线

（一）设备工位布局

完成智慧社区安防监测系统设备安装与布局，安装布局示意图如图 2-11 所示。

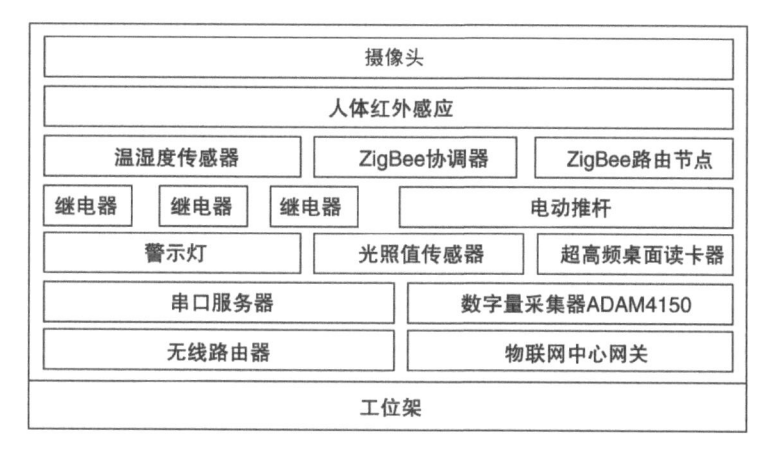

图 2-11　安装布局示意图

（二）设备接线

完成智慧社区安防监测系统设备安装与接线任务，设备安装接线图如图 2-12 所示。

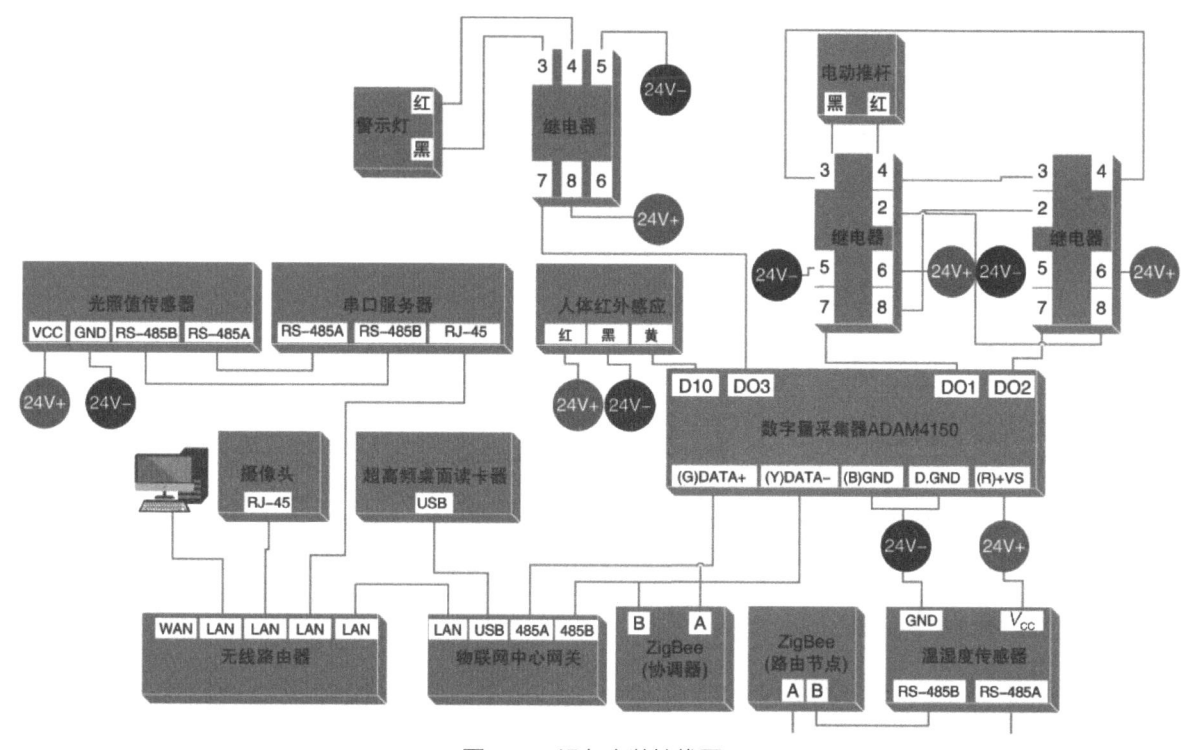

图 2-12　设备安装接线图

二、设备地址和端口划分

对智慧社区安防监测系统设备地址或端口进行配置，见表2-32。

表2-32 设备地址或端口配置

设备名称	地址或端口
路由器	192.168.0.1/24
计算机	192.168.0.2/24
摄像头	192.168.0.3/24
物联网中心网关	192.168.0.4/24
串口服务器	192.168.0.5/24
数字量采集器ADAM4150	01
温湿度传感器	02
光照值传感器	03

三、路由器配置

计算机连接到路由器LAN口，打开无线路由器配置界面，设置路由器LAN口的IP地址、子网掩码、无线网络名称等参数，见表2-33。开启路由器2.4 GHz无线网络，设置路由器无线网络名称为"newland"，添加路由器无线网络加密方式为WPA模式，设置路由器上网模式为动态IP。

表2-33 路由器参数配置

参数	配置内容
路由器LAN口IP地址配置	192.168.0.1
路由器子网掩码配置	255.255.255.0
路由器无线网络名称配置	newland
路由器无线密码加密方式配置	WPA2-PSK/WPA-PSK
路由器上网方式配置	动态IP

四、摄像头配置

计算机连接到摄像头的RJ-45接口，使用Guard Tools 2.0软件扫描网络中心摄像头，扫描完成后将找到的摄像头地址修改为192.168.0.3，如图2-13所示。

在IE浏览器端输入摄像头新的IP地址，并使用用户名：admin、密码：admin123登录。登录成功后可以通过调整"变倍""对焦"使画面的显示效果清晰。第一次打开 IE 浏览器时需要按提示安装插件。

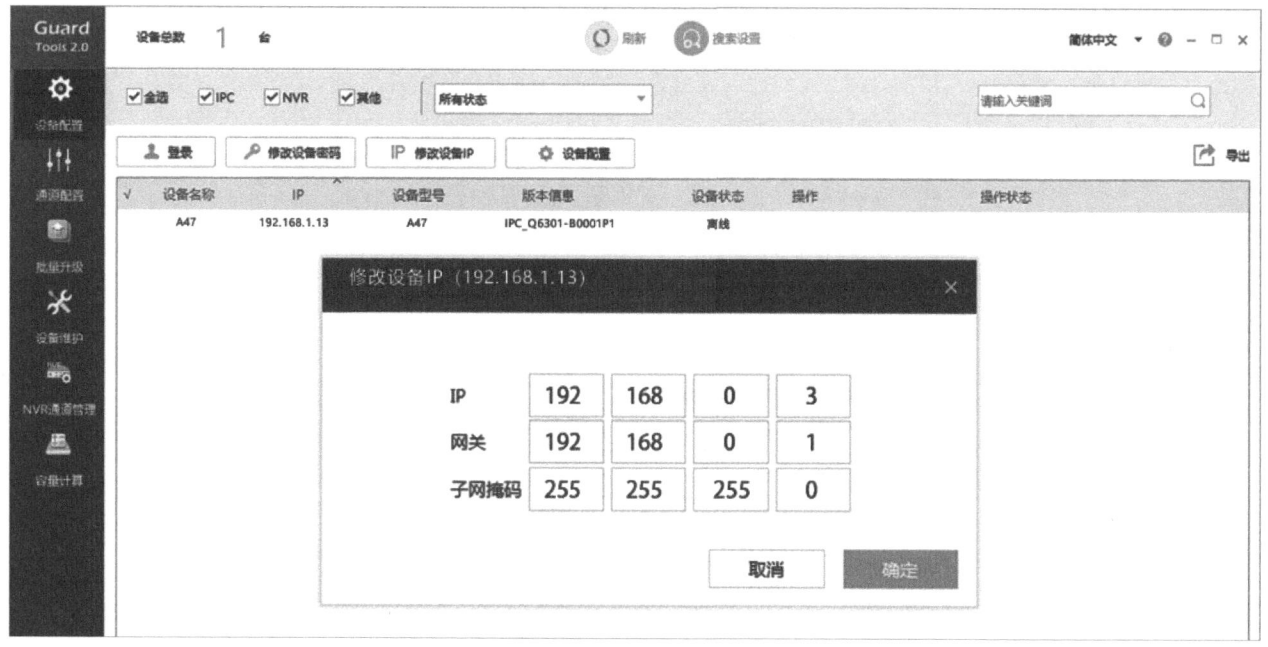

图 2-13 摄像头地址配置

选择菜单中的"智能监控"→"智能功能配置"→"目标检测"→"人脸检测"选项添加人脸库。

输入人脸信息，包括姓名、人脸底图等，其中姓名与人脸底图为必填项。底图大小应小于 3 MB，分辨率在 3000 像素×4000 像素以内。

人脸库添加完毕后需要进行人脸布控，选择配置中的"人脸布控"选项，填写布控任务名称和布控原因，其他保持默认，最后必须选择所要布控的"人脸库"选项。

选择"智能功能配置"→"目标检测"→"人脸检测"选项，将人脸识别选项开启。

返回实况界面，单击"抓拍"按钮。抓拍过程中将会把抓拍到的图像与人脸库的人脸底图进行比对，并给出比对结果值。

五、物联网中心网关配置

物联网中心网关默认地址为 192.168.1.100/24，若要进入物联网中心网关配置界面，需要修改计算机的 IP 地址。弹出"Internet 协议版本 4（TCP/IPv4）属性"对话框，配置"IP 地址"为 192.168.1.2，子网掩码为 255.255.255.0，如图 2-14 所示。

在计算机浏览器中输入物联网中心网关地址 192.168.1.100。进入配置界面后再输入用户名和密码，二者均为"newland"，系统验证登录信息成功后会自动登录到配置界面中，如图 2-15 所示。

进入物联网中心网关配置界面后，选择"设置网关 ip 地址"选项，修改物联网中心网关 IP 地址为 192.168.0.4，如图 2-16 所示。

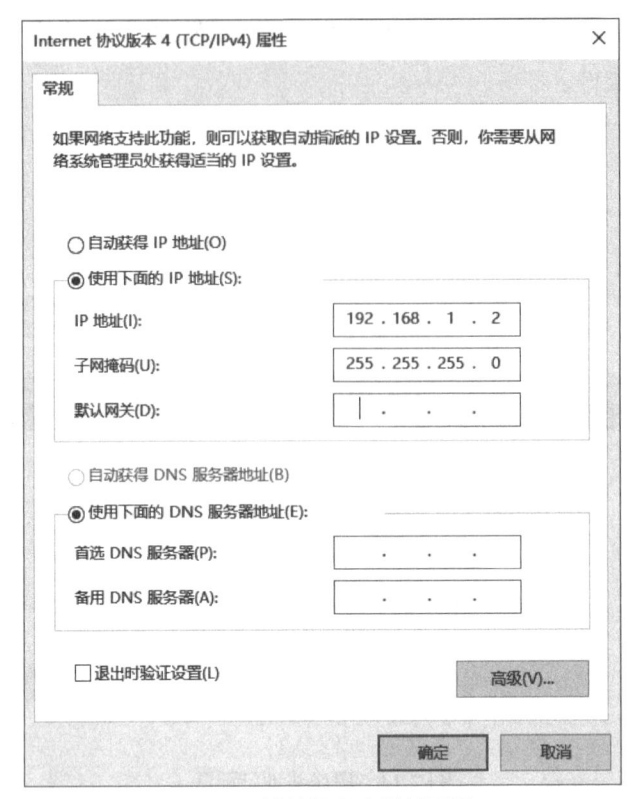

图 2-14　计算机网卡地址配置

图 2-15　物联网中心网关配置界面

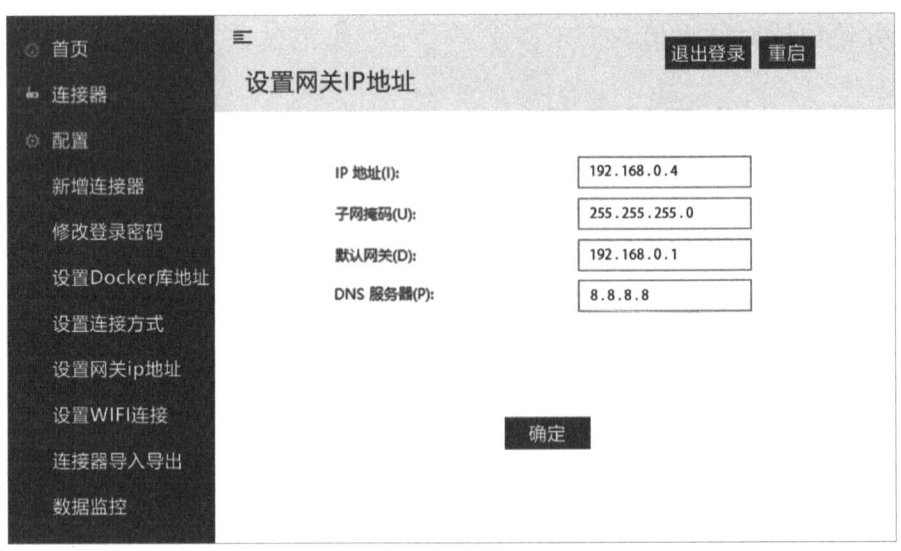

图 2-16　物联网中心网关配置

六、串口服务器配置

串口服务器默认地址为 192.168.14.200:8400/24，若要进入物联网中心网关配置界面，需要把计算机的 IP 地址修改为和物联网中心网关地址相同的网络中。打开 Internet 协议版本 4（TCP/IPv4）属性对话框，配置 IP 地址为 192.168.14.2，子网掩码为 255.255.255.0。完成配置后打开浏览器输入 192.168.14.200:8400，进入串口服务器配置界面，如图 2-17 所示。

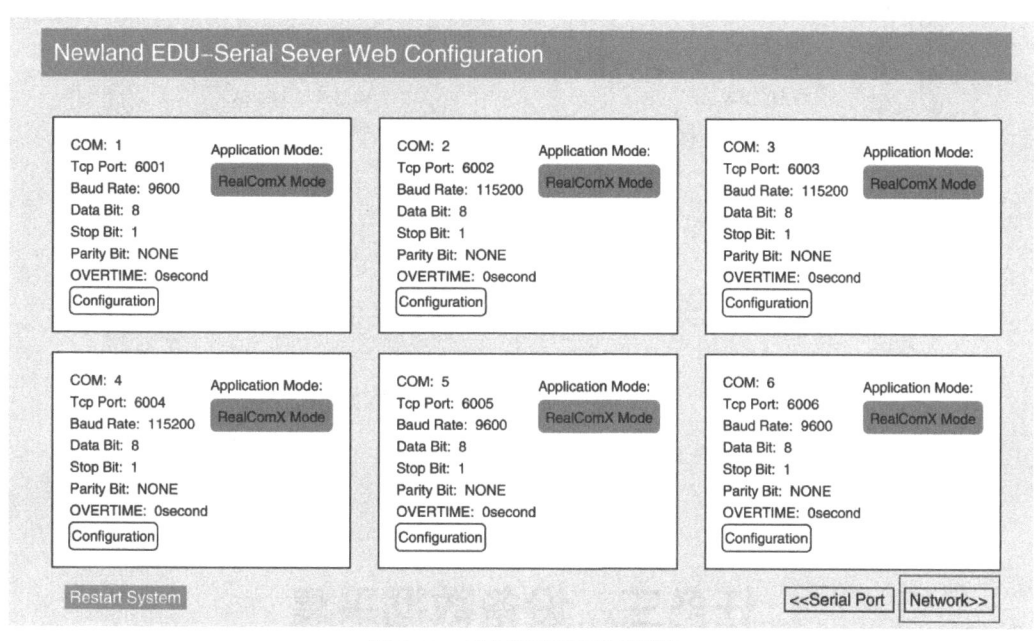

图 2-17　串口服务器配置界面

单击"Network>>"按钮，修改串口服务器地址（IP）为 192.168.0.5. 子网掩码（mask）为 255.255.255.0，如图 2-18 所示。

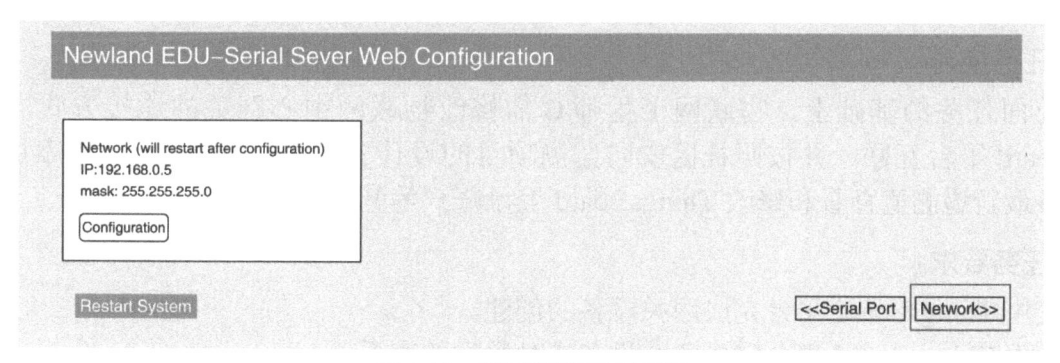

图 2-18　串口服务器地址配置

七、网络设备扫描

在计算机中打开 Advanced IP Scanner 软件，配置软件扫描 IP 地址的范围为"192.168.0.1-192.168.0.200"，完成后单击"▶ Scan"按钮，如图 2-19 所示。该软件可扫描到在 192.168.0.X 网络中的所有设备信息。

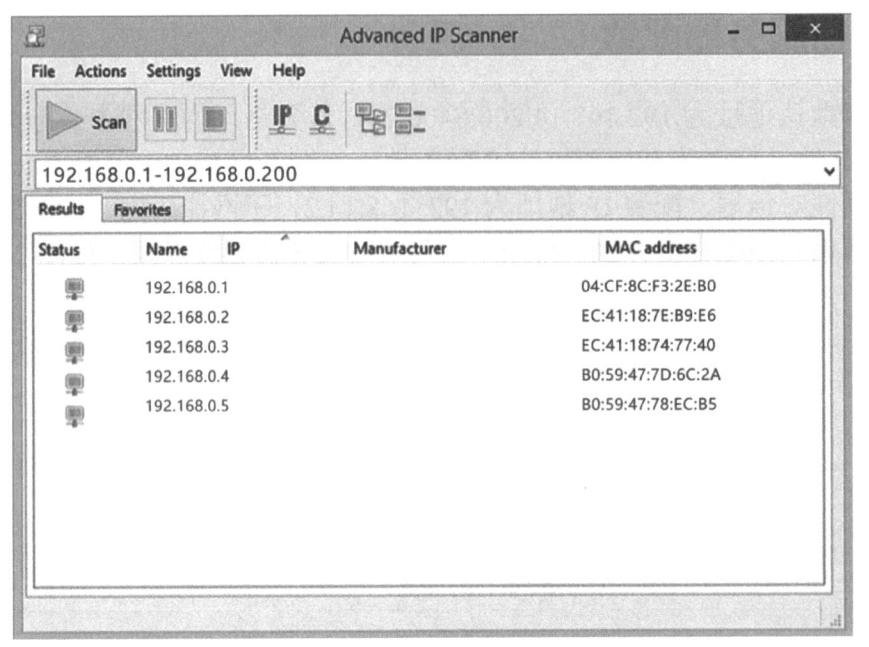

图 2-19　设备扫描

任务三　设备数据采集

任务导入

任务描述

在前面任务的基础上，物联网工程师 C 需修改物联网中心网关的连接方式，实现与 ThingsBoard 平台互联，并按照社区安防监测项目的设计完成 ThingsBoard 网关添加，以及根据设备最新遥测值查看和修改 ThingsBoard 登录账户等基本信息。

任务要求

1. 使用 ThingsBoard 平台完成网关设备的创建。
2. 使用 ThingsBoard 平台完成各个设备实时数据的查看。
3. 使用物联网中心网关完成与 ThingsBoard 平台的互联。

知识准备

一、ThingsBoard 平台介绍

ThingsBoard 是一个开源的物联网平台，可实现物联网项目的快速开发、管理和扩展，

ThingsBoard 平台通过行业标准物联网协议（MQTT、CoAP 和 HTTP）实现设备连接。ThingsBoard 含有用户界面（UI）和独立的数据库，能作为应用程序独立运行，也能存储接入设备的数据和用户配置文件，并支持云和本地部署。

ThingsBoard 平台目前有专业版和社区版两种版本，其中社区版供开源使用，ThingsBoard 平台界面如图 2-20 所示。

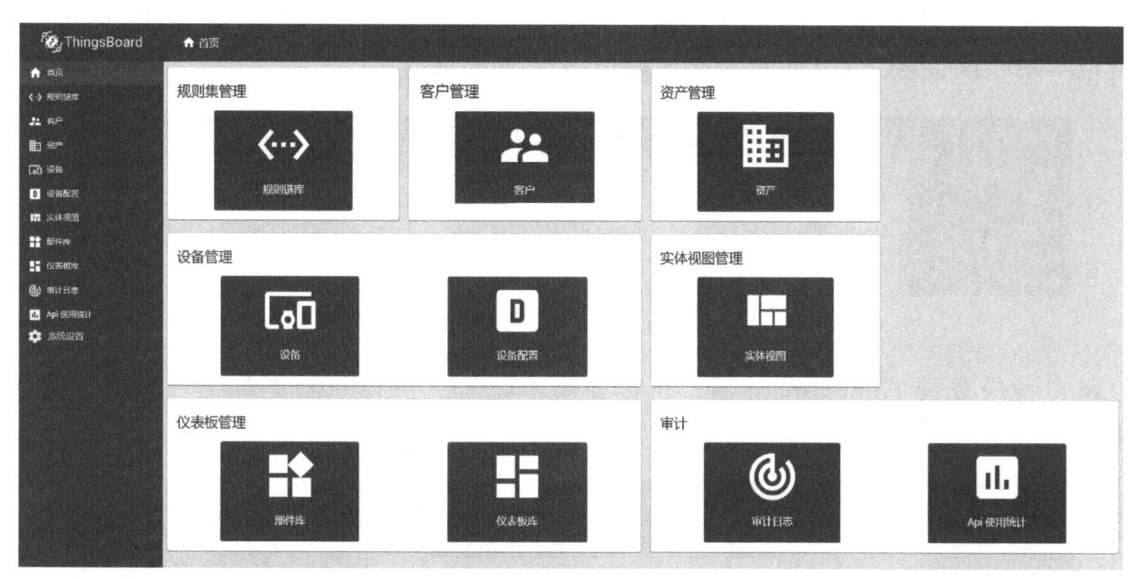

图 2-20　ThingsBoard 平台界面

ThingsBoard 社区版包含以下功能。

（1）属性：为你的自定义实体分配键值属性（配置、数据处理、可视化参数）的平台功能。

（2）遥测：用于收集时间序列数据和相关用例的 API 数据。

（3）实体和关系：创建物理模型对象（设备和资产）及它们之间的关系。

（4）数据可视化：提供部件、仪表板、仪表板状态等可视化功能。

（5）规则引擎：对传入遥测和事件的数据进行处理和操作。

（6）RPC：从应用程序推送 API 和部件命令至设备，亦可反向推送。

（7）审计日志：跟踪用户活动和 API 调用情况。

（8）API 限制：控制在指定时间内主机对 API 的请求情况。

（9）高级过滤器：过滤实体字段、属性和最新遥测。

二、ThingsBoard 平台功能

（一）ThingsBoard 权限

ThingsBoard 平台提供了用户界面和 REST API 操作，方便在 IoT 应用程序中配置和管理多种实体类型及其关系。ThingsBoard 中能使用操作用户界面和 REST API 的人员包括租户、客户和用户。

（1）租户：ThingsBoard 平台可以将租户视为独立的业务实体，拥有设备和资产的个人或组织，租户可创建多名租户管理员和数百万名客户。

（2）客户：客户也是一个独立的业务实体，可以使用租户下的设备、资产，客户可创建多个用户、数百万台设备和数百万的资产。

（3）用户：用户能够浏览仪表板和管理实体。

以系统管理员身份登录 ThingsBoard 后，可创建租户账号。选择左侧菜单中"租户"选项，再单击租户区域的"+"按钮，添加租户，如图 2-21 所示。

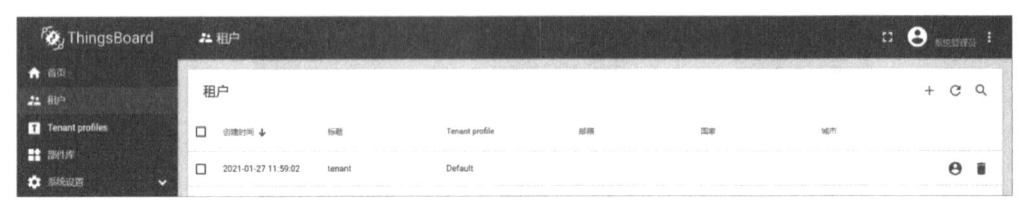

图 2-21　ThingsBoard 租户账号的创建步骤

以租户身份登录 ThingsBoard 后，可创建客户账号。选择左侧菜单中"客户"选项，再单击客户区域的"+"按钮，添加客户，如图 2-22 所示。

图 2-22　ThingsBoard 客户账号创建步骤

创建完客户后，可以在客户中创建用户，如图 2-23 所示，单击要创建的客户，在弹出的"客户详情"对话框中单击"管理用户"按钮，再根据系统提示填写用户信息并验证用户登录邮箱。

图 2-23　ThingsBoard 用户创建步骤

（二）ThingsBoard 资产

ThingsBoard 资产可看成一类设备的统称，绑定在租户和客户名下，属于设备的一个属性。ThingsBoard 租户管理员可以创建、管理资产，也可以将资产分配给某些客户。租户管理员、客户、用户都能管理资产服务器端属性和浏览资产警报，还能允许客户、用户使用 REST API 或 Web UI 来获取资产数据。

选择左侧菜单栏"资产"选项，单击资产区域"+"按钮，再选择"添加新资产"选项，如图 2-24 所示。

图 2-24 资产添加步骤

在"添加资产"对话框中，输入名称、资产类型、标签和说明后单击"添加"按钮，如图 2-25 所示。

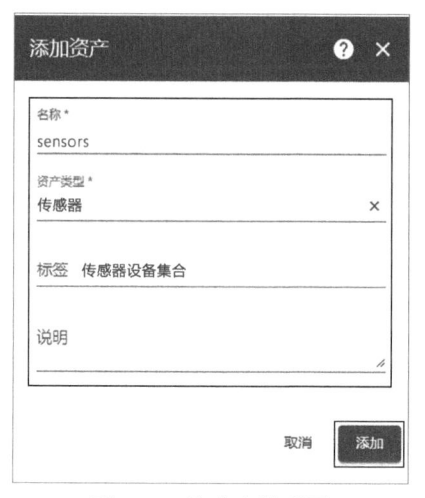

图 2-25 资产参数配置

（三）ThingsBoard 设备

物联网是由各类设备组合而成的网络，ThingsBoard 设备是各类设备的一种电子化表现形式。各类设备可以通过 MQTT、CoAP、HTTP 等方式，将设备数据传递到绑定的 ThingsBoard 设备中。

选择左侧菜单栏的"设备"选项，单击设备区域"+"按钮，再选择"添加新设备"选项，如图 2-26 所示。

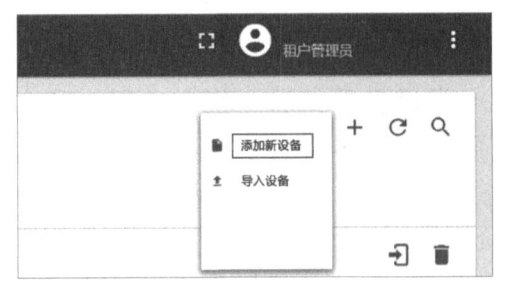

图 2-26 设备添加步骤

在"添加新设备"对话框中填写设备名称、标签,并修改。单击"选择已有设备配置"单选按钮,并在设备配置处填写具体内容。再根据需求勾选"是否网关"复选框,完成后单击"添加"按钮,如图 2-27 所示。

图 2-27 设备参数配置

选择左侧菜单栏的"设备"选项,弹出"设备"窗口,单击"设备名称",弹出"设备菜单"窗口,在窗口中可查看或修改设备详情、属性、最新遥测数据、警告、事件、关联、审计日志的内容,如图 2-28 所示,以温度传感器为例。

图 2-28 设备详细信息查看

（四）ThingsBoard 设备配置

租户管理员能够使用设备配置文件为多个设备配置通用参数，设备配置文件可以设置规则链、队列名称、传输协议、报警规则等。

选择左侧菜单的"设备配置"选项，单击设备配置区域"+"按钮，再选择"添加设备配置"选项，如图 2-29 所示，此步骤可以添加设备配置。

图 2-29　设备配置步骤

在"添加设备配置"窗口中填写设备名称、规则链、队列名称等参数，完成后单击"添加"按钮，如图 2-30 所示。"规则链"处填写"Root Rule Chain"表示系统默认总规则链；填写的"Mobile dashboard"为创建的仪表板库名称。"列队名称"处填写"Main"表示来自任何设备的所有传入消息和事件。

图 2-30　添加设备配置选项

任务实施

一、ThingsBoard 平台网关配置

进入 ThingsBoard 平台，选择菜单栏"设备"选项，单击设备窗口右上角"+"按钮，弹出"添加新设备"对话框，如图 2-31 所示，填写"新设备名称"为"物联网中心网关"，"标签"处填写"物联网中心网关"，单击"选择已有设备配置"单选按钮，"设备配置"处填写"default"，勾选"是网关"复选框，完成后单击"添加"按钮。

图 2-31　ThingsBoard 网关创建

单击刚创建的网关设备名称，在弹出的设备详细信息窗口单击"复制访问令牌"按钮，对其进行复制，如图 2-32 所示。

图 2-32　ThingsBoard 网关访问令牌复制

二、物联网中心网关配置

回到物联网中心网关配置页，单击菜单中的"设置配置"按钮，再单击"TBClient"右上角的编辑图标，在弹出的界面中填写"MQTT 服务端 IP"和"MQTT 服务端端口"，在"Token"处粘贴之前复制的 ThingsBoard 网关访问令牌，如图 2-33 所示，完成后单击"确定"按钮。

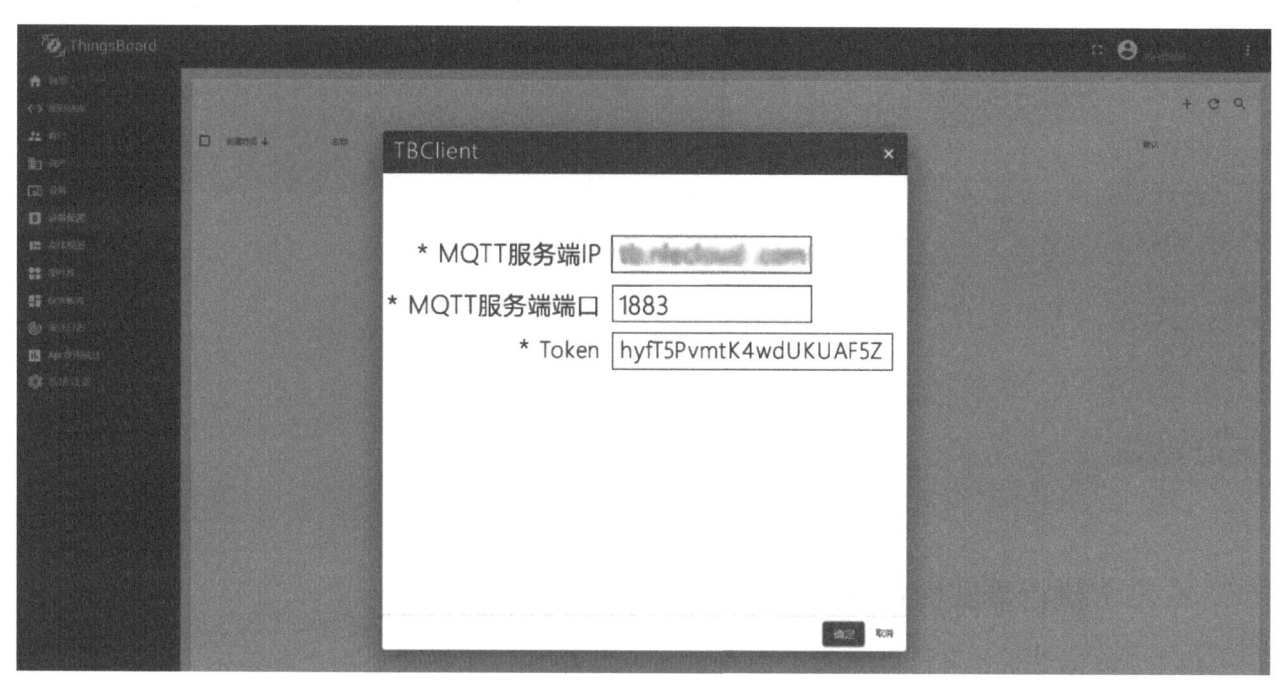

图 2-33　物联网中心网关 TBClient 配置

进入 ThingsBoard 平台的设备窗口，可以发现此处自动创建了物联网中心网关添加的设备信息，如图 2-34 所示。

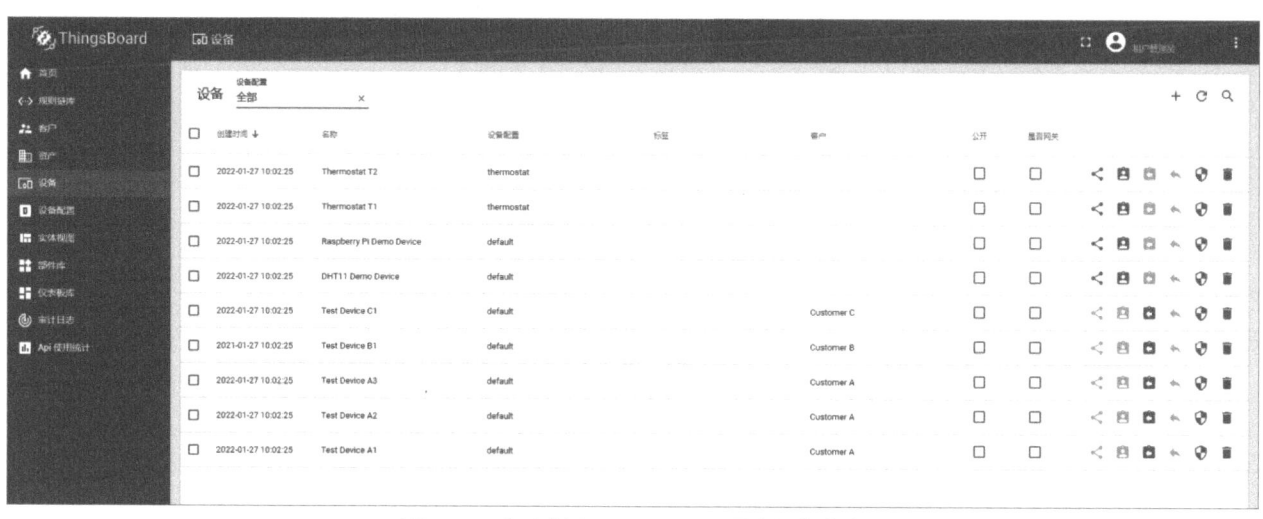

图 2-34　自动创建 ThingsBoard 平台设备信息

三、数据查看

（一）传感器实时数据查看

在左侧菜单中选择"设备"选项，在设备窗口中单击 ThingsBoard 平台自动创建的"temperature"按钮，选择"最新遥测数据"选项卡，如图 2-35 所示，可在最新遥测数据界面查看最新遥测数据。

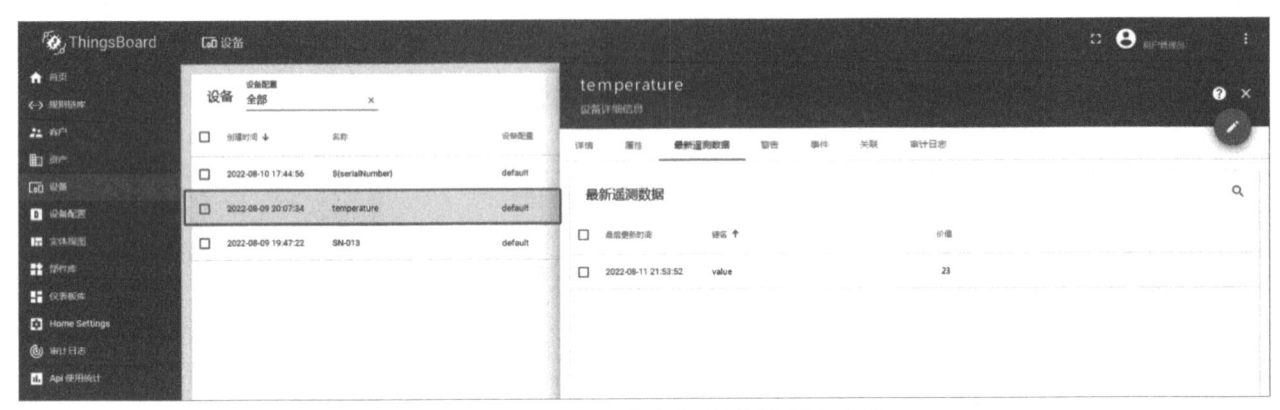

图 2-35　ThingsBoard 平台传感器设备信息查看

（二）执行器实时数据查看

单击 ThingsBoard 平台自动创建的"linearAc"按钮，选择"最新遥测数据"选项卡，如图 2-36 所示，可在最新遥测数据界面查看最新遥测数据。

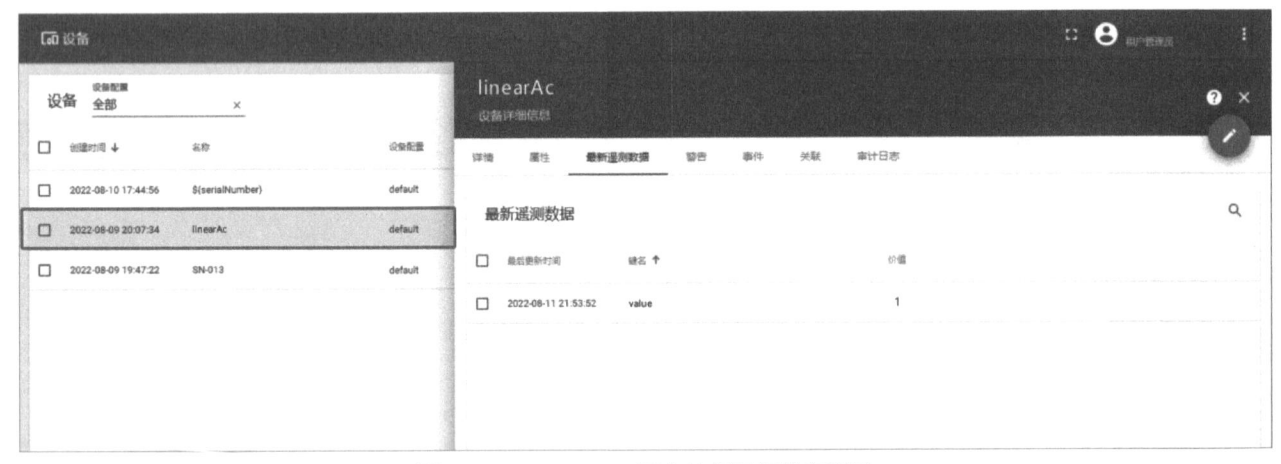

图 2-36　ThingsBoard 平台执行设备信息查看

四、登录用户信息修改

单击 ThingsBoard 平台右上角账户"属性"按钮，进入属性配置界面中，如图 2-37 所示，该界面可以修改账户属性内容。

图 2-37　ThingsBoard 平台账户修改

项目评价

以小组为单位，配合指导老师完成表 2-34 所示的项目评价表。

表 2-34 项目评价表

项目名称	评价内容	分值	评价分数 自评	互评	师评
职业素养考核项目（30%）	考勤、仪容仪表	10分			
	责任意识、纪律意识	10分			
	团队合作与交流	10分			
专业能力考核项目（70%）	积极参与教学活动并正确理解任务要求	10分			
	能实现社区安防监测系统感知设备配置，运用物联网中心网关完成传感器、执行器的数据采集、执行操作	20分			
	完成社区安防监测系统设备安装任务	20分			
	使用 ThingsBoard 平台完成网关设备创建及各个设备实时数据查看	20分			
合计：综合分数＿＿＿自评（20%）+互评（20%）+师评（60%）		100分			
综合评语		教师（签名）：			

思考练习

一、选择题

1. 设备配置前常见操作步骤不包括（　　）。
   A. 确定设备技术参数
   B. 查阅设备主要功能
   C. 精读工程实施标准
   D. 检测设备是否存在故障

2. 与一般的通信总线相比，CAN 总线的数据通信不具有（　　）。
   A. 及时性
   B. 可靠性
   C. 实时性
   D. 灵活性

3. 物联网项目中交换机主要用于（　　）。
   A. 将同一网络的两个设备连接起来
   B. 将不同网络的两个设备连接起来
   C. 将同一网络的多个设备连接起来
   D. 将不同网络的多个设备连接起来
4. 关于 ThingsBoard 平台介绍，说法错误的是（　　）。
   A.ThingsBoard 是一个开源物联网平台
   B.ThingsBoard 可实现物联网项目的快速开发、管理和扩展
   C.ThingsBoard 含有用户界面（UI）和独立的数据库，但不能作为应用程序独立运行
   D.ThingsBoard 通过行业标准物联网协议（MQTT、CoAP 和 HTTP）实现设备连接

二、填空题

1. 为了确保设备安全、可靠地运行，物联网工程实施人员配置设备时需检查设备表面有无残损、_____、_____等情况。
2. LoRa 是一个低功耗局域网无线标准，实现了_____和_____的共同特性。
3. Wi-Fi 设备采用 Wi-Fi 技术进行数据无线收发操作，属于物联网_____层。
4. 物联网技术应用中典型的网络设备有路由器、_____、_____、无线传输设备等。

三、简答题

1. 配置设备要遵循哪些注意事项？
2. 简述静态 IP 和动态 IP 上网方式的异同。

项目三 智慧园区数字化监控系统运行监控

项目概述

智慧园区数字化监控系统可以对园区服务器、数据库，以及 AIoT 平台进行监控。因此，打造智慧园区数字化监控系统有利于实现整个园区的统一管理、调度和监控。在本项目中，其日常运行监控分为服务器日常运行监控、数据库日常运行监控和 AIoT 平台日常运行监控三部分，分别实现服务器日常监控与巡检，数据库账号权限管理、备份与还原，AIoT 平台审计日志与 API 使用情况监控。

学习目标

知识目标
1. 了解服务器日常监控的内容和监控工具。
2. 掌握数据库账号管理、权限、数据库备份及还原的相关知识。
3. 熟悉 ThingsBoard 用户管理体系、审计日志和 API Usage 的相关知识。

技能目标
1. 能根据国家标准文件，结合性能监控工具，完成服务器的日常运行监控。
2. 能根据巡检要求，结合服务器性能，完成服务器的巡检工作。
3. 能根据数据库管理方法，完成数据库用户的创建、查看、删除及密码设置。
4. 会根据数据库用户的实际情况，完成数据库用户权限的授予、查看和撤销。
5. 会根据数据库运行监控需求，完成数据库的备份与还原。
6. 会根据 AIoT 平台日常运行监控要求，完成审计日志的监控。
7. 会根据 ThingsBoard 平台 API 使用情况，完成 API Usage 的监控。

素养目标
1. 培养专业技能，提升创新能力。
2. 体验并感悟劳动创造价值，实践出真知。

任务一　服务器日常运行监控

任务导入

任务描述

Q园区集合了多家物联网企业，Q园区的服务器承载着该园区所有公司的业务信息，员工和客户都可通过服务器访问园区官网。Q园区要求运维人员使用Windows操作系统自带的性能监视器和资源监视器实现服务器的性能监控，并使用Wireshark程序实现服务器的网络监控。

任务要求

1. 使用性能监视器，完成CPU、磁盘、网络和内存等性能监控。
2. 使用资源监视器，完成CPU、磁盘、网络和内存等资源监控。
3. 使用Wireshark进行网络监控，完成服务器数据包的捕获。
4. 使用Wireshark过滤器，完成ARP数据包和IP数据包的监控。

知识准备

一、服务器性能监控

（一）服务器性能监控内容

服务器是用来提供计算服务的设备，负责监控并处理网络上其他计算机提交的服务请求，并提供相应的服务。服务器性能监控系统是一个可以实时了解服务器运行状态并随时随地查看监控记录的平台。在服务器性能监控系统中，用户可以根据实际情况设置监控阈值，当系统检测到监控数据低于或高于监控阈值的时候，就会发送相应的报警信息。服务器性能监控系统的任务是确认服务器正常运行，保障服务器能够提供稳定的服务，从而保证企业业务、校园教学和科研任务等工作的正常进行。简而言之，服务器性能监控是运维工作的核心，做好服务器日常运行监控是运维人员的重要工作。

根据《信息技术服务　运行维护　第4部分：数据中心服务要求》（GB/T 28827.4—2019），Windows操作系统服务器性能监视器主要监控如下内容。

1. 服务器整体运行情况

Windows操作系统自带的性能监视器或第三方监控工具，可以查看服务器的内存、网络、磁盘、CPU等使用情况。

2. 服务器电源工作情况

服务器电源是为服务器提供能量的重要配件，可以为所有设备提供持续、稳定的电流。服务器性能监控系统对服务器电源工作情况的监控内容包括电源指示灯状态、电压的稳定性、供电用电情况等。

3. 服务器 CPU 工作情况

服务器性能监控系统对服务器 CPU 工作情况的监控内容包括 CPU 运行时间、CPU 是否过高或者过低运行等情况。监控服务器 CPU 的工作情况，可以使用 Windows 操作系统自带的性能监视器，进入资源监视器的 CPU 监视界面进行查看，还可以在命令提示符窗口中使用"typeperf"命令进行查看，执行命令如下。

```
typeperf " \Processor (_Total) \% Privileged Time "
```

在执行上述命令之后可查看 CPU 运行时间。

4. 服务器内存工作情况

为了防止系统内存空间用尽，需要使用监控工具对系统内存使用情况进行监控，若系统内存过高就会发出通知。在资源监视器的内存监视界面中可查看内存使用情况，还可在命令提示符窗口中执行"systeminfo""typeperf"命令进行查看，执行命令如下。

```
typeperf " \Memory\Available MBytes "
```

在执行上述命令之后，可查看当前空闲的系统内存空间。

5. 服务器硬盘工作情况

监控服务器硬盘工作情况主要通过监控磁盘活动及其存储情况实现，这样即可维护磁盘可用空间，若磁盘可用空间过低就会发出通知。在资源监视器的磁盘监视界面中，即可看到磁盘的活动进程、磁盘活动和存储情况，还可以在命令提示符窗口中执行"chkdsk"命令检查磁盘状态或修复磁盘错误。

6. 服务器接口工作情况

服务器接口的健康状况和状态，可进入资源监视器的网络监视界面，在侦听端口面板中查看，包括进程、地址、端口、协议、防火墙状态，以及防火墙是否限制该端口号等信息；也可使用 TCPView 程序监控系统上所有 TCP 和 UDP 接口的进程、协议、状态、地址等信息查看；还可在命令提示符窗口中使用"netstat"命令查看本机各端口的网络连接情况，执行命令如下。

```
netstat -a -p tcp
```

在执行上述命令之后，可查看所有 TCP 端口的情况。

（二）常见性能监控工具

在 Windows 操作系统中，监控工具大致分为两类，一类是 Windows 操作系统自带的性能监视器；另一类是第三方性能监控工具。接下来介绍部分常见的 Windows 操作系统性能监视器，可帮助管理员实现服务器性能、内存消耗、容量和系统整体健康状态的监控。

1. 性能监视器（Performance Monitor）

作为 Windows 操作系统自带的性能监视器，性能监视器可实现对系统性能的实时监控。性能监视器提供了数据收集器和资源监视器，它能配置和查看性能计数器，进行事件跟踪和数据收集，以及监控服务器操作系统、服务、应用程序正在使用的硬件资源（CPU、磁盘、网络、内存）与系统资源（句柄和模块）的实时信息。另外，资源监视器还可以实现停止进程、启动和停止服务、分析进程死锁等功能。

2. 命令提示符（cmd）

命令提示符是 Windows 操作系统的命令行程序，可以通过在命令提示符窗口中执行 DOS 命令来实现各种功能，包括对 Windows 操作系统的监控功能。例如，"typeperf"命令用来将系统的性能数据写入命令提示符窗口或日志文件；"systeminfo"命令用来显示计算机及其操作系统的详细配置信息（操作系统配置、安全信息、RAM、磁盘空间、网卡等硬件属性）；"netstat"命令用来显示活动 TCP 连接、计算机正在侦听的端口、以太网统计信息等。

3. Nagios

Nagios 是一种开源的免费网络监控工具，用于实现系统运行状态和网络信息的监控。Nagios 支持对 Windows、Linux 和 UNIX 操作系统的网络状态、日志等情况的监控。当监测到系统或服务状态发生异常的时候，Nagios 将第一时间发送警报给运维人员，待其恢复正常后发送正常的通知。

4. Zabbix

Zabbix 是基于 Web 界面的、提供分布式系统监控及网络监控功能的企业级开源解决方案，由 Zabbix Server 和 Zabbix Agent 两部分构成。Zabbix 可监控服务器系统的 CPU 负荷、内存使用、磁盘使用、网络状况、端口、日志等信息，并实现数据的采集、处理和可视化。

5. Windows Health Monitor

Windows Health Monitor 是一种可管理多达 10 个 Windows 操作系统的服务器监控系统，可用来监控 CPU、内存消耗、磁盘空间、带宽容量等情况。运维人员可为服务器所监控系统的资源设置阈值，当超过阈值的时候，运维人员将接收到相应的警报通知。

6. Anturis

Anturis 是一种使用较多的服务器监控工具，可作为基于云的 SaaS 平台，支持对 Windows 和 Linux 操作系统、网站和 IT 基础架构的监控。

二、服务器网络监控

（一）服务器网络监控内容

服务器网络监控是对局域网内计算机进行的监视和控制，是一个复杂的 IT 流程，需要对所有网络组件、链接的运行状况和性能表现进行跟踪与监控。网络监控是为了发现网络故障隐患并对其进行快速诊断，同时实现对各种网络资源的优化和管理。服务器网络监控的主要内容如下。

1. 网络数据包

网络数据包是 TCP/IP 通信传输的数据单位，包含在局域网的"帧"里。数据包包含发送者地址、接收者地址、使用的通信协议、数据长度等信息。

2. 网络流量

网络流量通常指网络设备在网络上所产生的数据量，是在给定时间内通过网络传输的数据量，也称为数据流量。

3. 网络带宽

网络带宽通常指网络中某两个节点之间的通道在进行数据传输时理论上可达到的最高速率，代表通信线路传输数据的能力。

4. 网速

网速一般指在网络终端上传或下载数据时请求和返回数据所用的时间长短，即当前网络数据流量的速度。网速的最小值为 0 MB/s，最大值不超过网络带宽上限。

（二）常见网络监控工具

在 Windows 操作系统中，可通过各种第三方工具实现网络监控，接下来介绍几种常见的网络监控工具。

1.Wireshark

Wireshark 是一款网络包分析工具，前身是 Ethereal，其主要功能是捕获并自动解析网络数据包，以及显示数据包的详细信息供用户进行分析。Wireshark 支持 Windows 和 Linux 操作系统，且安装方式简单，是应用最广泛的网络监控工具之一。

Wireshark 的监控界面主要分为上、中、下 3 部分，用于显示数据包的不同信息。上部面板为"Packet List"面板，用于显示 Wireshark 捕获到的所有数据包，从"1"开始进行顺序编号。中部面板为"Packet Details"面板，用于显示单个数据包的详细信息，以层次结构进行显示。这些层次结构默认为折叠状态，将它们展开即可查看详细信息。下部面板为"Packet Bytes"面板，用于显示单个数据包内未经处理的原始数据，以十六进制和 ASCII 格式显示。另外，"Packet List"面板上方一栏为过滤器，可输入相应表达式筛选满足指定条件的数据包。使用 Wireshark 监控以太网数据，如图 3-1 所示。

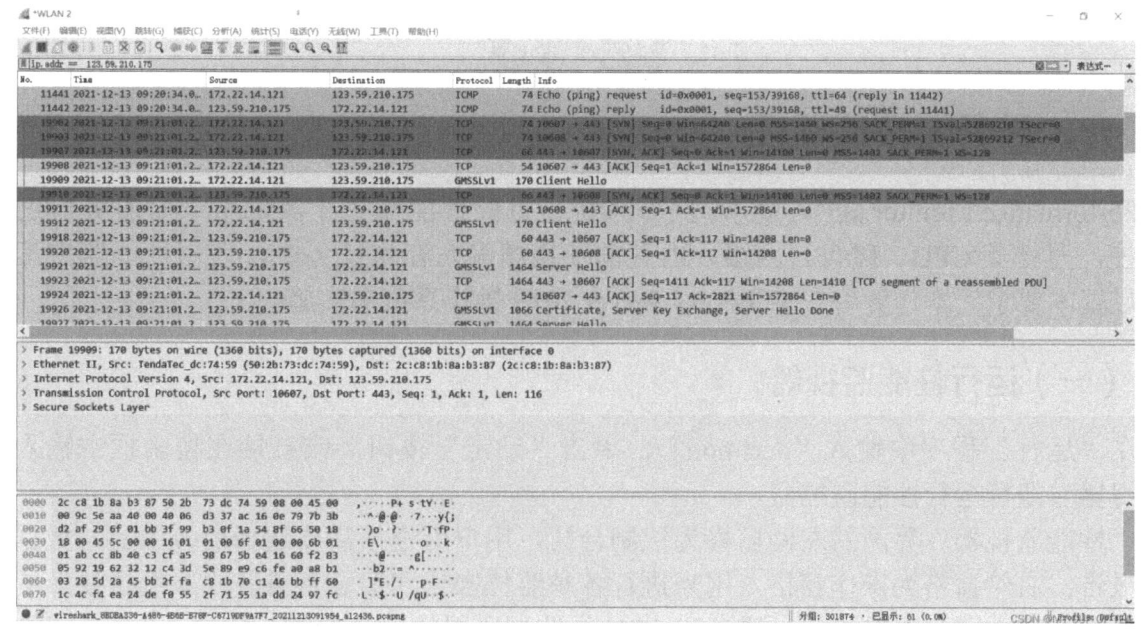

图 3-1　使用 Wireshark 监控以太网数据

2.Jperf

Jperf 是一款简单的网络性能测试工具，是一种将 Jperf 命令行图形化的 Java 程序。Jperf 简化了复杂命令行的参数，在将测试结果进行保存的同时实现实时图形化显示。

Jperf 可针对 TCP 和 UDP 带宽质量进行测试，可测量 TCP 的最大带宽，具有多种参数和 UDP 特性。另外，Jperf 还可报告带宽、延迟抖动和数据包丢失。Jperf 服务器和 Jperf 客户端节点的作用各不相同，Jperf 服务器用于监听到达的测试请求，在监测界面中不会出现带宽曲线，而 Jperf 客户端用于发起测试会话，在监测界面中能查看带宽曲线。

3.NetFlow Analyzer

NetFlow Analyzer 是一款专门用于监控网络流量的监控软件，利用 Flow 技术收集网络中关于流量的信息，让用户获得流量构成、协议分布和用户活动等信息。

NetFlow Analyzer 支持 NetFlow、sFlow、cflow、jFlow、FNF、IPFIX、NetStream、Appflow 等多种 Flow 格式，可解析高达 100 KB/s 的大流量数据。免费版的 NetFlow Analyzer 还具有支持监控两个接口的特性。

4.Traffic Monitor

Traffic Monitor 是一款监控网速的悬浮窗软件，支持 Windows 操作系统，可监控当前网速、CPU 利用率及内存利用率。

Traffic Monitor 为用户提供了两种不同功能级别的版本，即普通版和 Lite 版。普通版需要使用管理员权限运行，具有所有功能；Lite 版不需要管理员权限即可运行，但是无法监控温度、显卡利用率、硬盘利用率等硬件性能。该监控工具具有支持嵌入任务栏显示、支持更换皮肤和自定义皮肤、支持历史流量统计、支持多网卡下自动或手动选择网络连接等特性。

一、服务器性能监控

Performance Monitor 是 Windows 操作系统自带的性能监控工具,用于对服务器进行日常监控,监控其 CPU、磁盘、网络、内存的使用情况。在本任务中,使用性能监控工具即可满足基本要求。本任务将在 Windows Server 2019 操作系统中实施。

(一)运行性能监视器

在"运行"程序中输入"perfmon",单击"确定"按钮,或直接在搜索框中输入"性能监视器"即可运行性能监控器。

"性能监视器"界面的左侧窗格为控制台树,用户可根据需要选择监控工具、数据收集器和报告;右侧窗格为操作窗格,用来进行各种监控操作和信息查看。"系统摘要"中列出了通过对系统内存、网络接口、磁盘和 CPU 的监控所得的部分参数,如图 3-2 所示。

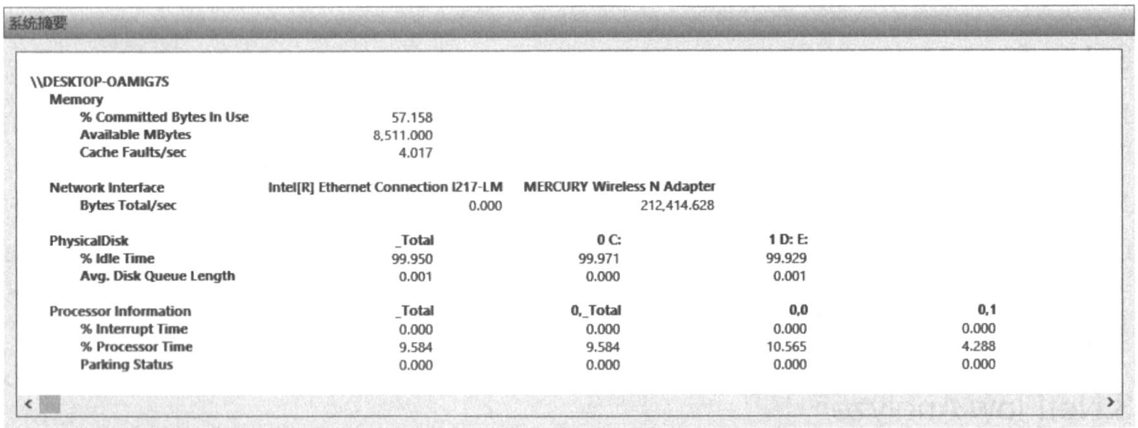

图 3-2 系统摘要

"系统摘要"中列出的参数说明如下。

1.Memory(内存相关参数)

"% Committed Bytes In Use"表示内存使用百分比;"Available MBytes"表示当前空闲的物理内存;"Cache Faults/sec"表示系统在缓存中查找数据失败的次数。

2.Network Interface(网络接口相关参数)

"Bytes Total/sec"表示包括帧字符在内,网络中接收和发送字节的速率。

3.PhysicalDisk(磁盘相关参数)

"% Idle Time"表示磁盘空闲时间;"Avg.Disk Queue Length"表示磁盘平均队列长度,即磁盘读取和写入请求的平均数。

4.Processor Information(CPU 相关参数)

"% Interrupt Time"表示处理器接收处理硬件中断所使用的时间比例;"% Processor

Time"表示处理器执行非闲置线程所使用的时间比例。

（二）性能监视器监控

在控制台树窗格中单击"性能监视器"按钮，进入性能监视器操作界面。

选择要进行监控的对象，单击操作界面中的"添加"按钮。

在弹出的"添加计数器"对话框中选择计数器选项，性能监视器中默认已存在用来监视 CPU 使用率的"Processor-%Processor Time"，还需添加用来监视内存使用率的"Memory-Available MBytes"、用来监视磁盘 I/O 读写情况的"PhysicalDisk-Disk Transfers/sec"，以及用来监视网络流量情况的"Network Interface-Bytes Total/sec"，如图 3-3 所示。

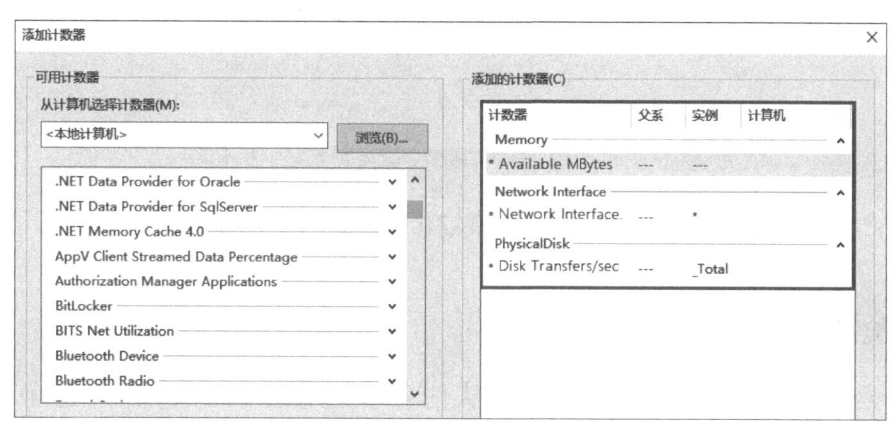

图 3-3　添加计数器

单击"确定"按钮，回到"性能监视器"界面中，可观察到 4 个计数器的数据变化以折线形式呈现。右击空白处，在弹出的快捷菜单中执行"属性"命令，根据实际需求对性能监视器界面中的属性进行如下修改。

1. 常规属性

性能监视器中的常规属性包括显示元素、报告和直方图数据，以及自动采样和图形元素。在这里保持采样间隔和持续时间分别为 1 秒和 100 秒。

2. 数据属性

将 4 个计数器的折线分别修改为不同颜色，如红色、紫色、蓝色、绿色。计数器折线的比例默认为 1.0，也可根据实际情况修改为 10.0、0.1、0.01 等不同比例。

3. 图表属性

将标题改为"智慧园区——园区数字化监控系统服务器性能监控"，将垂直轴改为"CPU 使用率 / 空闲物理内存 / 网络流量 / 磁盘 IOPS"。垂直轴上比例的最大值和最小值保持默认的 100 和 0，也可根据实际情况进行调整。

在将已修改的属性应用并确定之后，可观察到结果如图 3-4 所示。选择不同的计数器，可以分别查看各个计数器的最新值、平均值、最小值、最大值和持续时间。

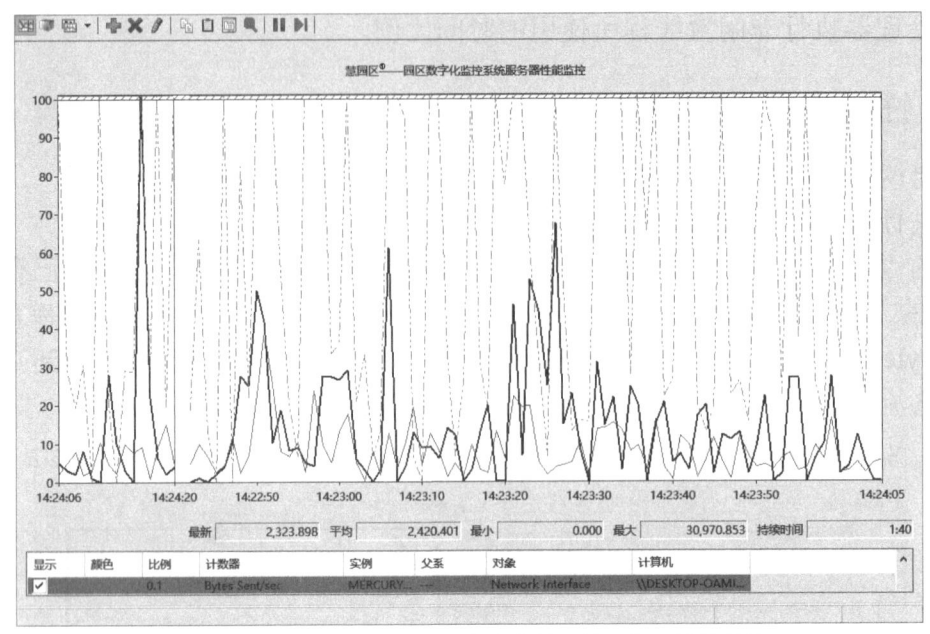

图 3-4　智慧园区——园区数字化监控系统服务器性能监控

（三）资源监视器监控

资源监视器可从性能监视器中打开、从任务管理器中打开、在"运行"程序中输入"resmon.exe"打开，或从"开始"菜单中打开。

资源监视器不仅能实时监控服务器的 CPU、磁盘、网络、内存等资源的概述及使用情况，还有助于运维人员分析没有响应的进程、确定正在使用的应用程序、控制进程和服务，如图 3-5 所示。

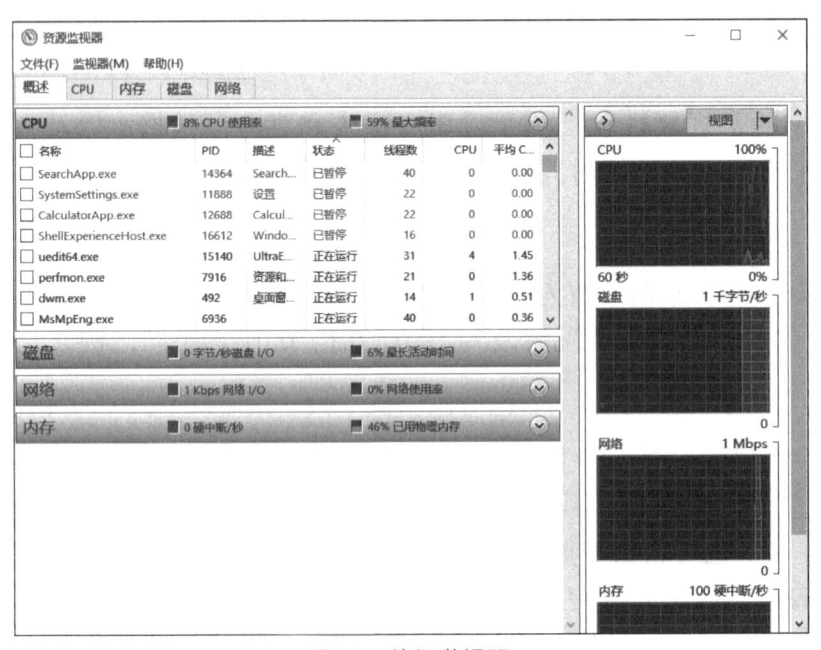

图 3-5　资源监视器

通过在"资源监视器"界面中选择任意选项卡，可分别查看 CPU、内存、磁盘和网络

---

① 正确写法为"智慧园区"，本书软件截图为"慧园区"。

的详细监视界面。

在"CPU"选项卡中，可观察到 CPU 使用率、服务，以及关联的句柄、模块，还可对各个进程和服务执行结束、启动、停止、恢复等操作，如图 3-6 所示，观察右侧的两个折线图，上图表示正在使用的 CPU 总容量的百分比，下图表示服务 CPU 使用率。

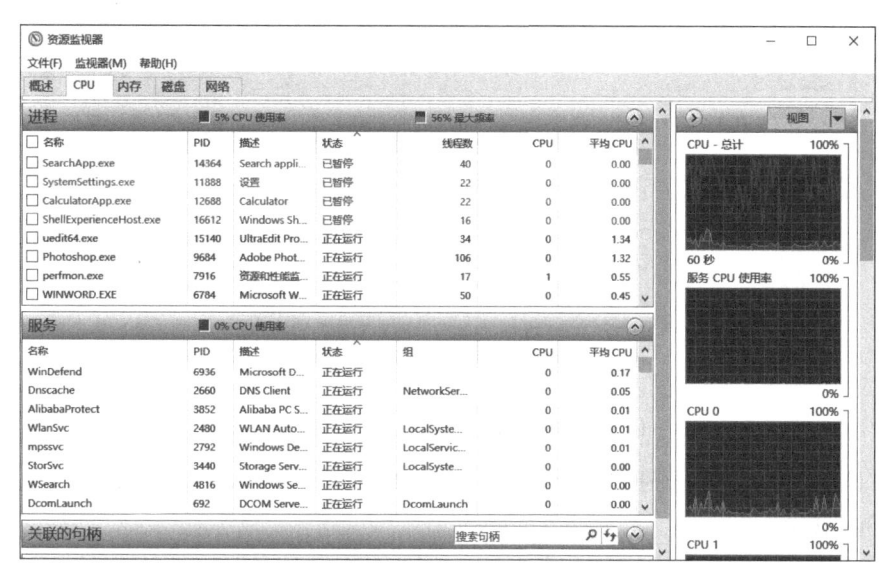

图 3-6 "CPU"选项卡

在"内存"选项卡中，可观察到已用物理内存、可用内存及单个进程的内存使用等情况，还可对各进程执行结束、暂停、恢复等操作，如图 3-7 所示。

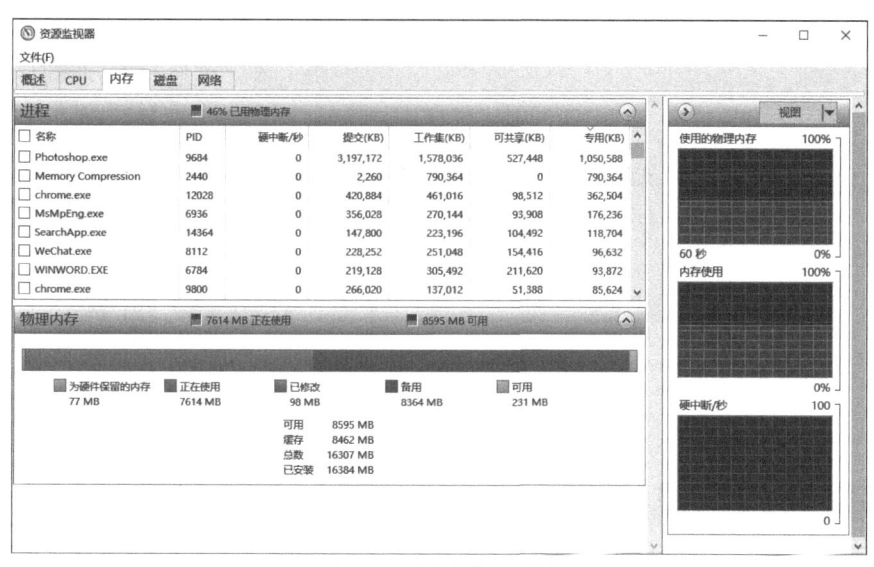

图 3-7 "内存"选项卡

在"磁盘"选项卡中，可观察到进程读取或写入的情况、各个磁盘的存储情况，以及当前总 I/O 和最长活动时间的百分比，还可检查是否有软件越权查看隐私文件，如图 3-8 所示。

图 3-8 "磁盘"选项卡

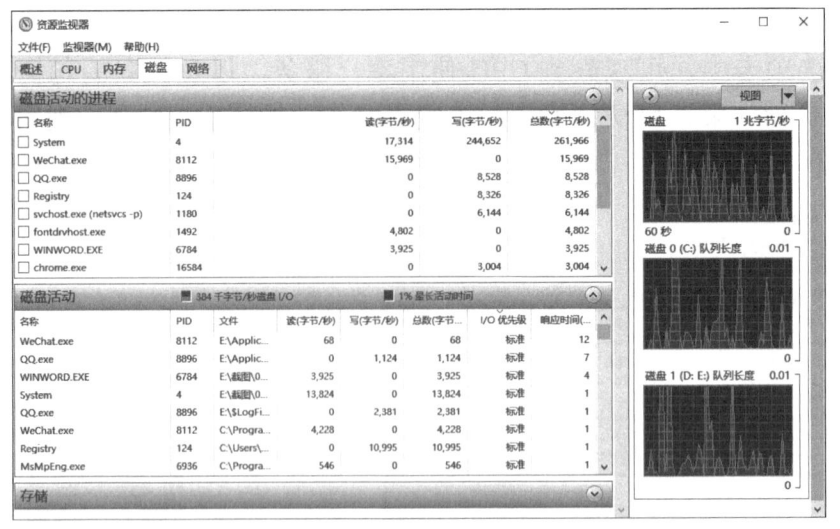

在"网络"选项卡中，可观察到所有进程占用的网络资源情况，包括上传和下载，还可检查影响网速的软件。观察右侧折线图，可以看到当前网络总流量和正在使用的网络容量的百分比，如图 3-9 所示。

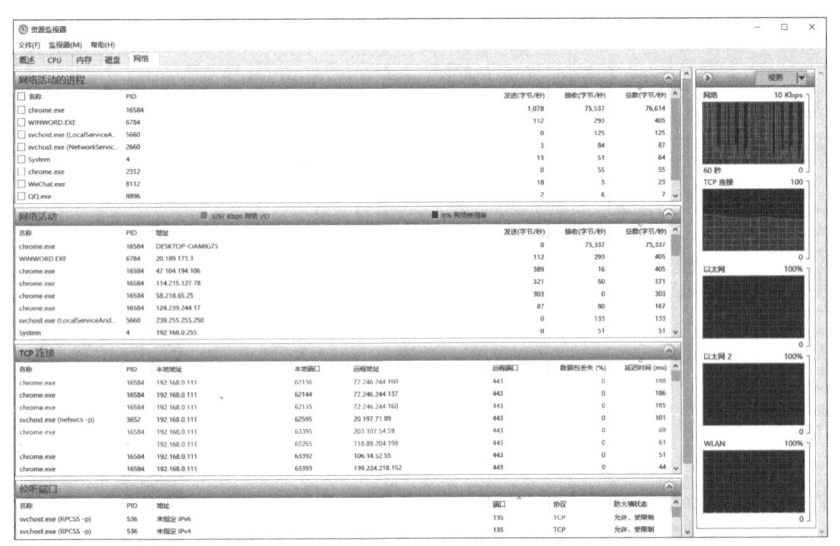

图 3-9 "网络"选项卡

二、服务器网络监控

本任务使用 Windows Server 2019 操作系统，选用网络监控工具 Wireshark 进行服务器网络监控。

（一）Wireshark 安装与启动

下载 Wireshark 2.6.4 的安装包，双击"Wireshark-win64-2.6.4.exe"安装包，根据安装向导进行安装。安装过程中保持默认选项即可，无须另行设置。

在"开始"菜单中找到"Wireshark"程序，单击此程序即可打开"The Wireshark Network Analyzer"启动界面，如图 3-10 所示。

项目三　智慧园区数字化监控系统运行监控

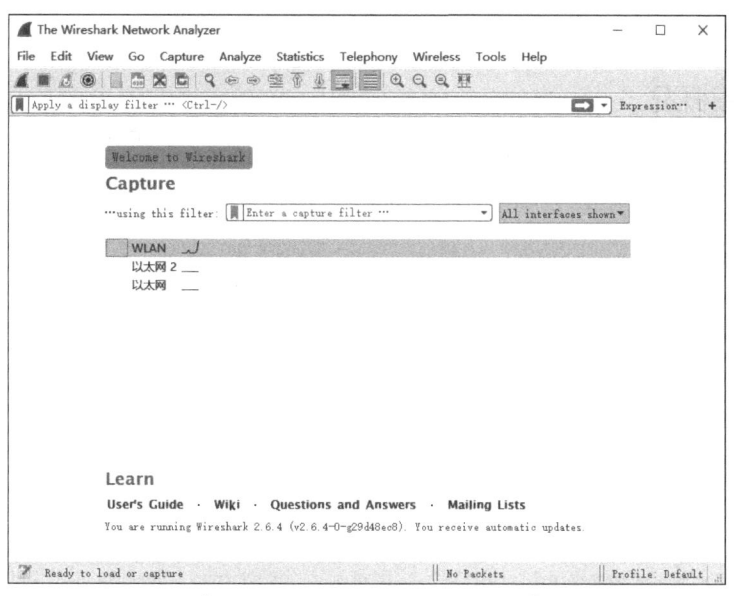

图 3-10　"The Wireshark Network Analyzer"启动界面

（二）Wireshark 捕获数据包

双击要进行监控的网卡"以太网"，打开"Capturing from 以太网"界面，可以看到 Packet List 面板正在捕获数据包，如图 3-11 所示。

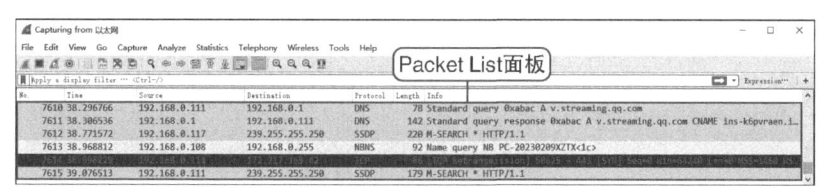

图 3-11　Packet List 面板

在 Packet List 面板中查看 Wireshark 捕获到的数据包信息，其中"Source"为源地址，"Destination"为目的地址，"Protocol"为协议，"Length"为数据包长度，"Info"为数据包信息。

选中 Packet List 面板中的某个数据包，在 Packet Details 面板中查看该数据包的详细信息，并以层次结构折叠显示，在 Packet Bytes 面板中查看该数据包，并以十六进制和 ASCII 格式显示，如图 3-12 所示。

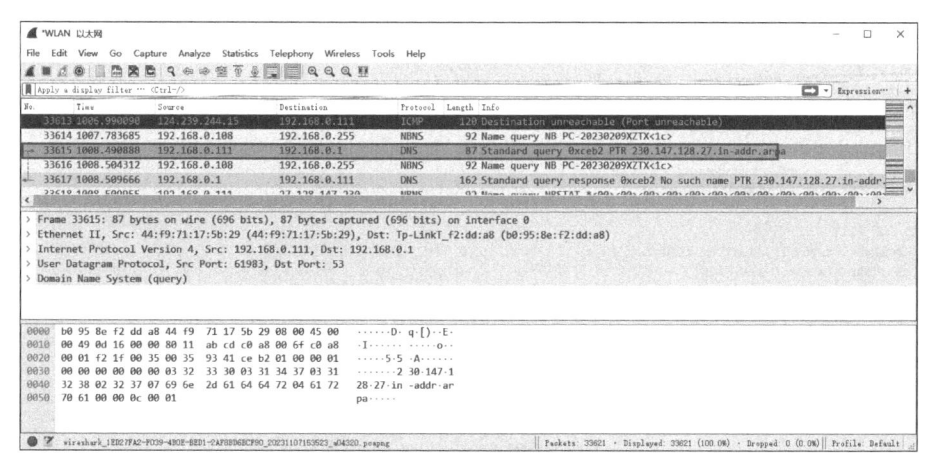

图 3-12　查看指定数据包信息

93

Packet Details 面板中显示的数据包包含如下信息。

1. 物理层数据帧概况

该部分信息展开后可查看该数据包的封装类型（Encapsulation type）、捕获时间（Arrival Time）、帧长度（Frame Length）等物理层数据帧概况，如图 3-13 所示。

```
∨ Frame 33615: 87 bytes on wire (696 bits), 87 bytes captured (696 bits) on interface 0
   > Interface id: 0 (\Device\NPF_{1ED27FA2-F039-4B0E-BED1-2AF8BD6BCF90})
     Encapsulation type: Ethernet (1)
     Arrival Time: Nov  7, 2023 15:52:11.815539000 中国标准时间
     [Time shift for this packet: 0.000000000 seconds]
     Epoch Time: 1699343531.815539000 seconds
     [Time delta from previous captured frame: 0.707203000 seconds]
     [Time delta from previous displayed frame: 0.707203000 seconds]
     [Time since reference or first frame: 1008.490888000 seconds]
     Frame Number: 33615
     Frame Length: 87 bytes (696 bits)
     Capture Length: 87 bytes (696 bits)
     [Frame is marked: False]
     [Frame is ignored: False]
     [Protocols in frame: eth:ethertype:ip:udp:dns]
     [Coloring Rule Name: UDP]
     [Coloring Rule String: udp]
```

图 3-13　物理层数据帧概况

2. 数据链路层以太网帧头信息

该部分信息展开后可查看目标（Destination）、源（Source）、类型（Type）等数据链路层以太网帧头信息，如图 3-14 所示。

```
∨ Ethernet II, Src: 44:f9:71:17:5b:29 (44:f9:71:17:5b:29), Dst: Tp-LinkT_f2:dd:a8 (b0:95:8e:f2:dd:a8)
   ∨ Destination: Tp-LinkT_f2:dd:a8 (b0:95:8e:f2:dd:a8)
        Address: Tp-LinkT_f2:dd:a8 (b0:95:8e:f2:dd:a8)
        .... ..0. .... .... .... .... = LG bit: Globally unique address (factory default)
        .... ...0 .... .... .... .... = IG bit: Individual address (unicast)
   ∨ Source: 44:f9:71:17:5b:29 (44:f9:71:17:5b:29)
        Address: 44:f9:71:17:5b:29 (44:f9:71:17:5b:29)
        .... ..0. .... .... .... .... = LG bit: Globally unique address (factory default)
        .... ...0 .... .... .... .... = IG bit: Individual address (unicast)
     Type: IPv4 (0x0800)
```

图 3-14　数据链路层以太网帧头信息

3. 网际层 IP 包头部信息

该部分信息展开后可查看协议（Protocol）、源地址（Source）、目的地址（Destination）等网际层 IP 包头部信息，如图 3-15 所示。

```
∨ Internet Protocol Version 4, Src: 192.168.0.111, Dst: 192.168.0.1
     0100 .... = Version: 4
     .... 0101 = Header Length: 20 bytes (5)
   ∨ Differentiated Services Field: 0x00 (DSCP: CS0, ECN: Not-ECT)
        0000 00.. = Differentiated Services Codepoint: Default (0)
        .... ..00 = Explicit Congestion Notification: Not ECN-Capable Transport (0)
     Total Length: 73
     Identification: 0x0d16 (3350)
   ∨ Flags: 0x0000
        0... .... .... .... = Reserved bit: Not set
        .0.. .... .... .... = Don't fragment: Not set
        ..0. .... .... .... = More fragments: Not set
        ...0 0000 0000 0000 = Fragment offset: 0
     Time to live: 128
     Protocol: UDP (17)
     Header checksum: 0xabcd [validation disabled]
     [Header checksum status: Unverified]
     Source: 192.168.0.111
     Destination: 192.168.0.1
```

图 3-15　网际层 IP 包头部信息

4. 因特网控制消息协议（ICMP）信息

该部分信息展开后可查看该数据包的因特网控制消息协议信息，如图 3-16 所示。

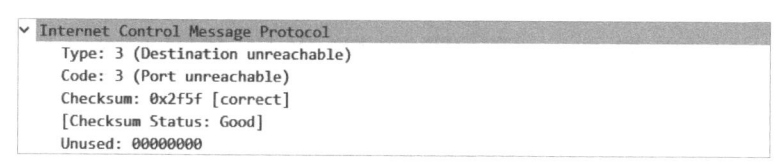

```
Internet Control Message Protocol
    Type: 3 (Destination unreachable)
    Code: 3 (Port unreachable)
    Checksum: 0x2f5f [correct]
    [Checksum Status: Good]
    Unused: 00000000
```

图 3-16　因特网控制消息协议信息

（三）Wireshark 过滤指定数据包

在网络监测的过程中，Wireshark 会不断捕获各种数据包。如果要求监控有特定类型或特定条件的数据包，则需要使用特定的过滤器或输入特定的条件，在 Packet List 面板中会显示所有符合要求的数据包。Wireshark 中常见的过滤器如表 3-1 所示。

表 3-1　Wireshark 常见过滤器

过滤器	作用	过滤器	作用
arp	显示所有ARP数据包	icmp	显示所有ICMP数据包
bootp	显示所有BOOTP数据包	ip	显示所有IPv4数据包
dns	显示所有DNS数据包	ipv6	显示所有IPv6数据包
ftp	显示所有FTP数据包	tcp	显示所有TCP数据包
http	显示所有HTTP数据包	tftp	显示所有TFTP数据包

为了监控服务器网络中 ARP 数据包的状态，在 arp 过滤器搜索框中输入"arp"，在 Packet List 面板中显示筛选出的 ARP 数据包，如图 3-17 所示。

图 3-17　筛选出的 ARP 数据包

为了监控包含网关（IP 地址为 192.168.2.254）的数据包状态，在 ip 过滤器搜索框中输入"ip.addr==192.168.2.254"，在 Packet List 面板中显示筛选出的 IP 地址为"192.168.2.254"的 IP 数据包，如图 3-18 所示。

图 3-18　筛选出的 IP 数据包

任务二　数据库日常运行监控

任务导入

任务描述

Q 园区的数据库存储着园区中多家公司的员工信息，该数据库的管理员需为每家公司配备一个数据库用户，并对各用户开放创建、删除、密码设置、信息查看权限的授予及撤销等管理操作。另外，为了防止意外事件导致的数据丢失，数据库管理员还需对数据库进行日常的备份与还原。

任务要求

1. 完成数据库用户的创建、删除、密码设置、信息查看。
2. 完成数据库用户权限的授予、权限的撤销。
3. 完成数据库的备份与还原。

知识准备

一、数据库账号管理及权限

（一）数据库权限

数据库权限管理是数据库运维工作中不可或缺的一项。在 MySQL 数据库中，用户在创建完成之后不具有执行任何操作的权限，因此管理员还需要为用户分配相应的访问或操作权限。

1.MySQL 的权限体系

在 MySQL 中，用户权限分为不同的层级，且不同级别的权限信息存储在不同的系统表中。通常将 MySQL 的权限体系分为五个层级。

（1）全局层级。全局层级的权限存储于 mysql.user 表中，适用于服务器中所有数据库。grant 语句和 revoke 语句可分别对全局权限进行授予和撤销。

（2）数据库层级。数据库层级的权限存储于 mysql.db 表和 mysql.host 表中，适用于指定数据库中的所有目标。grant 语句和 revoke 语句可分别对数据库权限进行授予和撤销。

（3）表层级。表层级的权限存储于 mysql.tables_priv 表中，适用于指定表中的所有列。grant 语句和 revoke 语句可分别对表权限进行授予和撤销。

（4）列层级。列层级的权限存储于 mysql.columns_priv 表中，适用于指定表中的单一列。grant 语句和 revoke 语句可分别对列权限进行授予和撤销。在使用 revoke 语句撤销列权限的时候，指定的列需要与被授权的列相同。

（5）子程序层级。create routine、alter routine、execute 和 grant 等权限适用于已存储的子程序，可授予全局层级和数据库层级的用户。其中，alter routine、execute 和 grant 权限可授予子程序层级的用户，存储于 mysql.procs_priv 表中。

2. 权限分类

在 MySQL 中，可授予的权限分为数据类、结构类、管理类三类。

（1）数据类。数据类权限包括 select、insert、update、delete 等。

（2）结构类。结构类权限包括 creat、alter、index、drop、create view、show view、create routine、alter routine、execute、event、trigger、create temporary tables 等。

（3）管理类。管理类权限包括 grant option、super、process、file、reload、shutdown、show databases、lock tables、references、replication client、replication slave、create user、create tablespace 等。

3. 权限表的存取

在系统中进行数据库权限的授予和撤销时，涉及 MySQL 数据库中最重要的 3 个权限表——user 表、host 表和 db 表。3 个表的重要性依次递减，其中最常用的表是 user 表，最不常使用的表是 host 表。在 user 表中，主要有用户列、权限列、安全列和资源控制列 4 部分。用户列和权限列是使用最频繁的列，其中权限列包括普通权限、管理权限。在对数据库的操作中就用到了普通权限，如 select_priv、super_priv 等。

在用户进行连接的过程中，权限表的存取包括两个过程。

（1）权限表存取的第一个过程。

①根据 user 表中的 host、user 和 authentication_string 这 3 个字段判断 user 表中是否存在能够进行连接的 IP 地址、用户名、密码。如果判断存在，则身份验证通过，否则身份验证不通过，连接将被拒绝。

②在身份验证通过之后，根据 user 表、db 表、tables_priv 表、columns_priv 表的顺序依次获取数据库权限。这 4 个表的权限范围依次递减，范围最大的表是 user 表，范围最小的表是 columns_priv 表，且全局权限可覆盖局部权限。

（2）权限表存取的第二个过程。

用户在通过权限认证之后，要进行权限分配，此时需根据权限分配的顺序检查权限表，依次为 user 表、db 表、tables_priv 表、columns_priv 表。

①检查全局权限表 user 表。user 表中的权限是用户对所有数据库的权限。如果 user 表中对应权限值为"Y"，则该用户对所有数据库的该权限值都为"Y"，无须检查 db 表、tables_priv 表及 columns_priv 表；如果 user 表中对应权限值为"N"，则需检查 db 表中该用户对应的具体数据库。

②检查用户在 db 表中的权限。如果权限值为"Y"，则该用户取得该数据库的该权限；如果权限值为"N"，则需检查 tables_priv 表中的权限。

③检查 tables_priv 表中此数据库对应的具体表的权限。如果权限值为"Y"，则该用户取得该表的该权限；如果权限值为"N"，则需检查 columns_priv 表中的权限。

④检查 columns_priv 表中具体列的权限。如果权限值为"Y"，则该用户取得该列的该权限；如果权限值为"N"，则说明该用户不具备该权限。

⑤通过 select 语句可查看相应表中的各权限值，并检查用户是否具有相应权限，语句如下。

select * from 表名 where user=' 用户名 'and host=' 主机 ';

（二）数据库单用户管理

在 MySQL 数据库中，管理员（用户名为"Root"）有着最高权限，可以实现对数据库的管理。数据库管理系统中存储着多个数据库、数据表和记录。对这些信息的权限管理尤为重要，不同的用户可以设置不同的访问权限，包括对某台数据库服务器的访问权限、对某个数据库的访问权限、对某个表的访问权限等。管理员需要对不同的用户赋予不同的权限。

1. 创建用户和密码

创建用户和密码，执行如下语句。

create user' 用户名 '@' 主机 'identified by[password]' 密码 ';

语句中各字段说明如下。

（1）用户名：创建的用户名。

（2）主机：指定该用户能够登录的主机（IP 地址、网段、主机名），语句中的该位置若为 localhost，表示本地用户，若为通配符"%"，表示允许任意主机登录。

（3）密码：可设置为 3 种类型，分别为无密码、明文密码和加密密码。如果省略"identified by [password] ' 密码 '"，则表示不设置密码；如果直接在"密码"处输入设置的密码，则表示使用自动加密的明文密码。

2. 查看用户信息

查看保存在 MySQL 数据库中的 user 表中的用户信息，执行如下语句。

use mysql;

select user, authentication_string, host from user where user like' 用户名 ';

上述语句中各字段的说明如下。

（1）user：用户名。

（2）authentication_string：用户密码。

（3）host from user：用户主机，表示允许用户登录的主机。

3. 重命名用户

对用户进行重命名，执行如下语句。

rename user' 用户名 '@' 主机 'to' 用户名 '@' 主机 ';

上述语句中各字段说明如下。

（1）第一个用户名和主机：原来的用户名和允许用户登录的主机。

（2）第二个用户名和主机：重命名之后的用户名和允许用户登录的主机。

4. 删除用户

删除已创建的用户，执行如下语句。

drop user' 用户名 '@' 主机 ';

上述语句中各字段说明如下。

（1）用户名：要删除的用户，可以删除一个或多个用户。

（2）主机：语句中若未明确给出具体主机，则默认为通配符"%"。

5. 修改当前用户密码

对当前用户的密码进行修改，执行如下语句。

set password=password（' 新密码 '）;

6. 修改其他用户密码

对其他用户的密码进行修改，执行如下语句。

alter user' 用户名 '@' 主机 'identified by' 新密码 ';

（三）数据库单用户权限变更

对数据库用户的权限管理操作主要有授予权限、查看权限和撤销权限三种，可通过相应的语句实现。

1. 授予权限

授予权限可通过执行如下 grant 语句实现。

grant 授权列表 on 数据库名 . 表名 to' 用户 '@' 主机 'identified by' 密码 ';

在上述 grant 语句中，若指定的用户名不存在，那么 grant 语句会创建新用户；若指定的用户名存在，那么可以通过 grant 语句修改该用户的信息。各字段说明如下。

（1）授权列表。列出对该用户授予的各种数据库操作权限，以逗号分隔，如 select、insert、create 等。若授权列表使用"all"，则表示授予该用户所有数据库操作权限。

（2）数据库名和表名。指定授权操作的数据库和表的名称，可使用通配符"*"表示所有数据库和表。

（3）用户和主机。指定用户名和允许访问的主机地址，主机可使用域名、IP 地址或通配符"%"，其中通配符表示某个区域或网段内的所有地址。

（4）密码。设置用户在连接数据库时使用的密码，若省略该部分，则用户密码为空。

另外，在对权限进行调整后，执行如下语句进行刷新。

flush privileges;

2. 查看权限

通过 show 语句对数据库用户权限进行查看，执行如下语句。

show grants for' 用户 '@' 主机 ';

3. 撤销权限

通过 revoke 语句实现对用户权限的撤销，执行如下语句。

revoke 权限列表 on 数据库名 . 表名 from' 用户 '@' 主机 ';

与授予权限相同，在对权限进行调整后，需要执行 flush privileges 语句进行刷新。

（四）Root 用户密码重置

如果管理员忘记了 Root 用户的密码，那么可通过如下操作查看 Root 密码或对 Root 密码进行重置。

（1）在命令提示符窗口中使用如下命令停止 MySQL。

net stop mysql

（2）在 MySQL 的安装路径下，以不检查权限的方式启动 MySQL，使用如下命令。

mysql--skip-grant-tables

（3）在另一个命令提示符窗口中，使用如下命令，先进入 MySQL 的安装路径，再进入数据库。

mysql-uRoot-p

（4）使用 update 语句实现 Root 用户密码的修改。

update mysql.user set authentication_string=password('新密码')where user='Root' and host='localhost';

二、数据库备份

在生产环境中，数据库可能由于各种各样的意外导致数据丢失，如硬件故障、软件故障、自然灾害、黑客攻击、误操作等。为了确保数据在丢失后能够恢复，数据库需定期进行备份。因此，做好数据库的备份是数据库日常运行监控中的重要工作之一。

（一）备份数据类型

一般来说，需要进行备份的数据类型包括：数据、二进制日志、InnoDB 事务日志、代码（存储过程、存储函数、触发器、时间调度器）、服务器配置文件等。

（二）数据备份分类

根据备份数据集、数据库在备份时的运行状态、数据库中数据的备份方式等不同的分类方法，数据备份可分成不同的类型。

1. 完全备份和部分备份

根据备份数据集，数据备份可分为完全备份和部分备份。

完全备份是指备份整个数据集（整个数据库），部分备份是指备份部分数据集。其中，部分备份又可分成增量备份和差异备份。增量备份是指备份自上一次备份（增量或完全）后变化的数据，其优点是节约空间，缺点是还原数据较为麻烦；差异备份是指备份自上一次完全备份后变化的数据，优点是还原数据比增量备份简单，缺点是浪费空间。

2. 热备份、温备份和冷备份

根据数据库在备份时的运行状态，数据备份可分为热备份、温备份和冷备份。

热备份是指在进行备份的时候，数据库的读/写操作均不受影响；温备份是指在进行备份的时候，数据库的读操作可执行，而写操作不可执行；冷备份是指在进行备份的时候，数据库的读/写操作均不可执行，即数据库处于脱机状态。

3. 物理备份和逻辑备份

根据数据库中数据的备份方式，数据备份可分为物理备份和逻辑备份。

物理备份通常是指通过"tar""cp"等命令直接打包复制数据库的数据文件；逻辑备份通常是指通过特定工具从数据库中导出数据并另存备份。与物理备份相比，逻辑备份有可能会丢失部分数据导致数据精度下降。

三、数据库还原

与数据库备份相对应，当数据库出现故障时，数据库管理员必须按照正确的逻辑顺序对数据库中的数据进行还原。数据库的还原和恢复功能支持从整个数据库、数据文件或数据页的备份中还原数据。

对数据库备份的还原称为"数据库完整还原"，是指还原和恢复整个数据库。在还原和恢复操作期间，数据库处于脱机状态。对数据文件的还原称为"文件还原"，是指还原和恢复一个或一组数据文件。在数据文件还原过程中，该文件所在文件组会自动变为脱机状态，进行任何访问脱机文件组的尝试都将导致错误。对数据页的还原称为"界面还原"，是指在完整和恢复模式或大容量日志恢复模式下对单个数据页的还原。无论文件组数量是多少，任何数据库都可以实现数据页的还原。

（一）数据还原分类

在遇到误删库、误删表、误删列、表空间损坏或出现坏块等场景时，需要从备份中还原数据。由于不是所有场景下丢失的数据都能得到完整的恢复，所以数据还原可根据应用场景分为可逆恢复与不可逆恢复两类。

可逆恢复可利用二进制日志（binlog）进行回滚，通常应用于误删数据文件的场景。不可逆恢复，也就是 DDL（Data Definition Language，数据定义语言），通常应用于误删库、误删表、表空间损坏或出现坏块等场景。

（二）数据还原原理

如果数据备份在远程机器上双向备份，则需进行完全备份的恢复。首先将备份数据复制到目标机器上，其次解压缩文件，再次更改文件权限，最后启动实例。

根据备份方案，增量数据的恢复需要通过 binlog 实现。增量恢复的操作过程如下。

第一步，确定需要恢复的起始点，即完全备份对应的 binlog 位点；第二步，解析主库的 binlog，确定误删数据的位点，并将其作为恢复的终点；第三步，利用"mysqlbinlog—start-position—stop-position+ 管道"的方式，将 binlog 恢复到目标实例上。

（三）数据库还原步骤

如果执行数据库文件还原，那么数据库引擎要先创建所有丢失的数据库文件，再将数据从备份设备复制到数据库文件中。如果执行数据库还原，那么数据库引擎要先创建数据库和事务日志文件，再从数据库的备份设备中将所有数据、日志和索引页复制到数据库文件中，最后在恢复过程中应用事务日志文件。

无论通过哪种方式还原数据，在恢复数据库之前，数据库引擎都将保证整个数据库在逻辑上的一致性。例如，要还原一个数据库文件，需要使该文件回滚足够长度，以便与数据库保持一致，从而实现数据库文件的恢复和联机。

（四）逻辑恢复与物理恢复

基于不同的数据备份方法，逻辑恢复的方法有 mysqldump、mysqladmin、source、mysqlimport、load data infile、alter table '表名' import tablespace 等；物理恢复的方法有直接复制目录的备份、ibbackup、Xtrabackup、MEB 等。

四、备份和还原策略

在备份和还原数据时，用户应根据不同的应用场景自定义使用可用资源，需要设计完善的备份策略以进行可靠的数据备份和还原，从而满足数据库可用性、最大程度减少数据丢失并兼顾维护和存储备份的成本。备份策略定义了备份的类型和频率、备份所需硬件的特性和速度、备份的测试方法、备份设备的存储位置和方法、安全注意事项等。还原策略定义了负责执行还原操作的人员、执行还原操作以满足数据库可用性、最大程度减少数据丢失的方法和测试还原的方法。

在设计有效的备份和还原策略的过程中需经过仔细的计划、实现与测试。根据还原策略，对所有组合中备份成功的数据库实现还原，并测试还原的数据库是否具有物理一致性，只有这样备份策略才算有效。因此，在设计备份和还原策略时需要考虑各种因素，其中包括如下因素。

（1）数据库方面的要求，尤其是对可用性和防止数据丢失或损坏的要求。
（2）数据库的特性，包括大小、使用模式、内容特性及数据要求等。
（3）对资源的约束，如硬件、人员、备份设备的存储空间及所存储设备的物理安全性等。

任务实施

一、数据库账号管理

智慧园区数字化监控系统数据库名为"dms（digital monitoring system）"，在 DMS 数据库中存在名为"employee_dms"的数据表，在 employee_dms 表中存储着两个员工 LEA 与 LEB。employee_dms 表结构如图 3-19 所示。

名	类型	长度	小数点	不是null	虚拟	键	注释
id	int	10	0	☑	☐	🔑1	
name	varchar	100	0	☑	☐		
mobile	varchar	40	0	☑	☐		
entry_date	date	0	0	☐	☐		

图 3-19　employee_dms 表结构

（一）用户创建

创建一个本地用户 LE_1 和一个主机为 192.168.1.112 的用户 LE_2。其中，用户 LE_1 不设置密码，用户 LE_2 设置密码为"123"。执行如下语句。

create user 'LE_1'@'localhost';
create user 'LE_2'@'192.168.1.112'identified by'123';
语句执行结果如图 3-20 所示。

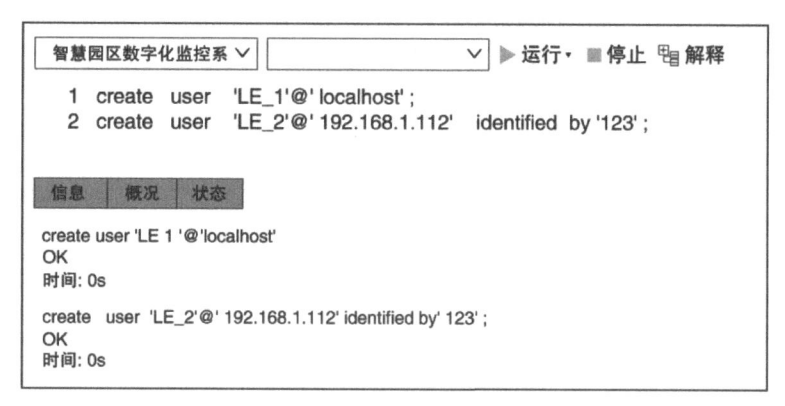

图 3-20　语句执行结果

（二）用户查看

创建的用户保存于 MySQL 数据库的 user 表中，使用 select 语句查看 user 表中的信息。

（1）执行如下语句查看当前 Root 用户权限范围内的数据库。

show databases;

在执行上述语句后可看到，当前 Root 用户权限范围内的数据库包括系统默认的 information_schema、mysql、performance_schema、sys 数据库，以及创建的 dms 数据库，如图 3-21 所示。

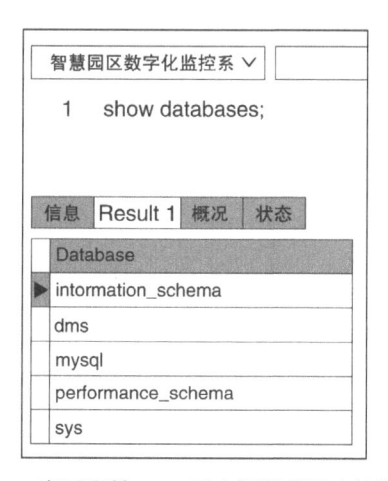

图 3-21　查看当前 Root 用户权限范围内的数据库

（2）执行如下语句，查看 user 表中的数据。

use mysql;
select user, authentication_string, host from user;

在执行上述语句后，可查看创建的用户 LE_1 和 LE_2 的用户名、加密后的密码、主机信息，如图 3-22 所示。

```
智慧园区数字化监控系 ∨        ∨  ▶运行· ■停止  解释
 1  use mysql;
 2  select user, authentication_string,host from user;
```

user	authentication_string	host
root	*6BB4837EB74329105EE4568DDA7DC67ED2CA2AD9	localhost
mysql.sys	*THISISNOTAVALIDPASSWORDTHATCANBEUSEDHERE	localhost
LE_1		localhost
LE_2	*23AE809DDACAF96AF0FD78ED04B6A265E05AA257	192.168.1.112

图 3-22　查看创建的用户信息

（三）用户重命名

将用户 LE_1 的用户名改为"LE_Company"，执行如下语句。

`rename user'LE_1'@'localhost' to 'LE_Company' @'localhost';`

在成功执行上述语句之后，使用 select 语句查看用户 LE_1，可看到它已被重命名为"LE_Company"，如图 3-23 所示。

```
智慧园区数字化监控系 ∨        ∨  ▶运行· ■停止  解释
 1  select user , authentication_string,host from user;
```

user	authentication_string	host
root	*6BB4837EB74329105EE4568DDA7DC67ED2CA2AD9	localhost
mysql.sys	*THISISNOTAVALIDPASSWORDTHATCANBEUSEDHERE	localhost
LE_Company		localhost
LE_2	*23AE809DDACAF96AF0FD78ED04B6A265E05AA257	192.168.1.112

图 3-23　用户重命名

（四）用户密码修改

由于用户 LE_2 的密码过于简单，所以根据园区数据库管理要求，需将其密码修改为包含中、英文两种类型字符的密码，此处将用户 LE_2 的密码改为"admin123"，执行如下语句。

`alter user'LE_2'@'192.168.1.112'identified by'admin123';`

在执行上述语句后，用户 LE_2 的密码成功改为"admin123"，如图 3-24 所示。

```
智慧园区数字化监控系 ∨        ∨  ▶运行· ■停止  解释
 1  alter user 'LE_2'@'192.168.1.112' identified by 'admin123';

信息  概况  状态
alter user 'LE_2'@'192.168.1.112' identified by 'admin123'
OK
时间: 0.001s
```

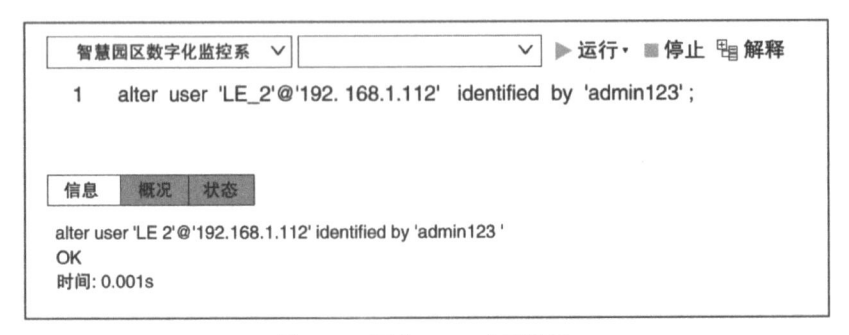

图 3-24　用户 LE_2 密码修改

（五）用户删除

假如 LE_Company 用户不再使用，可使用如下 drop 语句进行删除。

drop user'LE_Company'@'localhost';

在成功执行上述语句之后，可查看 user 表中用户 LE_Company 的记录已不存在，如图 3-25 所示。

图 3-25　删除用户 LE_Company

（六）Root 用户密码重置

假如忘记了 Root 用户的密码，可通过如下方法进行密码重置。

使用管理员身份打开命令提示符窗口，执行如下命令停止 MySQL。

net stop mysql;

执行如下命令，切换到 MySQL 的安装路径 "C:\Program Files\MySQL\mysql-5.7.32-win64\bin"。

cd C:\Program Files\MySQL\mysql-5.7.32-win64\bin

在安装路径下，执行如下命令跳过授权表。

mysqld --skip-grant-tables

保留该命令提示符窗口，使用管理员身份重新打开一个命令提示符窗口，切换到 MySQL 的安装路径（同上），执行如下命令进行数据库登录。

mysql -uroot -p;

在执行上述命令后出现了 "Enter password:" 提示输入密码，可直接按 Enter 键跳过授权表登录。在登录 MySQL 之后，使用如下语句即可重置 Root 用户的密码为 "123456"。

update mysql.user set authentication_string=password ('123456')where user='root'and host='localhostr';

在执行上述语句后，提示 "Query OK" 语句，表示 Root 用户密码修改成功，如图 3-26 所示。

图 3-26　Root 用户密码修改

重新启动 MySQL，使用密码 "123456" 即可成功实现与数据库的连接和登录。

（七）用户权限授予

使用如下 grant 语句授予用户 LE_2 对 employee_dms 表进行 select、insert、update、delete 操作的权限，并进行权限的刷新。

grant select, insert, update, delete on dms.employee_dms to 'LE_2'@'192.168.1.112' identified by 'admin123';

flush privileges;

上述语句执行成功的结果如图 3-27 所示。

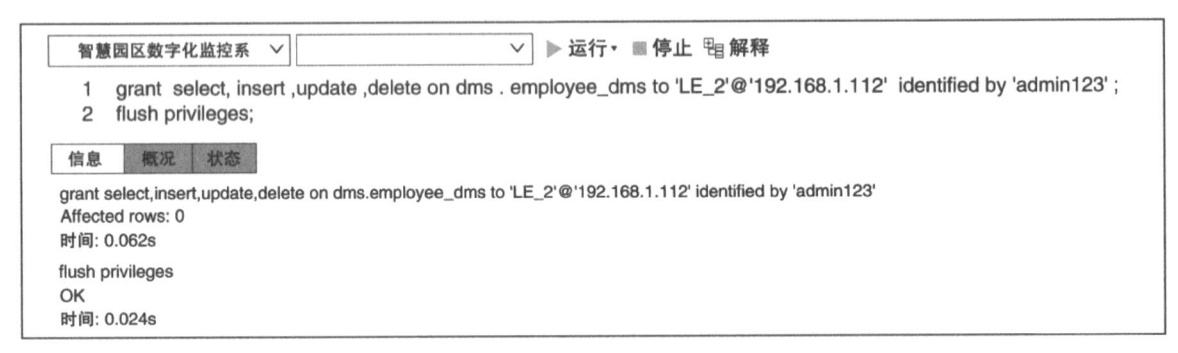

图 3-27　用户权限授予

（八）用户权限查看

执行如下语句查看用户 LE_2 的权限。

show grants for 'LE_2'@ '192.168.1.112';

在执行上述语句之后，查看用户 LE_2 当前的权限如图 3-28 所示。

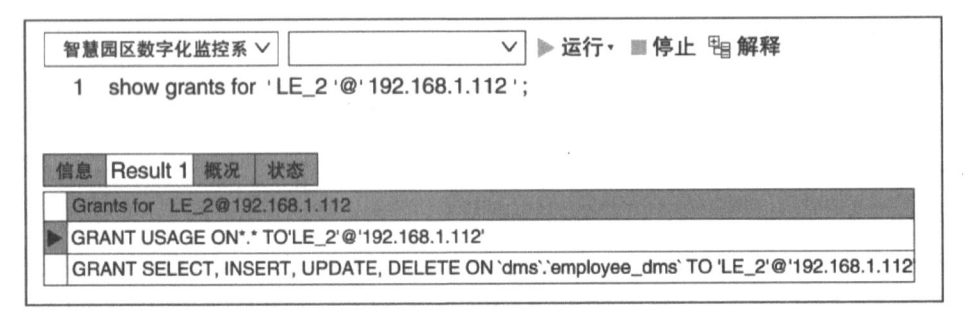

图 3-28　用户权限查看

（九）用户权限撤销

现仅需保留用户 LE_2 对 employee_dms 表进行 select 操作的权限，执行如下 revoke 语句，撤销其 insert、update 和 delete 权限。

revoke insert, update, delete on dms.employee_dms from 'LE_2'@'192.168.1.112';

flush privileges;

上述语句执行成功的结果如图 3-29 所示。

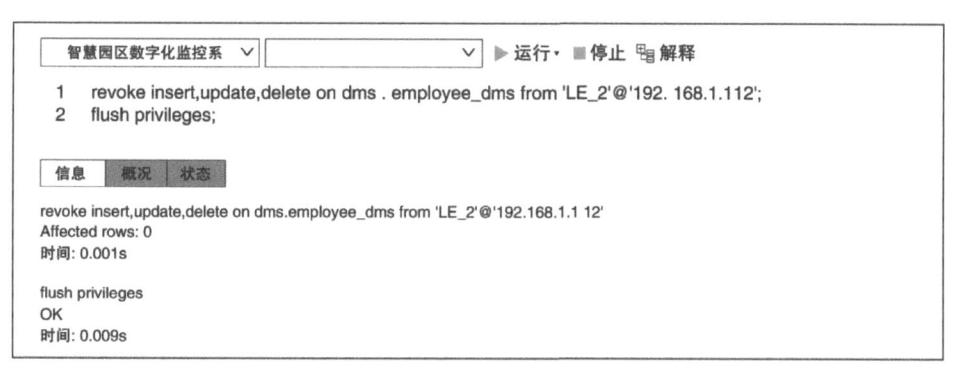

图 3-29 用户权限撤销

执行 show 语句查看当前用户 LE_2 的权限，可以发现 insert、update 和 delete 权限已成功撤销，如图 3-30 所示。

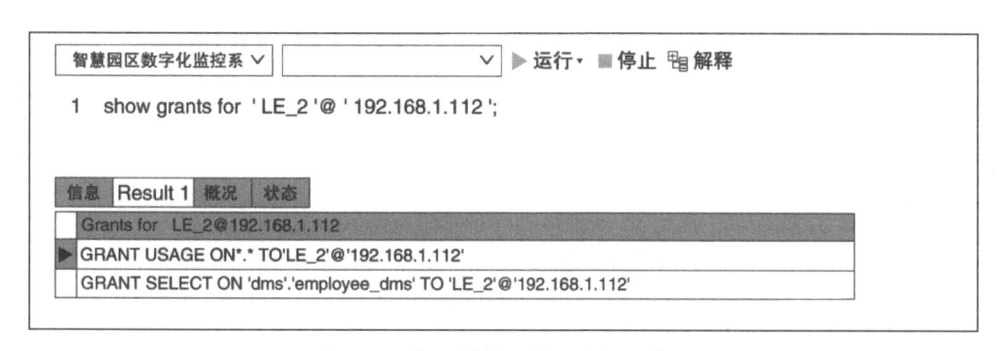

图 3-30 权限撤销后的用户权限查看

二、数据库备份与还原

为了防止数据丢失，数据库管理员需定期对数据库进行备份操作，并掌握还原备份数据的方法。

（一）数据库备份

Navicat 对数据库的备份方式有两种，一种是以 SQL 文件保存，另一种是保存为备份。

1. 以 SQL 文件保存

采用转储 SQL 文件的方式将 SQL 文件的结构和数据进行备份。具体操作如下。

在"Navicat Premium"界面的左侧窗格中找到并右击需要备份的数据库"dms"，在弹出的快捷菜单中执行"转储 SQL 文件"→"结构和数据"命令，在弹出的对话框中设置"保存位置"为"C:\智慧园区数字化监控系统数据库\数据库备份"，设置"文件名"为"dms_backup"，单击"保存"按钮开始转储。

2. 保存为备份

直接使用 Navicat 的备份功能进行备份，具体操作步骤如下。

在"Navicat Premium"界面的左侧窗格中选择需要备份的数据库，单击工具栏中的"备份"按钮，单击"新建备份"按钮，在弹出的"新建备份"对话框中单击"开始"按钮进行

107

保存。

在执行上述操作后，可看到存在一个以备份时间命名的备份文件（.nb3），右击该文件，在弹出的快捷菜单中选择"重命名"选项，将其重命名为"dms_backup_save"。

（二）数据库还原

为了进行数据库还原的测试，建议先删除 dms 数据库，并新建 dms2 数据库，或者先删除数据库中的 employee_dms 表，再进行还原的操作。

由于 Navicat 对数据库具有两种备份方式，所以其还原的方式也各不相同。

1. 以 SQL 文件的还原

在"Navicat Premium"界面的左侧窗格中找到需要备份的 dms2 数据库，右击该数据库，在弹出的快捷菜单中选择"运行 SQL 文件"选项，在弹出的"运行 SQL 文件"对话框中找到 SQL 文件"dms backup.sql"，单击"打开"按钮，单击"开始"按钮，在弹出的对话框中显示"[SQL]Finished successfully"则表示运行完成。

2. 保存为备份的还原

直接使用 Navicat 的还原功能进行还原，具体操作步骤如下。

在"Navicat Premium"界面的左侧窗格中选择需要备份的数据库，单击工具栏中的"备份"按钮，在弹出的"还原备份"对话框中单击"开始"按钮进行还原，显示"[Msg] Finished-Backup restored successfully"则表示还原备份完成。

在"Navicat Premium"界面的左侧窗格中选择"dms2"→"表"选项，可查看 employee_dms 表及表中记录均还原成功。

任务三　AIoT 平台日常运行监控

任务导入

任务描述

Q 园区在 AIoT 平台上搭建了智慧园区数字化监控系统，要求运维人员每日完成 ThingsBoard 审计日志及各类 API 使用情况的监控，除了查看各类 API 每小时的使用最大值，还要查看最近一周内每日遥测数据的平均存储天数。

任务要求

1. 完成智慧园区客户与用户的创建。
2. 完成对智慧园区 ThingsBoard 审计日志的监控。
3. 完成对 AIoT 平台各类 API 使用情况和每小时的使用最大值的监控。
4. 完成对 AIoT 平台遥测数据平均存储天数的查看。

> 知识准备

一、ThingsBoard 审计日志

（一）租户管理员与客户

在 ThingsBoard 平台上，为了使租户管理员实现审计日志的监控，应先了解平台的用户体系，以及租户管理员对客户的管理。

1. ThingsBoard 用户体系

作为物联网管理平台，ThingsBoard 的用户体系从顶层到底层分为平台系统管理员、租户管理员、客户、用户 4 个使用层级。

ThingsBoard 系统管理员不仅可对租户及其配置、部件组模块进行操作，还可对系统进行一些定制化操作。

ThingsBoard 可入驻各种企业或个人，即租户或租户管理员。租户管理员可使用 ThingsBoard 平台的服务对资产、设备、仪表板等模块资源进行管理。

每个租户管理员可创建多个客户，客户可直接使用租户管理员配置好的设备、资产。客户是资产、设备的直接使用者。

归属于客户的用户可以看到相应客户所分配资源的数据、监控和告警。

2. 客户与用户管理

ThingsBoard 的租户管理员具有管理客户资产、设备和仪表板的权限。其中，客户"Public"是 ThingsBoard 为租户管理员配置的默认公共客户，无法删除。租户管理员可根据实际需求自行创建、删除客户。在管理客户、用户界面中，可查看客户的创建时间、姓名和电子邮件，还可使用用户账户登录 ThingsBoard。

客户与用户可对分配到的资产、设备、仪表板等资源的数据、监控和告警进行查看，如图 3-31 所示。

图 3-31　客户与用户查看 ThingsBoard 信息

3. 分配资产、设备、仪表板

由于 ThingsBoard 租户管理员具有对客户资产、设备和仪表板的管理权限，所以他可以将该资源分配给指定客户，同一客户下的所有用户同样会被分配到相同的资源，切换到用户

账户中即可查看，但无法进行编辑。

如果要撤回用户查看指定资源的权限，那么租户管理员可取消已分配给客户的资源，用户在切换到用户账户之后便无法查看已取消的资源。

（二）审计日志

ThingsBoard 为租户提供了跟踪用户操作以保留审计日志的功能，记录了与资产、设备和仪表板等主要实体相关的用户操作。

1. 设置日期范围

租户管理员能够设置审计日志的时间范围，单击审计日志管理界面左上角的"最后天"按钮，设置默认时间为 1 天。可设置的时间范围有两种，一种是指定最近一段时间，另一种是指定固定时间段。

若要查看最近一段时间范围内的审计日志，则可选择时间范围，有"1 秒"到"30 天"多种时长的选项。若要对审计日志的时间段进行更精确的设置，则可通过高级设置实现时间范围的精确设置，可以精确到秒，如图 3-32 所示。

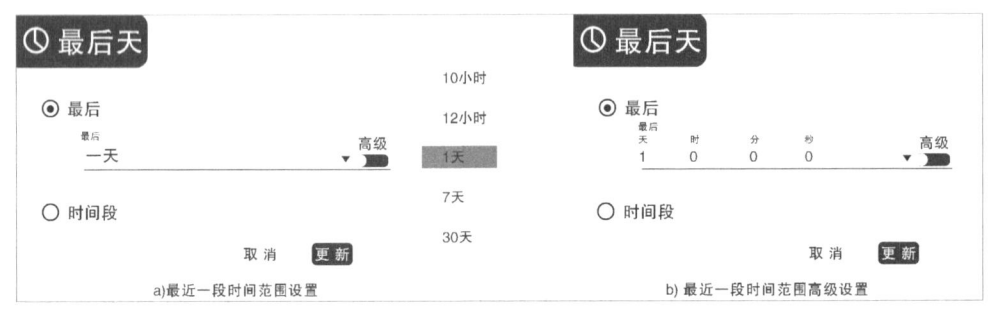

图 3-32　日期范围设置

若要查看固定时间范围内的审计日志，则需要分别设置日期和时间的起止点，如图 3-33 所示。

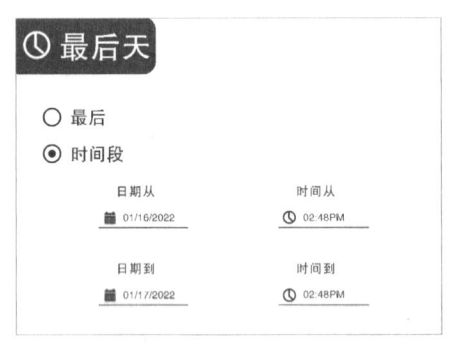

图 3-33　固定时间范围设置

2. 审计日志信息

在租户管理员、客户、用户对资产、设备和仪表板等主要实体进行相关操作后，审计日志界面将生成一条该操作的审计日志，包含时间戳、实体类型（设备、资产、仪表板等）、实体名称、用户、类型（添加、删除、分配给客户、Login、Logout 等）、状态（成功、失败）、详情等信息，如图 3-34 所示。

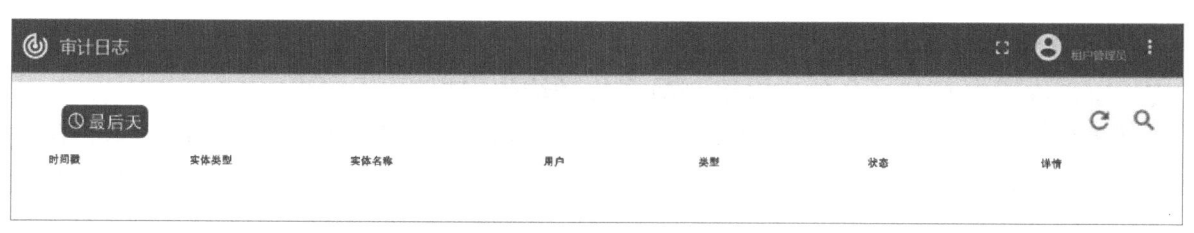

图 3-34　审计日志信息

租户管理员通过查看审计日志记录的信息，可实现对 AIoT 平台实体操作的监控，不仅能监控租户管理员的操作记录，还能监控创建的客户、用户的操作记录，从而实现对 AIoT 平台日常运行的监控。

3. 审计日志详情

每条审计日志都记录了相应操作的活动数据详情，单击"详情"菜单列中的"…"图标，可查看该操作的审计日志详情。

审计日志详情根据不同的操作记录了不同的活动数据，以键值对的形式呈现。不同的操作体现的活动数据不尽相同，主要分为 5 种。

（1）添加实体：活动数据体现实体 ID、名称、创建时间等创建实体时生成的信息。

（2）删除实体：活动数据仅体现实体 ID 的信息。

（3）将实体分配给客户或取消分配给客户：活动数据体现实体 ID、分配或取消分配的客户 ID 与名称。

（4）更新客户信息：活动数据体现实体类型、实体 ID、创建时间、标题等更新后的客户信息。

（5）客户、用户登录或退出：活动数据体现客户、用户使用的 IP 地址、浏览器、操作系统和设备。

二、API Usage

（一）API 概述

API（Application Program Interface，应用程序接口）是指预先定义的接口，如 HTTP 接口，或软件系统各组成部分之间衔接的约定。

对于租户管理员来说，ThingsBoard 提供了 API Usage 的功能，通过该功能可以监控、统计 API 的使用情况。在默认状态下，API 和速率限制的状态为禁用。如果需要限制单个时间单位内来自单个主机、设备或租户管理员的请求数量，则可使用 ThingsBoard 提供的 API 和速率限制功能。系统管理员可以通过"thingsboard.yml"文件对速率限制功能进行配置。

1. REST API 限制

各种 UI 组件均调用了 REST API 限制，还有可能使用一些由租户管理员、客户或用户编写的自动化脚本。通过限制租户管理员或客户的 API 调用数量，可在一定程度上避免因自定义窗口小部件或脚本错误而出现的服务器超载现象。通过配置 REST API 限制可实现启用和禁用租户级限制、环境性能最大值的设置，即每秒、每分钟的最大请求数。

2.Websocket 限制

Websocket 限制可将设备的实时遥测数据传送给仪表板。

在配置 Websocket 限制时可设置以下内容：Websocket 限制消息成功传送到客户端的最大时长、等待传送到客户端的消息数量的最大值、每次实体活动连接的最大值、环境属性中所有实体会话所控制活动订阅的最大值、每次会话中服务器传送到客户端的消息更新次数的最大值。

3. 数据库速率限制

通过设置 REST API 限制的调用数量来限制用户可能会产生的多个数据库查询，规则链在进行消息处理期间也可能引起多个数据库查询，且在单个遥测上传过程中还会导致查询操作将数据写入数据库。由系统管理员对数据库速率限制功能进行配置可以很好地解决上述问题。

4. 传输速率限制

通过对传输速率限制功能的配置，能够限制单个设备或租户管理员从所有设备中接收的消息量。在将消息推送到规则引擎上之前，传输速率限制适用于传输层。通过配置传输速率限制功能可以设置环境属性中来自所有租户设备的最大消息数、环境属性中来自单个设备的最大消息数。

（二）API Usage 监控界面

在 API Usage 监控界面中，可直观地看到 Transport、Rule Engine、JavaScript functions、Telemetry persistence、Email messages、SMS messages 这 6 个模块的监控数据。各个模块分别呈现了数据在不同时间段的活动情况，以小时为单位记录。通过单击每个模块右上角的"view details"图标，可分别查看以天和月为单位进行记录的监控数据。

ThingsBoard 不仅为 API Usage 提供了监控功能，还提供了数据聚合的功能，如计数、求和，以及计算平均值、最大值、最小值等。

（三）API 使用统计

1.Transport

Transport 是 ThingsBoard 中 CoAP、HTTP、MQTT 这 3 种消息的传输服务启动器，使用的传输接口可用于消息传输通道服务的实现，供客户端的传输层使用。ThingsBoard 租户管理员可分别在 API Usage 监控界面和 Transport 详情界面中观察到最近 24 小时、最近 1 个月和最近 1 年内消息传输服务启动器的消息数。

2.Rule Engine

Rule Engine 是 ThingsBoard 自行开发的规则引擎，包含 3 个组件和 1 套规则引擎的服务接口。ThingsBoard 租户管理员可分别在 API Usage 监控界面和 Rule Engine 详情界面中观察到最近 24 小时、1 个月和 1 年内规则引擎的执行动作数。另外，在 Rule Engine 的统计界面中，还可查看规则引擎的队列状态、处理失败、超时或异常的详细数据。

3.JavaScript functions

在 ThingsBoard 中，部件相关的业务逻辑都是在 JavaScript 面板中编写的，每一个部件都对外提供了一个 self 对象，定义了一些必要的 API 和数据访问接口。ThingsBoard 租户管理员可分别在 API Usage 监控界面和 JavaScript functions 详情界面中观察到最近 24 小时、1 个月和 1 年内 JavaScript 函数的执行动作数。

4.Telemetry persistence

Telemetry persistence 指的是遥测数据的持久性，即遥测数据存储的天数。数据通过遥测上传接口发布到 ThingsBoard 服务器节点中。ThingsBoard 租户管理员可分别在 API Usage 监控界面和 Telemetry persistence 详情界面中观察到最近 24 小时、1 个月和 1 年内遥测数据的存储天数。

5.Email messages

Email 即电子邮件，ThingsBoard 租户管理员可分别在 API Usage 监控界面和 Email messages 详情界面中观察到最近 24 小时、1 个月和 1 年内的 Email 消息数。

6.SMS messages

SMS 即短信息服务，ThingsBoard 租户管理员可分别在 API Usage 监控界面和 SMS messages 详情界面中观察到最近 24 小时、1 个月和 1 年内的 SMS 消息数。

任务实施

一、审计日志监控

（一）搭建智慧园区数字化监控系统

首先，参照在 AIoT 平台虚拟仿真界面中导入的仿真图；其次，参照在 ThingsBoard 平台上新增的网关设备"智慧园区数字化监控系统网关"；再次，在虚拟机终端上修改"tb-gateway.Yaml"文件中的网关设备访问令牌，并修改"modbus_serial.json"文件，重启 tb-gateway 容器；最后，刷新设备管理界面即可查看所有设备。至此，智慧园区数字化监控系统搭建完成。

（二）新增客户和客户用户

在客户管理界面中，新增智慧园区客户，具体操作步骤如下。

单击右上角的 + 图标添加客户，在"标题"文本框中输入"智慧园区客户"，单击"添加"按钮。在客户管理界面中即可看到新增的客户。

单击智慧园区客户右侧的 👤 图标，进入客户、用户管理界面，新增该客户下的用户，具体操作步骤如下。

单击 + 图标添加用户，在"电子邮件"文本框中输入"user1@thingsboard.org"，在"名字"文本框中输入"user1"，单击"添加"按钮，在弹出的"用户激活连接"对话框中单击

"确定"按钮。至此，用户 user1 新增完成。用同样的方法新增用户 user2，邮箱为"user2@thingsboard.org"。

（三）分配设备给客户

在设备管理界面中勾选"除网关外的所有设备"复选框，并将其分配给智慧园区客户，具体操作步骤如下。

勾选"所有传感器和执行器设备"复选框，单击"😊"图标分配设备，在弹出的对话框中选择"智慧园区客户"选项，单击"分配"按钮。

（四）查看客户、用户的账户

在客户、用户管理界面中，单击 user1 用户右侧的"➡"图标，即可使用 user1 的账户登录 ThingsBoard。

进入智慧园区客户设备界面，可查看租户管理员 user1 所在的客户"智慧园区客户"分配的所有设备。如果切换至 user2 账户，也可查看相同的设备。

打开客户、用户右侧的下拉菜单，选择"注销"选项，即可退出当前客户、用户的账户。

（五）设置审计日志时间范围

进入审计日志管理界面，设置查看最近 1 天内的审计日志，具体操作步骤如下。
单击"最后天"按钮，单击"最后"按钮，选择"1 天"选项，单击"更新"按钮。

（六）查看审计日志信息

在更新审计日志时间范围后，租户管理员可查看租户账户与客户账户在最近 1 天内的审计日志信息。审计日志记录最近 1 天内的实体活动数据，包括用户退出、用户登录、将设备分配给用户等操作。

（七）查看审计日志详情

单击客户、用户登录操作日志右侧的…图标，可查看该操作的审计日志详情。
其中的活动数据含义如下。
（1）"clientAddress"表示用户登录的 IP 地址。
（2）"browser"表示用户登录使用的浏览器。
（3）"os"表示用户登录使用的操作系统。
（4）"device"表示用户使用的设备。

二、API Usage 监控

在 API Usage 监控界面中设置 API 使用的实时监控时间，监控最近 1 天内 API 的使用情况，统计各模块 API 使用最大值，并查看最近 1 周内遥测数据的平均存储天数。

（一）设置监控时间

进入 API Usage 监控界面，为每个 API 模块设置监控时间，具体操作步骤如下。

单击每个模块中的🕐图标，在弹出的对话框中选择"实时"选项，将"最后"设置为"1 天"，单击"更新"按钮。

使用相同的方法将其余 5 个模块："Rule Engine""JavaScript functions""Telemetry persistence""Email messages""SMS messages"的"监控时间"均设置为"最后 1 天"。在设置完成后可看到最近 1 天内各模块的实时监控情况。

（二）统计各模块 API 使用最大值

进入 API Usage 监控界面，为每个 API 模块设置最大值的数据聚合功能，具体操作步骤如下。

单击每个模块中的🕐图标，在弹出的对话框中选择"实时"选项，将"数据聚合功能"设置为"最大值"，"分组间隔"设置为"1 小时"，单击"更新"按钮。

使用相同的方法将其余 5 个模块："Rule Engine""JavaScript functions""Telemetry persistence""Email messages""SMS messages"的"数据聚合功能"均设置为"最大值"，并将"分组间隔"均设置为"1 小时"在设置完成后可看到最近 1 天内各模块 API 使用最大值的监控情况。

（三）监控遥测数据平均存储天数

在 Telemetry persistence 详情界面中可查看关于遥测数据每日的平均存储天数的监控，通过时间编辑的对话框可设置遥测数据每日的平均存储天数，具体操作步骤如下。

单击 Telemetry persistence 模块中的🕐图标，在弹出的对话框中选择"历史"选项，设置"最后"为"7 天"，设置"数据聚合功能"为"平均值"，设置"分组间隔"为"1 天"，单击"更新"按钮。

在设置完成后可查看最近 1 周内遥测数据每日的平均存储天数。

项目评价

以小组为单位，配合指导老师完成项目评价表，如表 3-2 所示。

表 3-2 项目评价表

项目名称	评价内容	分值	评价分数 自评	互评	师评
职业素养考核项目（30%）	考勤、仪容仪表	10分			
	责任意识、纪律意识	10分			
	团队合作与交流	10分			
专业能力考核项目（70%）	积极参与教学活动并正确理解任务要求	10分			
	掌握服务器日常监控和巡检的技能	20分			
	在 Windows Server 2019 操作系统上的 Navicat 中进行实际数据库账号管理、备份与还原的具体操作	20分			
	理解并掌握 AIoT 平台日常运行监控的方法	20分			
合计：综合分数＿＿自评（20%）+互评（20%）+师评（60%）		100分			
综合评语		教师（签名）：			

思考练习

一、选择题

1. 以下关于性能监视器的说法错误的是（　　）。
   A. 性能监视器可实现对系统性能的延时监控
   B. 性能监视器提供了数据收集器和资源监视器
   C. 性能监视器能配置和查看性能计数器，进行事件跟踪和数据收集
   D. 资源监视器可以实现停止进程、启动和停止服务、分析进程死锁等功能
2. 网络监控的主要内容不包括（　　）。
   A. 网络数据包　　B. 网络流量　　C. 网络连接方式　　D. 网速
3. MySQL 数据库中最重要的权限表是（　　）。
   A. user 表　　　　B. host 表　　　　C. db 表　　　　D. 三个表同样重要

4. 关于 ThingsBoard 说法正确的是（　　）。

　　A. ThingsBoard 不能随意入驻企业或个人

　　B. 租户可使用 ThingsBoard 的服务对资产、设备、仪表板等模块资源进行管理

　　C. 每个租户管理员可创建一个客户

　　D. 客户"Public"是 ThingsBoard 为租户管理员配置的默认公共客户，可以删除

二、填空题

1. 服务器电源工作情况的监控内容包括电源指示灯状态、_____、供电与用电情况等。

2. Zabbix 能实现数据的_____、_____和可视化。

3. 在 MySQL 中，可授予的权限分为_____、_____、_____3 类。

4. ThingsBoard 的用户体系从顶层到底层分为_____、_____、_____、_____4 个使用层级。

三、简答题

1. Windows 操作系统的服务器性能的监控主要有哪些内容？

2. 简述 MySQL 权限体系的 5 个层级。

项目四　智慧农场系统管理与维护

项目概述

智慧农场系统是物联网在农业领域中的典型应用之一，集成了计算机与网络技术、物联网技术、传感器技术及无线通信技术等，实现对农场的数字化和综合管理，包括远程自动控制，灾变预警，生产及质量追溯管理，以及对农场人员、设备、资源的实时动态管理，农场作物、牲畜自动化、全程化实时动态管理，农产品可追溯的配送服务等。本项目主要讲解智慧农场系统管理与维护。其中，系统的软硬件维护是系统运维的重点，平台数据、网络安全、数据安全等都是运维涉及的范畴。

学习目标

知识目标
1. 了解售后服务方案的相关知识。
2. 熟悉 Zabbix 软件及其使用。
3. 熟悉设备故障分类及常用设备、系统维护工具。
4. 掌握数据容灾基础知识。

技能目标
1. 能根据售后服务目标，完成系统常见问题处理方案的编写。
2. 能根据运维管理的需求完成监控软件部署，定时输出相关监控信息。
3. 能通过设备异常和故障现象，收集故障数据、定位故障点、判断故障原因并完成故障排除。
4. 会根据物联网网关运行数据，准确分析数据异常原因，完成故障排除。
5. 会根据设备运行监控的日常管理要求，通过传感器、自动识别设备、摄像头和执行终端等终端设备运行状态，定时输出数据异常信息文档。
6. 会根据网络异常情况，准确分析网络设备异常原因，完成故障排除。
7. 会根据网络通信的要求，使用网络通信工具，定时完成服务器通信的故障排查。
8. 会根据运维保障的要求，制订备份计划，定时完成数据与系统程序的备份。

素养目标
1. 进一步培养感知力、观察力、注意力。
2. 培养勇于攀登高峰、敢于超越自我的进取精神。

任务一　售后服务方案设计

任务导入

任务描述

W 公司完成了××智慧农场物联网系统集成项目。现在对××智慧农场物联网集成项目的售后服务进行相关方案的编写，公司将这个任务交给了运维人员 E。他要充分分析××智慧农场物联网系统集成项目的特点，制定一套完善的符合该农场特点的服务方案，并与农场的相关负责人探讨和确认该方案的可行性及必要性。

任务要求

1. 编写售后服务的基本宗旨、保修服务内容。
2. 编写客户培训计划、客户培训内容。
3. 编写系统保养范围、具体备品与备件范围。

知识准备

一、售后服务方案

售后服务作为物联网系统集成商提供的整体服务中的重要组成部分，已经成为各集成商之间主要的竞争手段。良好的售后服务不仅能为物联网系统集成商赢得市场、扩大市场占有率，使其获得良好的经济效益，还能通过售后服务使物联网系统集成商获得来自市场的最新信息，更好地改进产品和服务，进而始终在竞争中处在领先地位，为实现可持续发展战略提供决策依据。

售后服务方案在物联网系统集成项目中经常作为项目解决方案、投标书、施工组织设计方案的部分内容。其内容主要包括：售后服务承诺、售后服务目标、售后服务组织、售后服务内容和方式、售后服务保障、售后质量保障、培训服务方案等。

二、常见的售后服务模式

物联网系统集成项目遍布全国各地，具有"点多而散"的特点，因此物联网系统集成商通常在各业务省份、重点业务城市或重点项目地区设立分支机构或派驻售后工程师进行售后服务。

若项目现场无项目售后服务人员，客户通常通过电话或传真、邮件、即时通信工具（QQ、微信等）提交服务要求，通过售后管理系统分配给客服中心人员或售后工程师，形成工单后跟踪处理客户的售后服务要求，并记录处理过程和结果。通常客服中心人员或售后工程师与客户沟通了解售后服务要求后，会优先远程协助处理，若远程无法解决则现场处理。售后服务过程中需要注意的是问题解决后的回访工作，以了解客户满意度，为后续改进服务、拓展市场提供数据支撑。

三、常见售后问题的处理方式

为降低售后服务成本，提高服务效率和质量，解决物联网系统集成项目的售后问题通常优先考虑远程协助的方式，再考虑现场服务的方式。常见物联网系统集成项目售后问题的解决流程，如图 4-1 所示。

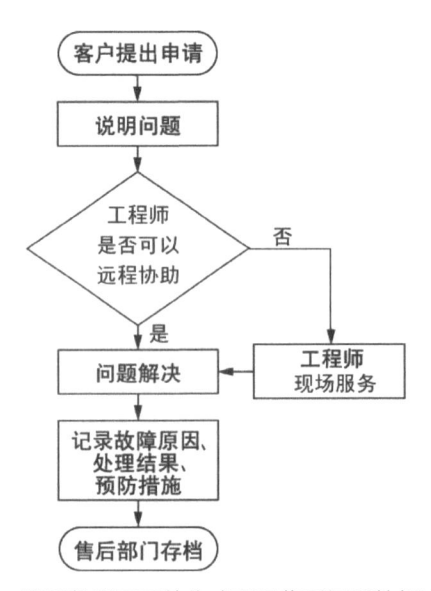

图 4-1 常见物联网系统集成项目售后问题的解决流程

（一）远程协助处理

售后服务工程师或客服中心人员在接到客户提出的申请时，先根据问题的描述进行判断，能够远程协助处理的问题则远程协助处理。如果遇到远程协助无法处理的问题，通常先作出响应，明确回复能给出问题解决方案的时间，再与技术人员进行协商，得到问题解决方案后进行远程协助处理。如果技术人员仍无法提出相应的解决方案，应寻求公司专家成员或设备原厂商技术人员的协助，得出问题解决方案后进行远程处理。根据问题的轻重缓急，在做好记录的同时向上级领导汇报。

（二）现场处理

在现场售后服务过程中，如果遇到检测设备无法判断设备问题，且售后工程师也无法判断问题所在时，通常会寻求原厂商的远程协助。无法现场解决的问题再寄送设备到原厂商进行检修，在设备无法返厂或返厂费用较高的情况下，通常要求原厂商的技术人员上门服务。客户、物联网系统集成商、设备原厂商之间通常在采购重要设备过程中，采用"背靠背"的方式签订采购合同，因此在质保期内的设备，除人为损坏外，检修费用和上门服务费用均是免费的。

四、编制售后服务方案

售后服务方案应根据客户要求、项目特点、物联网集成商的售后资源等进行设计，通常在服务承诺、售后服务组织、售后响应时间、售后服务保障中体现物联网系统集成商的售后服务优势，因此售后服务方案的内容应尽可能详细。

（一）售后服务承诺

可从质保期内、质保期外两个方面进行描述。物联网系统集成商应明确质保期的起始计算日期及质保期限的时长，并承诺在质保期内提供免费售后服务。同时，物联网系统集成商还需明确质保期内的响应时间，通常提供7×24小时的服务响应。对于一般故障和重大故障的处理，物联网系统集成商应根据自身情况，明确承诺相应的时间限制和处理方式。质保期满后，通常承诺提供与质保期内相同的技术支持和服务响应，费用由双方共同商定。

（二）售后服务组织

物联网系统集成商应明确售后服务的组织架构、人员配备情况，突出组织优势、人员优势，可从提供本地化的服务、在项目地成立了售后组织机构（提供相应证明材料）、配备与项目建设内容相关的专业技术人员等方面进行阐述。

（三）售后服务内容和方式

物联网系统集成项目的服务内容和方式包括：远程技术支持与咨询服务、系统更新升级服务、现场技术支持服务、定期或不定期巡检服务、技术培训服务等。在阐述售后服务内容时应明确服务响应时间。

（四）售后服务保障

售后服务保障可从售后服务受理渠道和售后服务的流程两个方面进行阐述。

1. 售后服务受理渠道

目前物联网系统集成商提供的售后服务受理渠道主要包括电话受理、电子邮箱受理、网站受理、即时通信工具支持等。

（1）电话受理。电话是售后服务的传统方式，通过对外统一的售后服务热线电话来提供7×24小时全天候技术支持服务。用户可通过拨打热线电话来进行技术咨询、投诉或建议。

（2）电子邮箱受理。通过电子邮箱进行技术售后服务能够为服务过程做较好的记录，方便日后进行服务跟踪、回访。服务过程还支持技术资料的传递，但由于邮件查阅存在延迟，不能第一时间进行阅读和回复，通常适用于非紧急技术咨询，或前期通过电话沟通后，再通过邮件的形式进行咨询。电子邮箱提供的售后服务通常在正常工作时间段。

（3）网站受理。通常，客户会通过提交售后服务申请信息，或提供即时在线客服的方式来进行相关操作。目前在线客服主要有人工客服和智能机器人客服两种。人工客服提供服务的时间为正常工作时间段，智能机器人客服可提供7×24小时服务。

（4）即时通信工具支持。即时通信工具（微信、QQ等）能够使客户更加安全、便捷地与物联网系统集成商售后服务部门进行互动沟通,提高服务效率。即时通信工具能很好地记录服务过程,方便技术文件的传送,目前在售后服务市场应用广泛,同时可以与在线客服相结合,提供更优质、快捷的服务。

2. 售后服务的流程

售后服务的流程主要分为日常事件处理流程、紧急事件处理流程。应对故障时先进行分类、定级,然后制定故障处理流程,并以流程图的形式呈现。售后服务事件处理流程如图4-2所示。

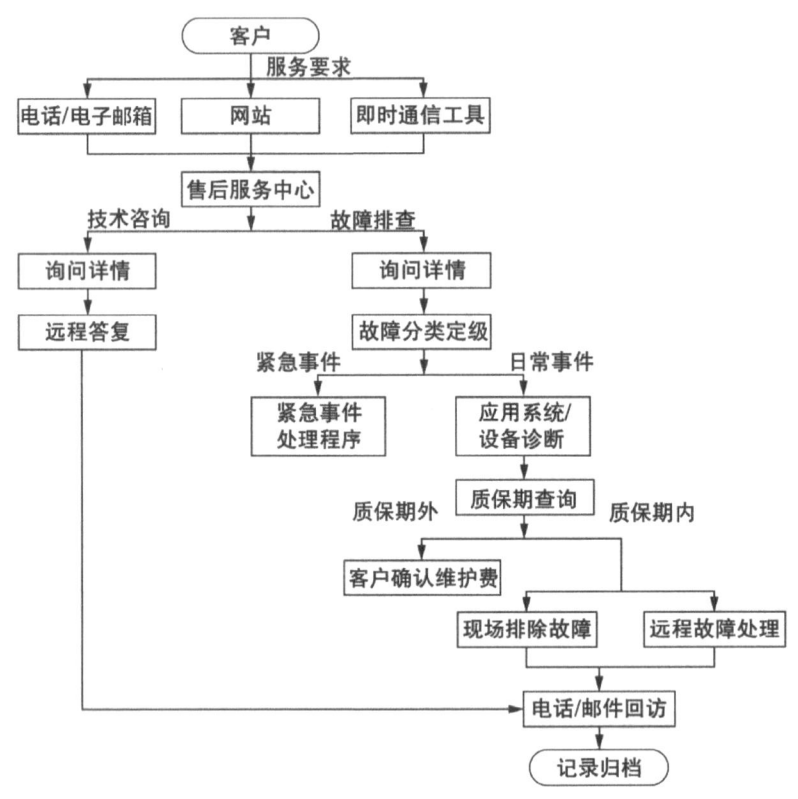

图 4-2 售后服务事件处理流程

(五)质量保障措施

质量保障措施主要是阐明如何保障售后服务质量,包括:如何与原厂配合及物联网系统集成商自身售后质量管理措施两方面。例如,要求原厂提供服务承诺、安排技术人员共同组成技术服务小组、公司针对项目提供多种服务渠道和方式、成立专门的服务质量跟踪机制、提供售后服务支持、跟进客户满意度反馈等。

(六)培训服务方案

物联网系统集成项目的培训服务方案的内容主要包括:培训承诺,培训目标,培训内容,培训方式,培训对象、时间和地点,培训课程等。

1. 培训承诺

可在培训教师能力、培训材料、培训费用等方面进行承诺。一般承诺培训教师具有丰富的实际工作经验和理论基础知识；培训材料由物联网系统集成商提供，包括：系统使用文档、操作手册、演示胶片等；培训费用由物联网系统集成商承担。

2. 培训目标

确定培训目标能给培训计划提供明确的方向和遵循的框架，进而确定培训对象、内容、时间、教师、方法等具体内容，并在培训之后对照此目标进行效果评估。培训目标的确定依赖客户培训需求的分析结果。

3. 培训内容

物联网系统集成项目的培训内容应围绕应用系统、设备的管理、使用、运维及项目系统相关技术等方面，结合项目实际情况进行规划设计。

4. 培训方式

培训方式通常可分为集中培训、现场培训等。例如，采用集中讲解、系统演示、同步实际操作相结合的方式，根据不同使用对象进行现场实操培训。

5. 培训对象、时间和地点

物联网系统集成项目的培训对象主要包括系统管理员、业务使用人员、系统运维管理人员和相关技术人员等。培训具体时间和地点一般与客户协商后确定。

6. 培训课程

培训课程应根据培训的内容进行设计，要标明各课程培训的内容、学时、讲师、教材和培训对象等。

任务实施

物联网售后服务方案的基本框架包括售后服务的基本宗旨、保修服务内容、客户培训计划、客户培训内容、系统保养范围和备品备件（附录）。以下为物联网售后服务方案的范例（仅供参考）。

一、售后服务的基本宗旨

我们的服务目标是让客户满意。我们将不断向客户提供安全防范系统知识和有关技术服务咨询。我们力求使客户满意，并坚信客户的满意度远超于市场竞争的重要性。

如果中标，我司将免费进行本安全防范系统方案和施工图及施工组织计划的深化设计。在项目施工过程中，我司将派技术人员提供全程技术支持，解决施工中存在的与其他技术配合的问题。同时，对系统所应用产品的安装和应用，我司也会提供技术指导。

系统完工后，我司将负责系统测试和调试，并保证工程达到优良标准。在工程项目竣工验收时，将向采购单位提供符合国家档案部门要求的编制成册的工程竣工图及有关的技术档案资料。对于安全防范系统所应用的产品，我司承诺根据产品厂家提供的保修期提供相应时间的产品保修，产品保修期按产品的相关规定设置，如对××智慧农场物联网集成项目提供一年的免费保修期并终身维护，履行合同规定的其他售后服务任务。

二、保修服务内容

对于项目的管理工作，我们将在工程调试前派维护班组入驻并成立维护点，就近建立维护中心对系统维护点进行支持。系统维护阶段，我司安排每两个月对系统进行一次巡查。当接收到报修电话时，按以下维修服务工作要求进行维修。

（1）维修人员在现场维修时，应佩戴有明显标志的工作证，以便认出。

（2）建立维修质量档案，每次发生的故障及维修事项均应做简明记录，便于汇总系统的运行情况及系统易出现的故障，并采取必要的措施。

（3）进行定期或不定期的巡查回访工作，主动征询系统管理人员及用户的意见，发现问题及时处理。

（4）接到工作人员或用户报告系统故障的电话后做好记录。对于一般情况，我们将在两小时内派出维修人员，他们将自备维修工具到现场进行处理，确保在12小时内完成修复；对于紧急情况，我们将立即派人赶往现场，并及时处理。

（5）维修人员根据维修情况主动反馈给物业助理人员，并签字确认。

三、客户培训计划

系统维护是系统长期有效运行的保障，只有做好系统的日常维护工作，才能保障系统长期稳定运行。我司一贯重视系统的维护工作，针对××智慧农场物联网集成项目，W公司将根据项目情况及系统运行各阶段对相关人员进行相应的系统性培训，并按计划做好系统的维护工作。系统的维护包括系统的日常保养和系统的维修，W公司积累了丰富的系统维护经验，以"服务就是品牌"为系统维护的宗旨，在系统维护方面采取"加强系统的日常保养，尽量使系统的故障处理在隐患阶段"的策略。在系统的调试阶段，系统维护人员和管理人员共同参与系统的调试工作，了解系统的整体情况及系统的联动原理。在系统移交期间，对系统维护人员和管理人员重点进行免费培训，以下为培训内容。

（1）系统框架图、设备安装位置说明。

（2）各系统基本原理及功能介绍。

（3）监控中心控制室工作流程及规章制度概览。

（4）××智慧农场物联网集成项目系统基础维护指南。

（5）紧急情况应急处理流程。

在系统的维护初期，项目部经理安排技术人员协同维护人员一起对系统进行维护，针对系统的维护情况进行补充培训，同时参照《安全防范系统维护人员技术手册》的大纲进行细化培训。

四、客户培训内容

（1）系统硬件、软件组成及系统功能特点。

（2）各个子系统的构成及工作原理。

（3）系统运行中的具体维护项目。

（4）项目应急处理措施。

五、系统保养范围

售后服务人员在维护期间对××智慧农场物联网集成项目所提供的具体服务项目如下。
（1）系统的基础检测：电源、设备、接口、网络、软件、平台等。
（2）系统的运行检测：数据流监控、网络监控、平台监控等。
（3）定期巡检保养：终端设备的维护保养、网络设备的维护保养、电源设备的维护保养等。

六、备品备件（附录）

公司根据项目的实际情况，配备易损件 1% 的备件支持，为及时高效地解决突发问题和日常维护工作做好充分的准备，见表 4-1。

表 4-1 备品备件

序号	品名	数量/个	价格/元	备注
1	温湿度传感器	3	135	
2	电源控制器	5	180	干燥处保存
3	光照控制器	3	128	

任务二 分布式物联网系统监控

任务导入

任务描述

W 公司要对智慧农场系统进行自动化监控，公司将这个任务交给了运维人员 E。他考察了市面上几款主流的自动化监控软件，发现 Zabbix 是一个企业级的、开源的、分布式的监控套件，用来监控 IT 基础设施，部署灵活且功能强大，有数据采集、超高可用、告警管理、告警设置、图形化界面、历史数据可查、安全审计等功能，最后运维人员 E 选择了 Zabbix 作为自动监控软件并进行部署。运维人员 E 要充分考虑××智慧农场物联网集成项目的特点，制定出一套完善的、符合该农场特点的服务方案和监控体系，并结合售后服务的特点依据不同的故障等级输出监控结果。

任务要求

1. 完成 Zabbix Server 的安装。
2. 完成 Zabbix Agent 的安装并能够进行多机监控。

知识准备

随着运维的发展，监控软件得到了大量使用，简化了运维流程，提升了运维工作效率。本次任务要求根据智慧 M 科技园一期项目售后运维工作内容搭建服务器设备、网络设备运行监控平台，实现服务器的运行监控。利用项目应用系统监控终端设备的运行情况，提交系统设备运行监控记录表。

实现服务器设备、网络设备运行监控的软件有很多种，本次任务选用 Zabbix 来实现服务器设备运行的监控。

一、Zabbix 概述

Zabbix 是一个基于 Web 界面的提供分布式系统监视，以及网络监视功能的企业级开源解决方案。Zabbix 能监视各种网络参数，保证服务器系统的安全运营，并提供灵活的通知机制让运维工程师快速定位／解决存在的各种问题。Zabbix 主要有以下几个组件。

（1）Zabbix Agent：部署在被监控主机上，负责收集被监控主机的数据，并把数据发送给 Zabbix Server。

（2）Zabbix Server：负责接收 Zabbix Agent 发送的报告信息，并负责组织配置信息、统计信息、操作数据等。

（3）Zabbix DataBase：用于存储所有 Zabbix 的配置信息及监控数据的数据库。

（4）Zabbix Web：Zabbix 的 Web 界面，可以单独部署在独立的服务器上，运维工程师可通过 Web 界面管理配置并查看 Zabbix 相关监控信息。

（5）Zabbix Proxy：用于分布式监控环境中，负责收集局部区域的监控数据，并发送给 Zabbix Server。Zabbix 运维监控架构图如图 4-3 所示。

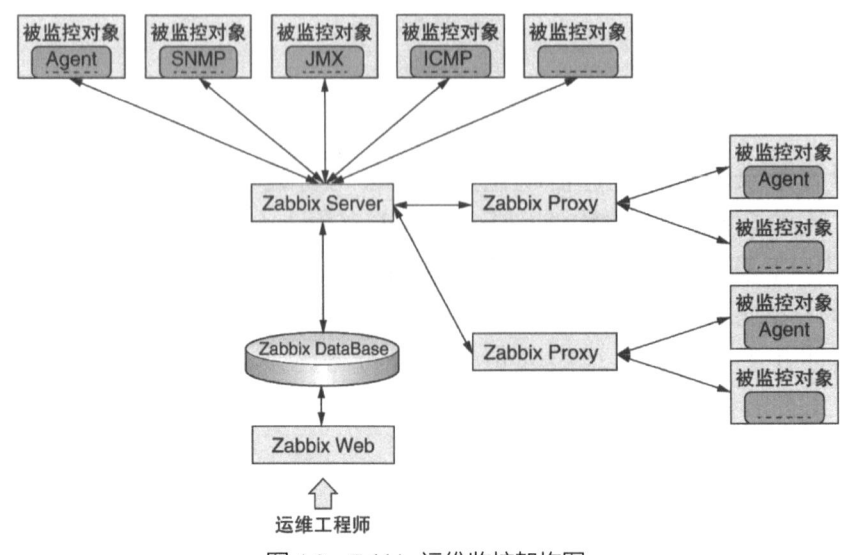

图 4-3 Zabbix 运维监控架构图

二、Zabbix 进行设备监控的方式

Zabbix 通常采用以下几种方式进行设备监控。

（1）Agent：通过专用的代理程序进行监控。在被监控对象上部署 Zabbix Agent 是最常用的监控方式。

（2）SNMP：通过 SNMP 与被监控对象进行通信，通常路由器、交换机采用这种监控方式，但路由器、交换机必须支持 SNMP。

（3）IPMI：通过标准的 IPMI 硬件接口进行监控，通常监控被监控对象的物理特征，如电压、温度、电源状态、风扇状态等。

（4）JMX：通过 JMX（Java 管理扩展）进行监控，通常用于监控 JVM 虚拟机。

三、实验环境要求

为了方便教学，本次任务采用模拟实验的方式进行，实验环境要求如下。

1.Zabbix Server 部署环境

（1）服务器 A 操作系统：Ubuntu18.4.03。
（2）Zabbix 版本：Zabbix-release_4.4-1+bionic_all.deb.
（3）数据库：MySQL/MariaDB。
（4）Web 服务器：Nginx。

2.Zabbix Agent 部署环境

服务器 B 操作系统：Ubuntu18.4.03。

3. 模拟实验环境网络拓扑结构

模拟实验环境网络拓扑结构如图 4-4 所示。

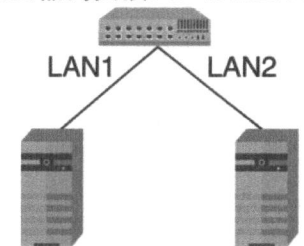

图 4-4　模拟实验环境网络拓扑结构

一、Zabbix 监控平台部署

（一）部署 Zabbix Server

1. 下载并安装 Zabbix 软件包

（1）按"Ctrl+Alt+T"组合键进入终端命令界面。

（2）在终端输入相应的命令下载 Zabbix 软件包。

（3）在终端输入"sudo dpkg -i zabbix-release_4.4-1+bionic_all.deb"命令安装 Zabbix 软件，如图 4-5 所示。

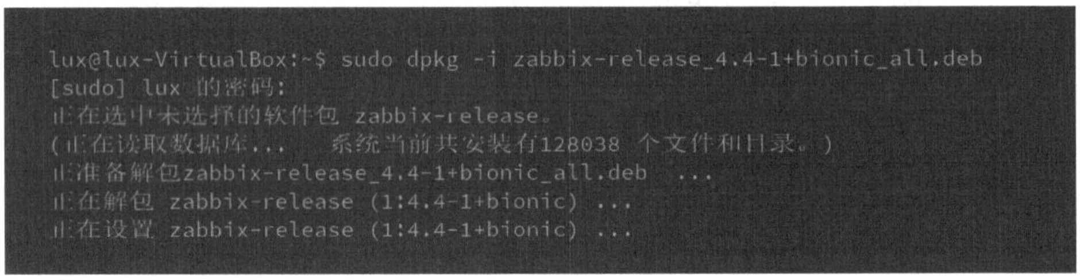

图 4-5　安装 Zabbix 软件

（4）在终端输入"sudo apt update"命令更新软件列表。

2. 安装 Zabbix Server、MariaDB、Zabbix Web 前端、Zabbix Agent

在终端输入"sudo apt -y install zabbix-server-mysql zabbix-frontend-php zabbiX-nginx-conf zabbix-agent"命令安装 Zabbix-server-mysql、Zabbix-frontend-php、ZabbiX-nginx-conf、Zabbix-agent 软件，如图 4-6 所示。

图 4-6　安装 Zabbix Server、MariaDB、Zabbix Web 前端、Zabbix Agent

3. 创建并初始化数据库

（1）在终端输入"sudo mysql -U root -P"命令登录数据库，创建账号并设置权限，如图 4-7 所示。

```
lux@lux-VirtualBox:~$ sudo mysql -U root -P
Enter password:
Welcome to the MariaDB monitor.  Commands end with ; or \g.
Your MariaDB connection id is 42
Server version: 10.1.43-MariaDB-0ubuntu0.18.04.1 ubuntu 18.04

Copyright (c) 2000, 2018, Oracle, MariaDB Corporation Ab and others.

Type 'help;' or '\h' for help. Type '\c' to clear the current input statement.

MariaDB [(none)]>
```

图 4-7 登录数据库

（2）在终端输入"create database zabbix character set utf8 collate utf8_bin;"命令创建名称为 Zabbix 的数据库，编码为 utf8，如图 4-8 所示。

```
MariaDB [(none)]> create database zabbix character set utf8 collate utf8_bin;
Query OK, 1 row affected (0.00 sec)
```

图 4-8 创建 Zabbix 数据库

（3）在终端输入"grant all privileges on zabbix.* to zabbix@'%' identified by 'password';"命令修改 Zabbix 数据库的访问权限，该 SQL 语句中的 Zabbix 指终端登录时使用的用户名、% 表示任意 IP 地址、password 指终端登录时使用的密码，如图 4-9 所示。

```
mysql> grant all privileges on zabbix.* to zabbix@'%' identified by 'password';
Query OK, 0 rows affected, 1 warning (0.02 sec)
```

图 4-9 数据库权限设置

（4）在终端输入"quit"命令退出。

（5）在终端输入"sudo zcat/usr/share/doc/zabbix-server-mysql*/create.sql.gz |mysql -uzabbix -p zabbix"命令初始化数据库。初始化时需要输入创建数据库账号时设置的密码 "password"，如图 4-10 所示。

```
lux@Lux-VirtualBox:~$ sudo zcat /usr/share/doc /zabbix-server-mysql*/create.sql.gz | mysql -uzabbix -p zabbix
Enter password:
```

图 4-10 初始化数据库

（6）在终端输入"sudo gedit /etc/zabbix/zabbix_server.conf"命令配置 zabbix_server.conf 文件，如图 4-11 所示。

```
lux@lux VirtualBox:~$ sudo gedit  /etc/zabbix/zabbix_server.conf
```

图 4-11 配置 zabbix_server.conf 文件

（7）设置用户名和密码，如图 4-12 所示。

```
lux@lux-VirtualBox:~$ grep ^[a-Z] /etc/zabbix/zabbix_server.conf
LogFile=/var/log/zabbix/zabbix_server.log
LogFileSize=0
PidFile=/var/run/zabbix/zabbix_server.pid
SocketDir=/var/run/zabbix
DBName=zabbix
DBUser=zabbix
DBPassword=password
SNMPTrapperFile=/var/log/snmptrap/snmptrap.log
Timeout=4
AlertScriptsPath=/usr/lib/zabbix/alertscripts
ExternalScripts=/usr/lib/zabbix/externalscripts
FpingLocation=/usr/bin/fping
Fping6Location=/usr/bin/fping6
LogSlowQueries=3000
StatsAllowedIP=127.0.0.1
```

图 4-12 设置用户名和密码

4. 配置 Zabbix 前端 PHP

（1）在终端输入"sudo gedit /etc/zabbix/nginx.conf"命令配置 nginx.conf 文件，如图 4-13 至图 4-15 所示。

```
lux@lux-VirtualBox:~$ sudo gedit /etc/zabbix/nginx.conf
```

图 4-13 配置 nginx.conf 文件 1

```
lux@lux-VirtualBox:~$ cat /etc/zabbix/nginx.conf
server {
    listen          80;
    server_name     127.0.0.1 ;

    root            /usr/share/zabbix;

    index           index.php;
```

图 4-14 配置 nginx.conf 文件 2

```
location ~ [^/]\.php(/|$) {
    fastcgi_pass    unix:/var/run/php/zabbix.sock;
    fastcgi_split_path_info ^(.+\.php)(/.+)$;
    fastcgi_index   index.php;

    fastcgi_param   DOCUMENT_ROOT   /usr/share/zabbix;
    fastcgi_param   SCRIPT_FILENAME /usr/share/zabbix$fastcgi_script_name;
    fastcgi_param   PATH_TRANSLATED /usr/share/zabbix$fastcgi_script_name;
```

图 4-15 配置 nginx.conf 文件 3

（2）在终端输入"sudo gedit /etc/zabbix/php-fpm.conf"命令配置 php-fpm.conf 文件，如图 4-16 和图 4-17 所示。

```
lux@Lux-VirtualBox:~$ sudo gedit /etc/zabbix/php-fpm.conf
```

图 4-16 配置 php-fpm.conf 文件 1

```
lux@lux-VirtualBox:~$ cat /etc/zabbix/php-fpm.conf
[zabbix]
user = www-data
group = www-data

listen = /var/run/php/zabbix.sock
listen.owner = www-data
listen.allowed_clients = 127.0.0.1

pm = dynamic
pm.max_children = 50
pm.start_servers = 5
pm.min_spare_servers = 5
pm.max_spare_servers = 35

php_value[session.save_handler] = files
php_value[session.save_path]    = /var/lib/php/sessions/

php_value[max_execution_time]= 300
php_value[memory_limit] = 128M
php_value[post_max_size] = 16M
php_value[upload_max_filesize] = 2M
php_value[max_input_time] = 300
php_value[max_input_vars] = 10000
php_value[date.timezone] = Asia/Shanghai
```

图 4-17　配置 php-fpm.conf 文件 2

5. 启动 Zabbix Server 进程并开机启动

（1）在终端输入“sudo systemctl restart zabbix-server nginx php7.2- fpm”命令启动 Zabbix Server 进程，如图 4-18 所示。

```
lux@lux-VirtualBox:~$ sudo systemctl restart zabbix-server nginx php7.2- fpm
```

图 4-18　启动 Zabbix Server 进程

（2）在终端输入“sudo systemctl enable zabbix-server nginx php7.2-fpm”命令设置 Zabbix Server 开机启动，如图 4-19 所示。

```
lux@lux-VirtualBox:~$ sudo systemctl enable zabbix-server nginx php7.2-fpm
Synchronizing state of zabbix-server.service with SysV service script with /lib/systemd
/systemd-sysv-install.
Executing: /lib/systemd/systemd-sysv-install enable zabbix-server
```

图 4-19　设置 Zabbix Server 开机启动

（二）部署 Zabbix Agent

（1）下载并安装 Zabbix 软件包。

（2）在终端输入“sudo apt -y install zabbix-agent”命令安装 Zabbix Agent，如图 4-20 所示。

```
lux@lux-VirtualBox:~$ sudo apt -y install zabbix-agent
正在读取软件包列表... 完成
正在分析软件包的依赖关系树
正在读取状态信息... 完成
```

图 4-20　安装 Zabbix Agent

（3）在终端输入“sudo gedit /etc/zabbix/zabbix_agentd.conf”命令配置 Zabbix_agentd.conf 文件，如图 4-21 和图 4-22 所示。

图 4-21　配置 Zabbix_agentd.conf 文件 1

图 4-22　配置 Zabbix_agentd.conf 文件 2

备注：Zabbix Server 的 IP 地址为 Zabbix Server 端服务器的 IP 地址，根据实际情况配置，"Hostname"名称为被监控端服务器名，可任意设置，但需要与 Zabbix Web 端添加的主机名相同。

（4）在终端输入"sudo systemctl restart zabbix-agent"命令启动 Zabbix Agent 进程，如图 4-23 所示。

图 4-23　启动 Zabbix Agent 进程

（5）在终端输入"sudo systemctl enable zabbix-agent"命令设置 Zabbix Agent 开机启动，如图 4-24 所示。

图 4-24　设置 Zabbix Agent 开机启动

（三）配置 Zabbix Web

（1）在浏览器中输入 nginx.conf 配置的 server_name 及端口号，访问 Zabbix Web 端，如图 4-25 所示。

（2）先决条件检查显示通过后，则进入下一步操作，否则根据检查项反馈内容查找故障原因，排除故障后再进行下一步操作，如图 4-26 所示。

（3）配置数据库连接。根据前期部署配置信息配置数据库连接信息，如图 4-27 所示。

Database Type：MySQL

Database host：192.168.110.30

Database port：0（即保持默认端口）

Database name：zabbix

user：zabbix

password：password

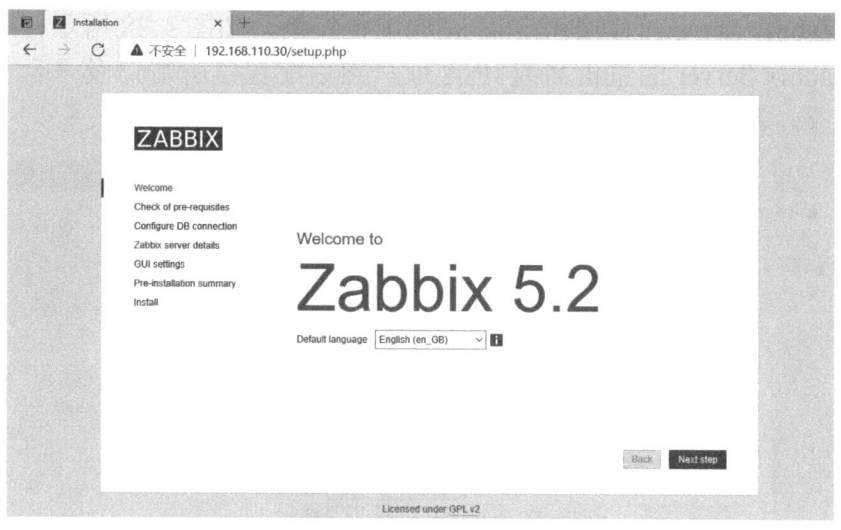

图 4-25　访问 Zabbix Web 端

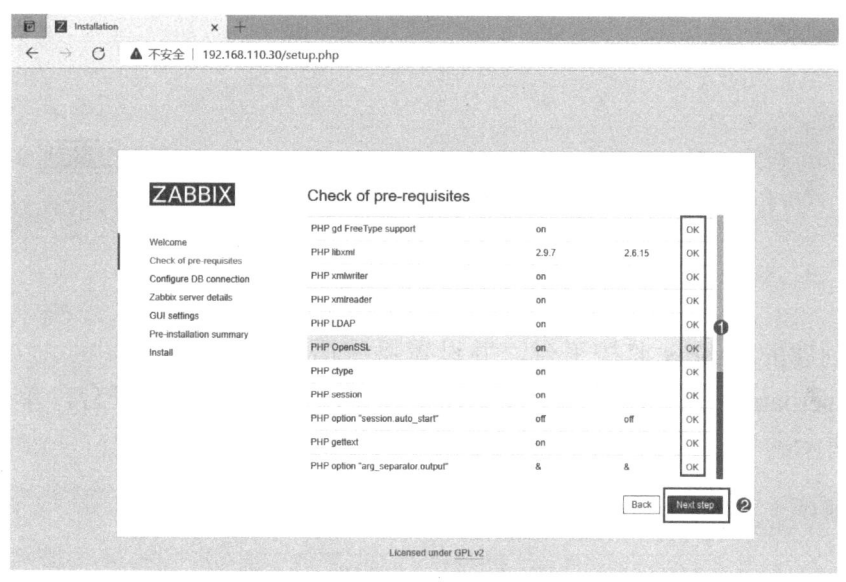

图 4-26　先决条件检查

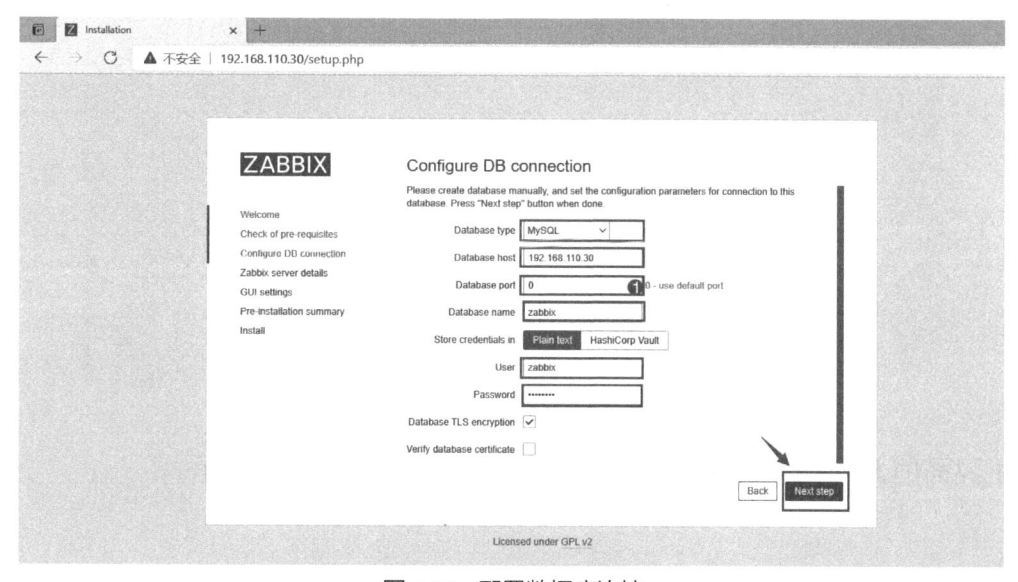

图 4-27　配置数据库连接

（4）配置 Zabbix Server 的详细信息，完成平台安装，如图 4-28 所示。

首先设置 Zabbix Server 的主机名或 IP 地址，然后配置监听端口及平台显示的名称，平台名称可随意定义，最后单击"Next step"按钮。

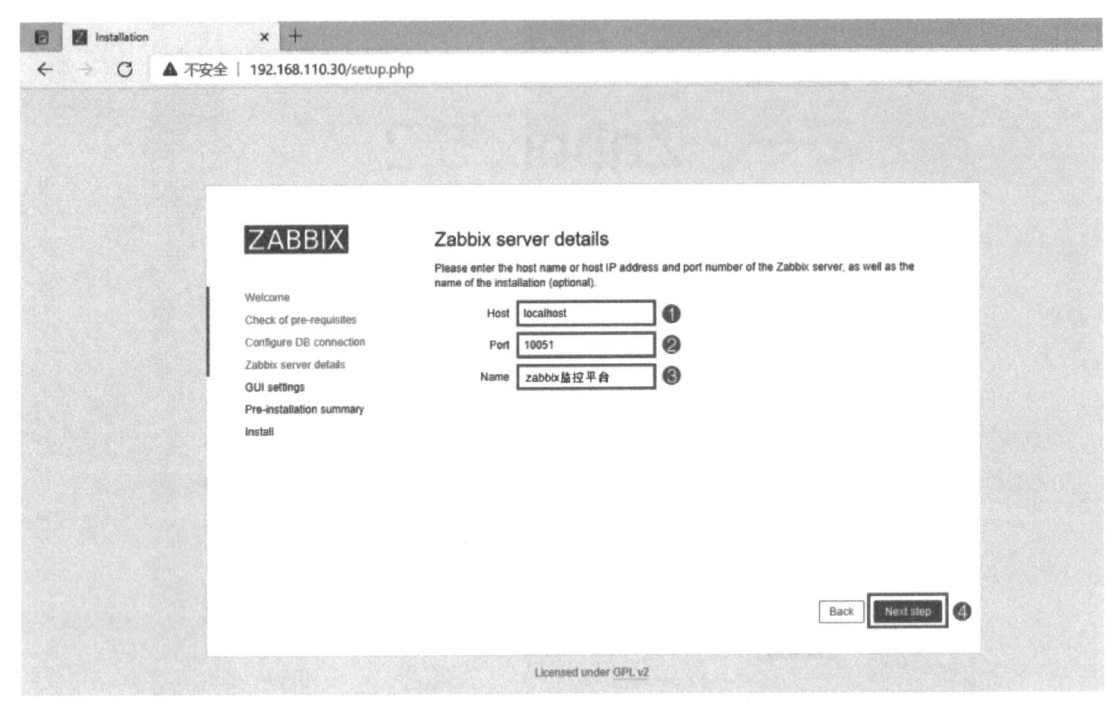

图 4-28　配置 Zabbix Server

（5）访问创建的 Zabbix 监控平台，并设置系统语言为中文。

输入默认 Username：Admin、默认 Password：Zabbix 访问监控平台，单击"Sign in"按钮，如图 4-29 所示。

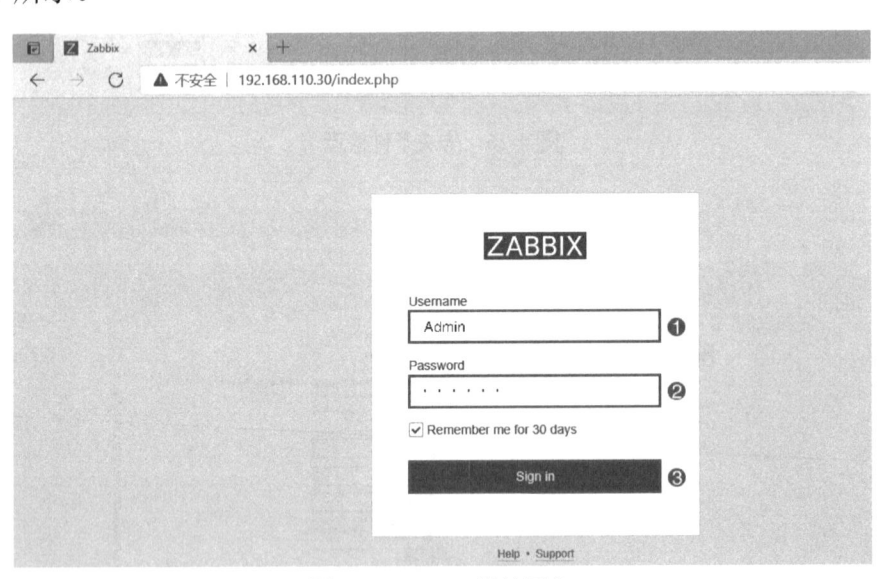

图 4-29　Zabbix 监控平台

单击主界面的图标，设置监控平台语言为中文，如图 4-30 所示。

134

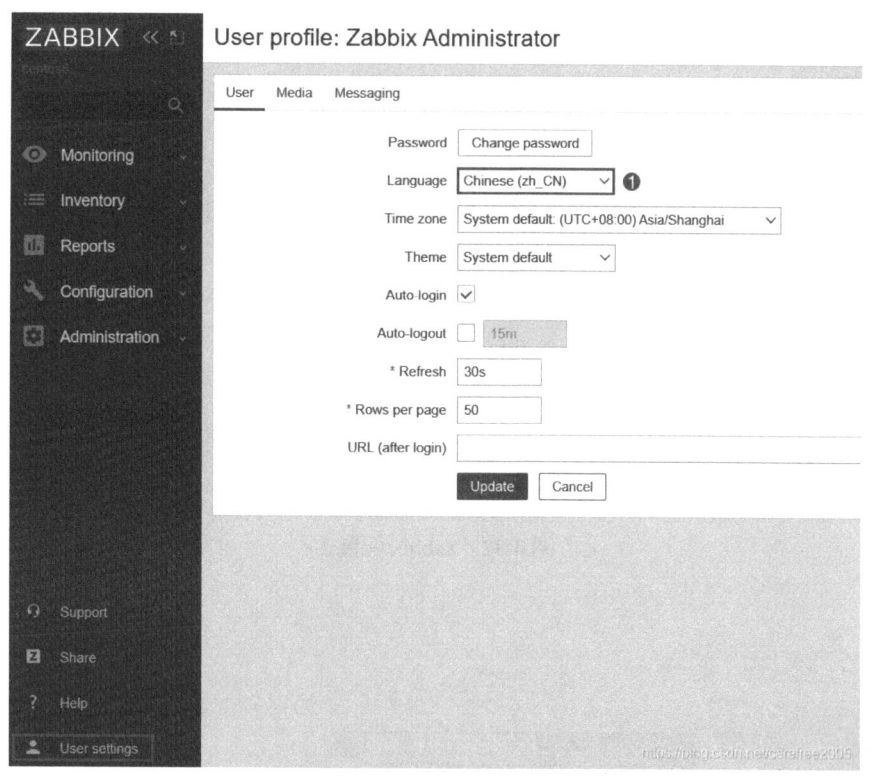

图4-30　设置监控平台语言

（6）添加被监控服务器。

单击"配置"→"主机"→"创建主机"按钮，在"名称"文本框内填入主机名称（与Zabbix_agentd.conf配置的Hostname相同），如图4-31所示。接着在"agent代理程序的接口"文本框中填写IP地址和端口，如图4-32所示。再选择"模板"选项卡，在"Link new templates"文本框中选择需要链接的模板，单击"更新"按钮导入模板，如图4-33所示。

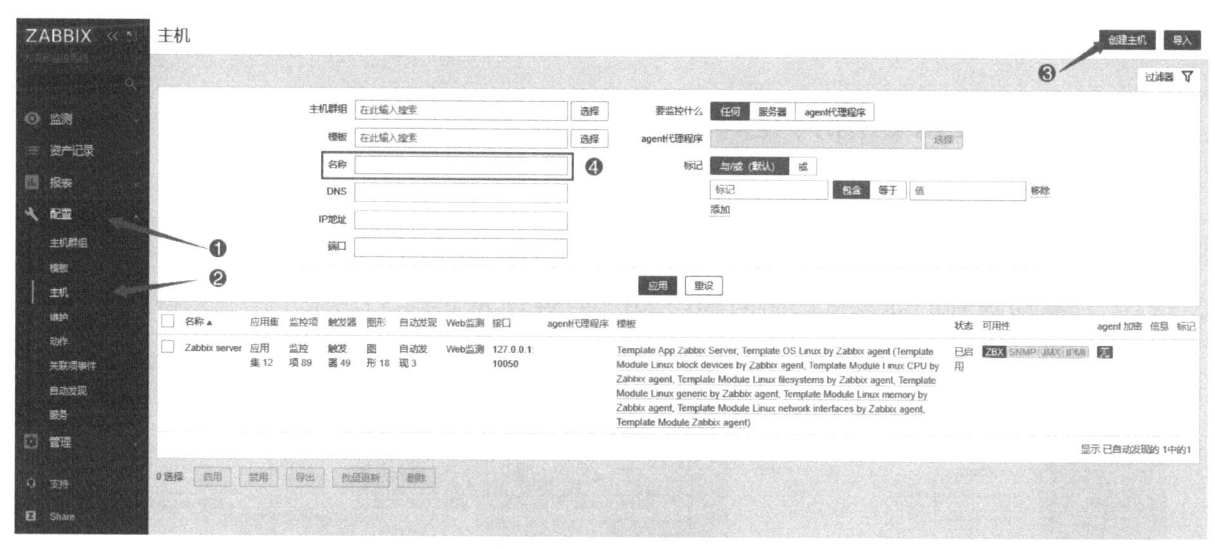

图4-31　Zabbix配置1

135

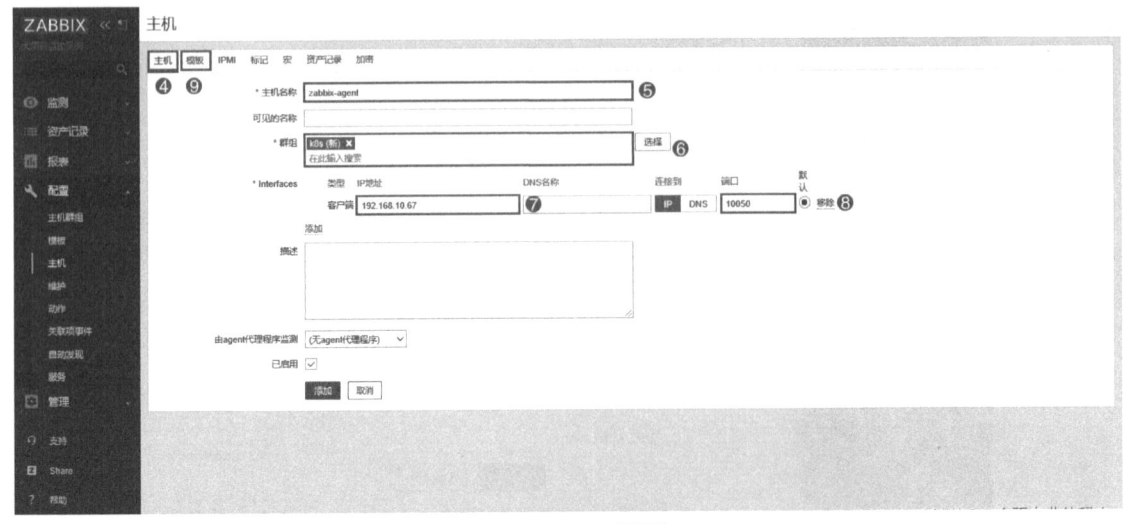

图 4-32　Zabbix 配置 2

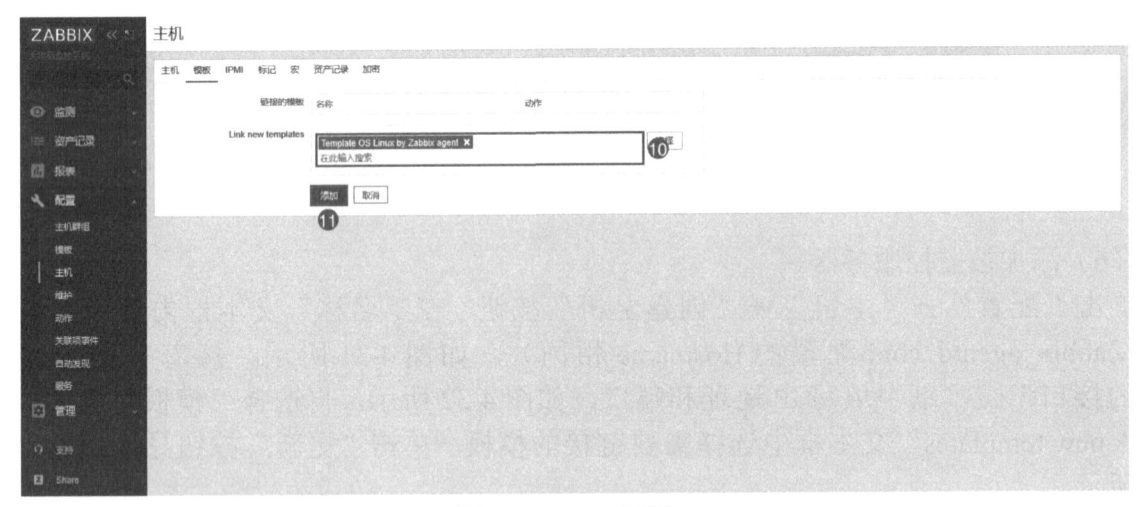

图 4-33　Zabbix 配置 3

二、查看设备状态并记录

（一）查看服务器运行情况并记录

（1）查看监控到的尚未解决的问题，如图 4-34 所示。

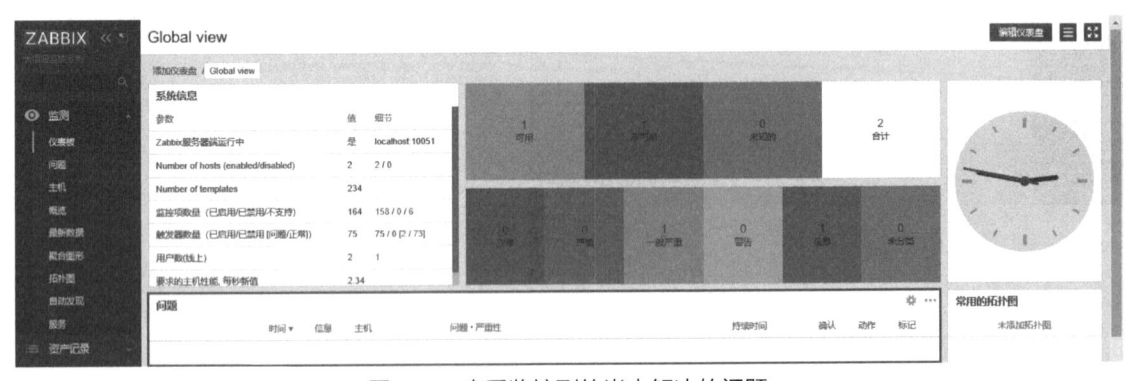

图 4-34　查看监控到的尚未解决的问题

（2）查看选定时间段监控到的问题，如图4-35所示。

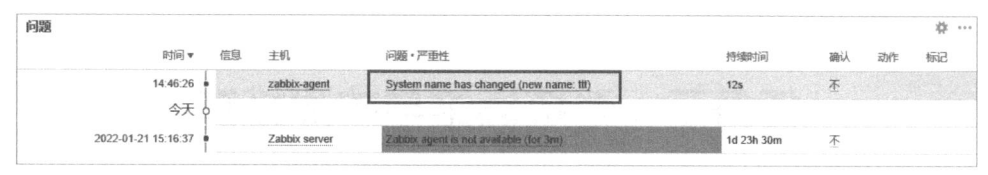

图4-35　查看选定时间段监控到的问题

（3）查看某台设备当前的运行情况，如图4-36所示。

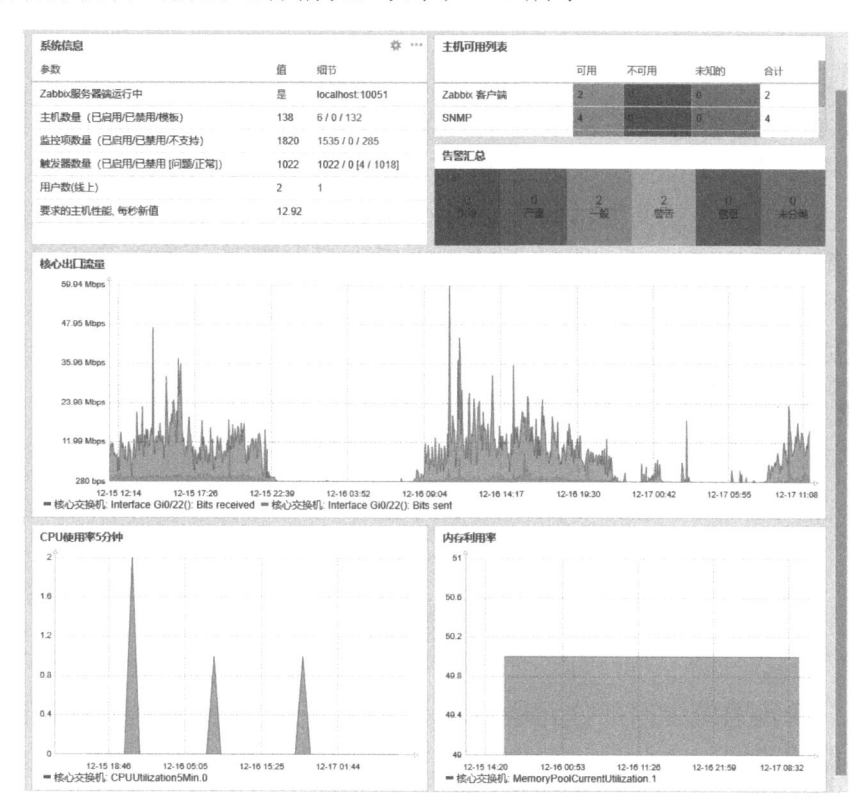

图4-36　查看某台设备当前的运行情况

（4）把监控到的问题记录到设备运行监控记录表中。

（二）查看感知／控制设备运行情况并记录

（1）查看项目设备当前的运行情况。

（2）填写设备运行监控记录表。把监控到的设备问题、历史运行情况记录到设备运行监控记录表上。

任务三　系统运维与故障排查

任务导入

任务描述

W公司完成了××智慧农场物联网集成项目，项目验收合格后进入系统运维阶段，公司将系统运维和排障的任务交给了运维人员E。他仔细分析系统的特点并结合自己的工作经验，总结出该系统可能存在的易发故障点，并根据这些易发点制定了运维策略以及所要应急处理的方法。运维人员E在经过一段时间的运维后，又发现了一些容易出现故障的地方。同时结合智慧农场物联网集成项目的特点，把定期巡检中要着重检测的点也做了详细的罗列，确保能较好地完成系统的运维任务。

任务要求

1. 罗列智慧农场系统易发故障点。
2. 给出易发故障点的处理意见和操作基本流程。

知识准备

故障是指智慧农场系统中因部分元器件功能失效而导致整个系统功能恶化的事件或系统不能执行规定功能的状态。

一、设备故障的分类

（1）按工作状态划分：间歇性故障、永久性故障。
（2）按发生时间划分：早发性故障、突发性故障、渐进性故障、复合型故障。
（3）按产生的原因划分：人为故障、自然故障。
（4）按表现形式划分：物理故障、逻辑故障。
（5）按严重程度划分：致命故障、严重故障、一般故障、轻度故障。
（6）按单元功能类别划分：通信故障、硬件故障、软件故障。

故障通常不能单纯地用一种类别去界定，往往是复合型的。设备故障的维护可通过人为干预让设备从故障状态恢复到设备正常运行状态。

二、常用设备维护工具

（一）网线检测工具、寻线工具

1. 网口接头引脚

RJ-45 接口有 8 根引脚，其中 4 根用于传输数据，另外 4 根用于备份。RJ-45 接口引脚定义，如图 4-37 所示。

快速以太网有 4 种基本的实现方式：100Base-TX、100Base-FX、100Base-T4 和 100Base-T2。100Base-T4 是一个采用 4 对线系统的方案，但是它采用半双工传输模式，传输媒体采用 3 类、4 类、5 类无屏蔽双绞线 UTP 的 4 对线路进行 100Mbit/s 的数据传输。其中 3 对双绞线用于数据传输，1 对用于冲突检测。媒体段的最大长度为 100 m。100Base-T4 也使用 RJ-45 接口，连接方法与 10Base-T 相同，4 对线（1—2、3—6、4—5、7—8）一一对应连接。但在 10Base-T 中仅用了其中 1—2、3—6 两对，100Base-T4 一般在布线时 4 对线都会安装连接。对于原来用 3 类线布线的系统，可以通过采用 100Base-T4 把网络从 10 Mbit/s 升级到 100 Mbit/s，无须重新布线。100Base-T4 引脚的定义如图 4-38 所示。

引脚	名称	解释
1	TX+	Tranceive Data+
2	TX-	Tranceive Data-
3	RX+	Receive Data+
4	n/c	Not connected
5	n/c	Not connected
6	RX-	Receive Data-
7	n/c	Not connected
8	n/c	Not connected

图 4-37　RJ-45 接口引脚定义

引脚	名称	解释
1	TX_D1+	Tranceive Data+
2	TX_D1-	Tranceive Data-
3	RX_D2+	Receive Data+
4	BI_D3+	Bi-directional Data+
5	BI_D3-	Bi-directional Data-
6	RX_D2-	Receive Data-
7	BI_D4+	Bi-directional Data+
8	BI_D4-	Bi-directional Data-

图 4-38　100 Base-T4 引脚定义

2. 网线接线方式

网线接线的线序标准分为 T568A 标准、T568B 标准。

T568A 标准中引脚 1~8 所连网线的颜色分别是绿白、全绿、橙白、全蓝、蓝白、全橙、棕白、全棕。

T568B 标准中引脚 1~8 所连网线的颜色分别是橙白、全橙、绿白、全蓝、蓝白、全绿、棕白、全棕。

网线接线的线序标准如图 4-39 所示。

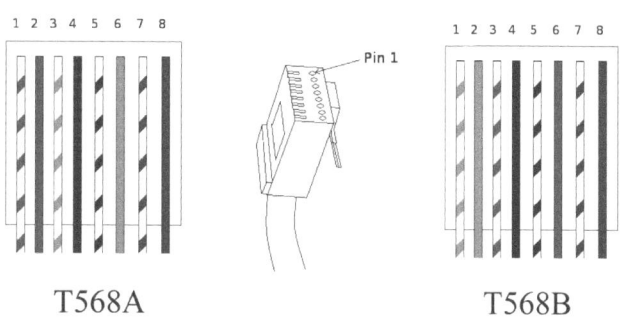

图 4-39　网线接线的线序标准

根据网线两端接头的接线线序不同，可分为平行线和交叉线。一般而言，平行线用于连接到 Hub 或 Switch（计算机和 ADSL，计算机和交换机，计算机和路由器等），交叉线则用于对等的两个通信设备的直连（计算机和计算机，交换机和交换机，路由器和路由器等）。

网线接线制作方法，如图 4-40 所示。

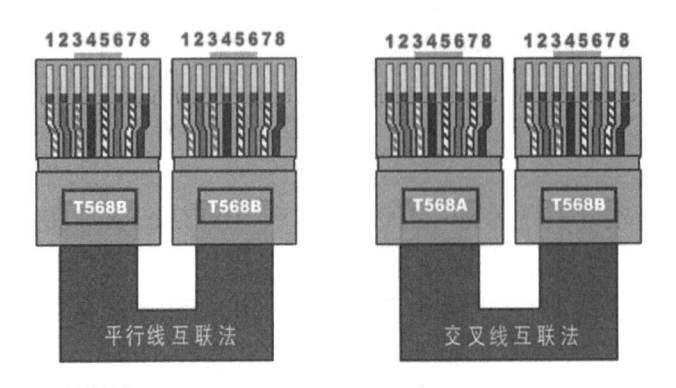

图 4-40　网线接线制作方法

3. 网线检测

网线检测方式主要有数字式多用表法和网线检线器法。

（1）数字式多用表法。通过数字式多用表的两个探针分别连接网线两端实际连通线的"金手指"，测量其电阻，电阻无穷大则表示断路，电阻为 0 则表示连通。也可使用数字式多用表的蜂鸣器挡，有轰鸣声则表示连通，无轰鸣声则表示断路。

（2）网线检线器法。将网线两端分别连接网线检线器发送端和接收端，发送端依次向接收端发送和断开电压信号，电压会使检测器两端面板指示灯发亮和灭掉，可根据指示灯判断线序是否正确。如果接收端有一个指示灯始终不亮或多个指示灯同时亮，或线序与设计不一致，则网线制作有误。

4. 网络寻线仪

当综合布线系统管理间的线路复杂且线路编号标识丢失时，网络寻线仪可以迅速高效地从大量线束、线缆中找到所需线缆。网络寻线仪，如图 4-41 所示。

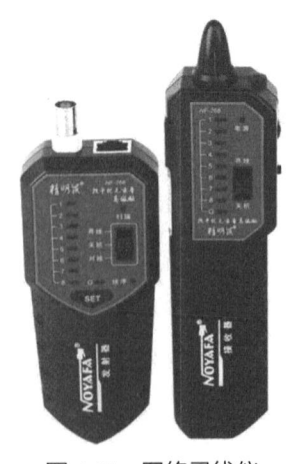

图 4-41　网络寻线仪

网络寻线仪使用方法如下。

（1）将网线一端的"水晶头"连接到网络寻线仪的发射器上。

（2）携带网络寻线仪的接收器到需要寻线的地方，利用电磁感应原理将接收器的寻线探头靠近这些网线。当网络寻线仪发出指示（响声或相应指示灯亮）时，寻线探头所指向的"水晶头"所连的网线即是发射器所连接到的那根线。

（二）光纤检测与熔纤工具

光纤检测除了可用肉眼观察设备完好的光纤收发器或光模块的指示灯判断，还可以采用红光笔、光功率计、OTDR 来检测判断。

1. 红光笔

红光笔便于携带、即开即用、价格低廉，应用也最普遍。使用方法：把红光笔连接到光缆一端"光纤头子"上，调节按钮将一直发光或者脉冲式发光。在光缆另外一头如果看到光纤头子有光，则说明光纤连通，否则说明光纤断路。

红光笔既可以测试光纤的通断，又可以在没有标记的情况下查找光纤两头对应的线序。

2. 光功率计

光功率计是用于测量绝对光功率或通过一段光纤后光功率相对损耗的仪器。通过测量发射端或光网络的绝对功率，光功率计就能够评估光端设备的性能。光功率计与稳定光源组合使用，组成光损失测试器，则能够测量连接损耗、检验连续性，并帮助评估光纤链路的传输质量。

光功率计的测量过程：先插上跳线，测试光端机／光模块的发光功率。把光纤这端接上光端机／光模块／光源，再到另一端插上光功率计，测量光损耗多少。

测量时按开关键开机，按"λ"键选择波长，连接光源，然后选择测量相对功率或绝对功率，再按测量键／测量单位键即可。光功率计，如图 4-42 所示。

图 4-42　光功率计

3.OTDR

OTDR（光时域反射仪）是利用光线在光纤中传输时的瑞利散射和菲涅尔反射所产生的背向散射而制成的精密光电一体化仪表。它被广泛应用于光缆线路的维护、施工中，可进行光纤长度、光纤的传输衰减、接头衰减和故障定位等的测量。OTDR，如图 4-43 所示。

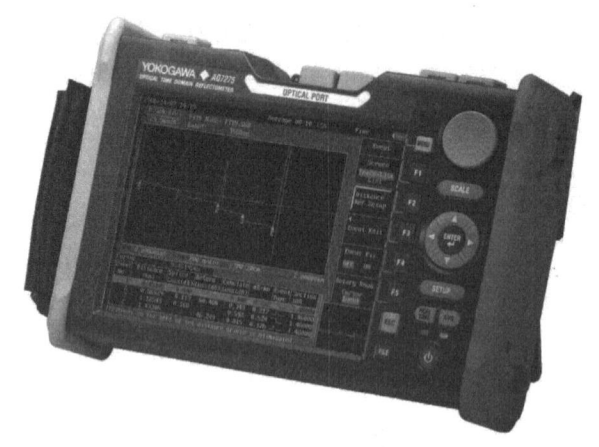

图 4-43 OTDR

OTDR 的几个重要参数如下。

（1）开始位置：一般设定为"0"。

（2）距离范围：根据不同的光纤长度选择不同的距离范围，一般设定为纤芯长度的 1.5 倍。

（3）脉冲宽度：脉宽的设定会影响事件盲区的宽度，所以在后向反射曲线清晰的情况下应尽量使用较小的脉宽。以区间长度设定为标准，见表 4-2 所示。

表 4-2 脉宽值区间范围

脉宽值	区间范围
5 ns、30 ns、100 ns	10 km 以下
100 ns、300 ns、1 μs	10 km~50 km
3 μs	50 km 以上

（4）采样时间：在测量模式下测试所需的时间。

（5）测量模式：手动、自动、高级、模板、故障寻找器（不同厂商设备不同）。

（6）折射率（IOR）：波长 1 550 nm 设定为 1.467 5，1 310 nm 设定为 1.468 1。

一般测量步骤如下。

（1）OTDR 开机。

（2）参数设置。

（3）测试（被测试光纤连接头经酒精棉纸擦拭后，轻轻插到位于侧面板的激光输出端口上，按下测试键前要检查尾纤连接是否正确，测试开始后，必须等测试灯灭后才可进行后续相关操作）。

（4）存储／打印曲线。

（5）曲线分析。

测试过程应注意的事项如下。

（1）设置的待测光纤折射率应与实际相同，否则会影响精度。虽然距离是通过光速与时间计算而得的，但光速又会受到折射率的影响。

（2）设置的测试距离应该是实际距离的 1.3~1.5 倍。这一操作是为了保证有足够的输出功率到达尾端，防止测试曲线的末端反射峰落入杂信峰中而难以识别。

（3）为了防止测试过程中的随机事件发生，应设置足够的测试时间。
（4）测试距离越长，使用的输出脉冲越宽，测试距离越短则脉宽越短。
（5）保证良好的连接头，否则可能会无数据输出。

4. 光纤熔接机

光纤熔接机（光缆熔接机）主要用于光通信中光缆的施工和维护。它的工作原理是利用高压电弧将两根光纤的端面熔化，同时，利用高精度运动机构平缓推进，让两根光纤融合为一体，以实现光纤模场的耦合。

光纤熔接机根据标准不同可分为包层对准式和纤芯对准式。光纤熔接机，如图4-44所示。

图 4-44　光纤熔接机

常见的单芯光纤熔接机使用步骤如下。

操作工具：光纤熔接机、光纤热缩管、剥线钳、盘纤架、光纤切割刀、防风罩、V形槽、加热器、光纤收容盘、无尘纸和酒精。

（1）开启光纤熔接机。为了保证好的熔接质量，在开始熔接操作前，应先清洁和检查光纤熔接机，再打开光纤熔接机的电源，选择合适的熔接方式，让光纤熔接机进行预热准备。

光纤常见类型规格有 SM 色散非位移单模光纤（ITU-T G.652）、MM 多模光纤（ITU-T G.651）、DS 色散位移单模光纤（ITU-T G.653）、NZ 非零色散位移光纤（ITU-T G.655）和 BI 耐弯光纤（ITU-T G.657）等。要根据不同的光纤类型来选择合适的熔接方式，而最新的光纤熔接机具有自动识别光纤的功能，可自动识别各种光纤的类型。

（2）剥开光缆，并将光缆固定到盘纤架上。常见的光缆形式有层绞式、骨架式和中心束管式，不同形式的光缆要采取不同的剥开方法，剥好后要将光缆固定到盘纤架上。

（3）将剥开后得到的光纤分别穿过光纤热缩管。不同束管、不同颜色的光纤要分开，分别穿过光纤热缩管。

（4）制备光纤端面。光纤端面制作的好坏将直接影响熔接质量，所以在熔接前必须制备合格的端面。用专用的剥线工具剥去涂覆层，再用沾酒精的清洁麻布或棉花在裸纤上擦拭几次，使用精密光纤切割刀切割光纤。0.25 mm（外涂层）光纤，切割长度为 8 mm~16 mm；0.9 mm（外涂层）光纤，切割长度为 16 mm。

（5）放置光纤。将光纤放在光纤熔接机的 V 形槽中，小心压上光纤压板和光纤夹具，要根据光纤切割长度设置光纤在压板中的位置，并正确地放入防风罩中。

（6）接续光纤。按下接续键后，光纤相向移动，移动过程中会产生一个短的放电清洁光纤表面。当光纤端面之间的间隙合适后，光纤熔接机停止相向移动。设定初始间隙，进行测量，并显示切割角度。在初始间隙设定完成后，开始执行纤芯或包层对准，然后光纤熔接机减小间隙（最后的间隙设定），高压放电产生的电弧将左边光纤熔到右边光纤中，最后微处理器计算损耗并将数值显示在显示器上。如果估算的损耗值比预期的要高，就可按放电键再次放电，放电后光纤熔接机仍将计算损耗。

（7）取出光纤并用加热器加固光纤熔接点。打开防风罩，将光纤从光纤熔接机上取出，再将光纤热缩管移动到熔接点的位置上，放到加热器中加热，加热完毕后从加热器中取出光纤。操作时由于温度很高，不要触摸光纤热缩管和加热器的陶瓷部分。

（8）盘纤并固定。将接续好的光纤盘到光纤收容盘上，固定好光纤、收容盘、接头盒、终端盒等工具，操作完成。

熔纤过程注意事项如下。

（1）光纤熔接机使用前先清洁，包括光纤熔接机的内外、光纤的本身，重点清洁 V 形槽、光纤压脚等部位。

（2）切割时，保证切割端面角度为 89°±1°，近似垂直。在把切好的光纤放在指定位置的过程中，光纤的端面不要接触任何地方，碰到则需要重新清洁、切割。

（3）在放置光纤时，应确保其位置不要太远也不要太近，一般在 1/2 处。

（4）在熔接的过程中，不要打开防风罩。

（5）在加热热缩套管的过程中，需确保光纤熔接部位置于套管的正中间，并施加一定张力，以防止加热时出现气泡、固定不充分等情况。加热过程和光纤的熔接过程可以同时进行。加热完成后，拿出时不要接触加热过的部位，因为该部位温度很高，应避免发生危险。

（6）光纤是玻璃丝，很细而且很硬，因此在整理工具时，应注意碎光纤头，防止发生危险。

（三）无线信号检测工具

1. Wi-Fi 信号检测

在物联网系统集成项目运维过程中，有时需要对某个区域的 Wi-Fi 速度、信号强度、周围 Wi-Fi 干扰等进行检测，降低因 Wi-Fi 信号问题引发的组网设备数据中断、丢包等故障的发生的可能性，做好日常 Wi-Fi 信道维护，进行 Wi-Fi 信号优化等工作。

Wi-Fi 信号的主要工作频段是 2.4 GHz 和 5 GHz。2.4 GHz 的 Wi-Fi 的工作频率低、绕射能力强，所以这个频段的干扰信号更多，使得 2.4 GHz 的 Wi-Fi 的下载速度也变得很慢。5 GHz 的 Wi-Fi 由于工作频率高，使用的频宽大，所以下载速度快。但是这个频段的信号绕射能力差，而且穿墙衰减非常大，所以它比较适合近距离地、在同一个房间内的覆盖。

Wi-Fi 信号检测的方法有很多，主要方法如下。

（1）通过手机、平板计算机、带无线网卡的计算机等设备连接 Wi-Fi，查看 Wi-Fi 基本信息。该方法简单，但一般只能查看 Wi-Fi 信号的强度、SSID、安全类型、网络频带、IPv4 地址等基本信息，如图 4-45 所示。

图 4-45　查看 Wi-Fi 信息

（2）通过手机连接 Wi-Fi，在安卓手机拨号界面输入代码进入手机工程测试模式查看当前 Wi-Fi 信号强度，数值越小代表信号强度越弱。不同品牌手机进入工程测试模式的代码不同，也有部分手机在工程测试模式下无 Wi-Fi 信号强度查看功能。

（3）通过手机 App 检测，如 Wi-Fi 分析仪（Wi-Fi Analyzer）、Wi-Fi 测评大师、Speedtest 等。不同的 App 提供的检测功能不同，包括网速测试、干扰测试、分布式测试、稳定性检测、网络延时检测等，测试人员可根据检测的目的和内容选择 App。Wi-Fi 测评大师检测如图 4-46 所示。

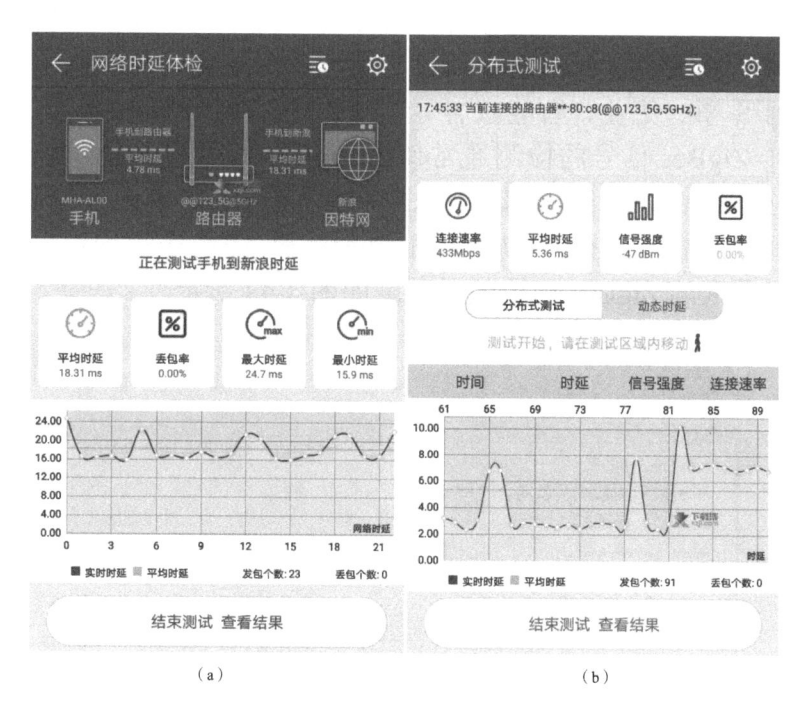

（a）　　　　　　　　　　　　（b）

图 4-46　Wi-Fi 测评大师检测

（4）通过笔记本计算机安装的软件工具进行检测，如 WirelessMon、inSSIDer、Network Stumbler、Wi-Fi Inspector 等。与手机 App 一样，不同软件提供的功能不同，测试人员可根据检测的目的和内容选择软件。目前比较流行使用的是 inSSIDer。

inSSIDer 是一款免费的 Wi-Fi 信号检测软件，可以搜索附近的热点，收集每个无线网络的详细信息。除了提供信号强度、信道等基本功能，它还能提供搜索加密方式、最大速率及

MAC 地址等信息。此外，在这些信息下方的还可以查看每个时间段不同 Wi-Fi 信号的强度和稳定性，纵坐标表示信号强度，横坐标表示时间段。纵坐标越高，表明信号强度越强，横坐标越平滑，表明无线信号越稳定。inSSIDer 的 Wi-Fi 信号检测如图 4-47 所示。

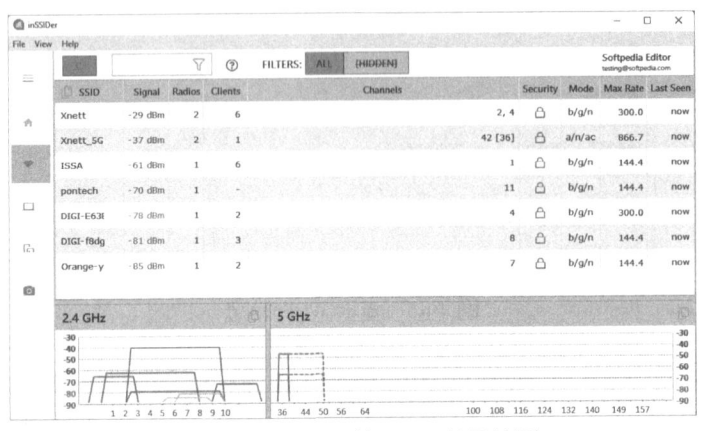

图 4-47　inSSIDer 的 Wi-Fi 信号检测

2.ZigBee 信号检测

ZigBee 的工作频段主要是 868 MHz、915 MHz 和 2.4 GHz。ZigBee 产品的发射功率遵守不同的国家规范，通常范围在 0~10 dBm 之间（1 dBm ≈ 0.00126 W），通信距离通常为 10 m~75 m，在增加射频发射功率后，传输范围可增加到 1 km~3 km。ZigBee 技术具有低功耗、低成本、低速率、近距离、短时延、网络容量大、高安全、免执照频段、数据传输可靠等优势，广泛应用于军事、工业、智能家居等领域的短距离无线通信。

在运维过程中，ZigBee 信号的检测通常使用 ZigBee 信号检测仪，也可以通过原厂串口调试软件获取信号强度，或使用通用串口调试软件发送 AT 指令进行检测（AT 指令配置需要产品支持）。不同产品的 ZigBee 模块具体配置命令和 AT 指令可通过厂家相关手册获取。AccessPort 串口工具获取的 ZigBee 模块信号强度如图 4-48 所示。

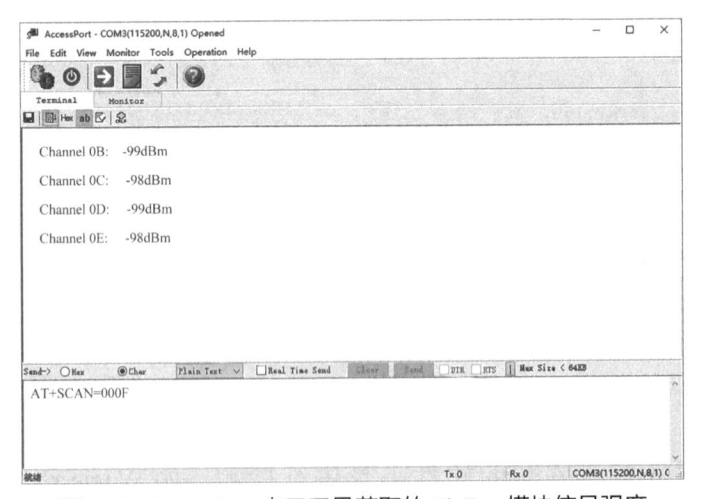

图 4-48　AccessPort 串口工具获取的 ZigBee 模块信号强度

3.LoRa 信号检测

LoRa 的工作频段主要是 433 MHz、868 MHz 和 915 MHz，通信距离城镇可达 2 km~5 km，

郊区可达 15 km。LoRa 技术具有低带宽、低功耗、远距离和大量连接的优势，广泛应用于智慧农业、智慧建筑、自动化制造、智慧物流等领域。

在运维过程中 LoRa 信号的检测通常采用 LoRa 信号测试仪，也可以通过原厂调试软件获取信号强度，或使用通用串口调试软件发送 AT 指令进行检测（AT 指令配置需要产品支持）。不同产品的 LoRa 模块的具体配置命令和 AT 指令可通过厂家相关手册获取。

4.NB-IoT 信号检测

NB-IoT（Narrow Band Internet of Things，窄带物联网），构建于蜂窝网络，只消耗大约 180 kHz 带宽，下行速率大于 160 kbit/s，小于 250 kbit/s，上行速率大于 160 kbit/s，小于 250 kbit/s（Multi-tone）/200 kbit/s（Single-tone）。NB-IoT 技术具有广覆盖、大连接、低功耗、低成本等优势。NB-IoT 模块需要运营商网络支持，需要 SIM 卡。全球大多数运营商在 900 MHz 频段部署 NB-IoT，中国移动、中国联通部署在 900 MHz、1800 MHz 频段，中国电信部署在 800 MHz 频段。NB-IoT 技术可广泛应用于公共事业（智能水表、智能气表、智能热表等）、智慧城市、消费电子、设备管理、智能建筑、智慧农业、智慧环境等领域。

在运维过程中，NB-IoT 信号检测通常使用 NB-IoT 信号检测仪，或通过串口工具发送 AT 指令来获取，AT 指令可通过厂家相关手册获取。

（四）电源检测工具

1. 测电笔

主要分为氖管式测电笔和数显式测电笔。

氖管式测电笔用来检验导线式和电气设备的外壳是否带电。氖管式测电笔是一种最常用的测电笔，测试时根据内部的氖管是否发光确定测试对象是否带电。普通氖管式测电笔，可以检测 60~550 V 范围内的电压。在该范围内，电压越高，氖管式测电笔氖管越亮，若电压低于 60 V，则氖管不亮。为了安全起见，不要使用普通氖管式测电笔检测高于 500 V 的电压。

氖管式测电笔的用途如下。

（1）区别直流电和交流电。测量带电物体时，氖管的两个电极同时发光，说明是交流电。若两个电极只有一个发光，则是直流电。

（2）区别相线和地线。测量交流电时，氖管发亮的是相线，不亮的是地线。

（3）判断直流电的正负极。将氖管式测电笔接在直流电路中，氖管发亮的一端是负极，不发亮的一端是正极。

（4）判断地线是否断路。当氖管式测电笔接触灯头插座的两个电极时，若氖管都发光，灯泡不亮，则说明地线断路。

（5）判断相线是否碰壳。测试电气设备的外壳，氖管发光，说明相线已经碰到设备外壳。

（6）判断电压的高低。在测试时，被测电压越高，氖管发出的光线越亮，有经验的人可以根据光线的强弱确定大致的电压范围。

（7）判断有无电压。在测试时，如果氖管式测电笔的氖管发亮，表示被测物有电压存在，并且电压不低于 60 V。

数显式测电笔又称感应式测电笔，可以测试物体是否带电，还能显示电压，有些数显式测电笔还可以检验绝缘导线断线的位置。数显式测电笔上标有 12~250 VAC/DC，表示该测电笔可以测量 12~250 V 范围内的交流或直流电压。数显式测电笔上的两个按键分别是直接测量键和感应测量键，均为金属材质，测量时手应该按住按键不放，以形成电流回路。通常直接测量键距离显示屏较远，感应测量键距离显示屏较近。

数显式测电笔的使用方法如下。

（1）直接测量法。直接测量法是指将数显式测电笔的探头直接接触被测物来判断是否带电的测量方法。在使用直接测量法时，将数显式测电笔的金属探头接触被测物，同时用手按住直接测量按键（DIRECT）不放。如果被测物带电，数显式测电笔上的指示灯会变亮，同时显示屏显示被测物的电压。一般数显式测电笔可显示 12 V、36 V、55 V、110 V 和 220 V。

（2）感应测量法。感应测量法是指将数显式测电笔的探头接近但不接触被测物，利用电压感应判断被测物是否带电的测量方法。如果导线带电，数显式测电笔显示屏会显示电压标志符号；如果数显式测电笔指示灯熄灭，电压标志符号消失，表示当前位置存在断线。感应测量法可以找出绝缘导线的断线位置，还可以判断绝缘导线的相线和地线。

2. 数字式多用表

数字式多用表就是在测量电气时使用的电子测量仪器。它可以通过红表笔、黑表笔对电压、电阻和电流进行测量。数字式多用表作为现代化的多用途电子测量仪器，主要应用于物理、电气、电子等测量领域。数字式多用表如图 4-49 所示。

图 4-49 数字式多用表

（1）通断测量。将旋钮转到蜂鸣器的位置，正确插入表笔并使笔针交叉，如果听到蜂鸣声，即表示数字式多用表可以正常使用。通断测量如图 4-50（a）所示。

（2）电阻测量。将表笔插入"COM"和"VΩ"孔中，把旋钮转到"Ω"中所需的量程的位置，分别用红、黑表笔接在电阻两端金属部位。测量中可以用手接触电阻，但不要用手同时接触电阻两端，这样会影响测量精确度（人体是电阻很大但有限大的导体）。读数时，要保持表笔和电阻有良好的接触。旋钮在"200"挡时，测量值的单位是"Ω"，旋钮在"2 K"到"200 K"挡时，测量值的单位为"kΩ"，"2 M"挡以上的，测量值的单位是"MΩ"。

在测量电阻时必须关闭电路电源，否则会损坏数字式多用表或电路板。在进行低电阻的测量时，必须从测量值中减去测量导线的电阻。电阻测量如图 4-50（b）所示。

(a) 通断测量　　　　　　　　　(b) 电阻测量

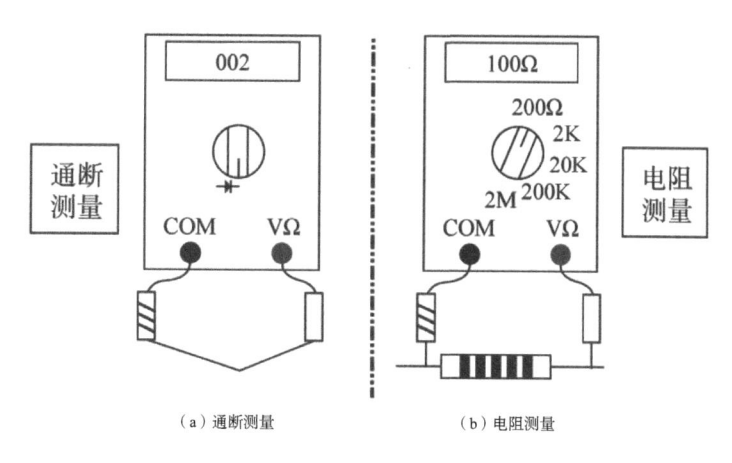

图 4-50　通断测量与电阻测量

（3）电压测量。测量电压时要把数字式多用表的红、黑表笔以并联的方式接在被测电路中，预测被测电路的选择一个合适的量程。

如果在测量时遇到无法预测的电压，可以先调至最大挡位，再逐渐减小量程到合适的量程，量程太大也会影响准确性。

①直流电压的测量。将黑表笔插进"COM"孔，红表笔插入"VΩ"。把旋钮旋到比估计值大的量程（注意：表盘上的数值均为最大量程，"V—"表示直流电压挡，"V~"表示交流电压挡，"A"是电流挡），把表笔接触电源或电池两端，保持接触稳定。数值可以直接从显示屏上读取，若显示为"1"，则表明量程太小，那么就要加大量程后再测量。如果在数值左边出现"—"，则表明表笔极性与实际电源极性相反，此时红表笔接触的是负极。直流电压测量如图 4-51（a）所示。

②交流电压的测量。表笔插孔方式与直流电压的测量一样，不过应该将旋钮旋到交流挡"V~"处，并选择合适的量程。交流电压无正负之分，测量方法跟直流电压的测量相同。无论是测交流电压还是直流电压，都要注意人身安全，不要随便用手触摸表笔的金属部分。交流电压测量如图 4-51（b）所示。

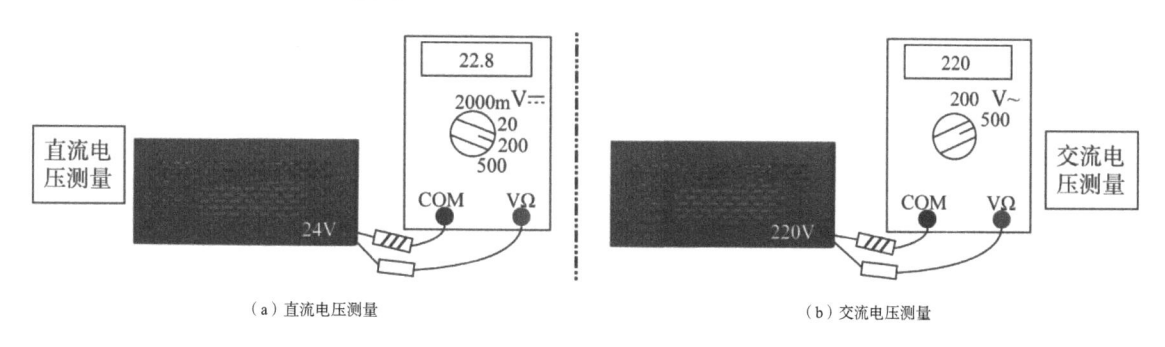

(a) 直流电压测量　　　　　　　　　(b) 交流电压测量

图 4-51　直流电压测量与交流电压测量

（4）电流测量。数字式多用表有多个电流挡位，对应多个取样电阻，测量时将数字式多用表串联接方式在被测电路中，选择对应的挡位，流过的电流在取样电阻上会产生电压，将此电压值送入 A/D 模数转换芯片，将模拟量转换成数字量，再通过电子计数器计数，最后将数值显示在屏幕上。数字式多用表的内部有串联采样电阻。数字式多用表串联方式接入待测电路，就会有电流流过采样电阻，电流流过会在电阻两端形成电压差，通过 A/D 将检测到的电压电模拟量转换成数字量，再通过欧姆定律把电压值换算成电流值，通过液晶屏显示出来。

将黑表笔插入"COM"孔，数字式多用表所测电流可以是交流电流或直流电流。在测量设备时，需要选择合适的挡位，挡位所对应的量程需要大于被测电流。如温湿度传感器输出信号电流为 4~20 mA，应将挡位调至 20 mA，通过串联测出温湿度传感器的输出电流，接线说明见表 4-3，电流测量如图 4-52 所示。

表 4-3 接线说明

温湿度传感器	实训工位
红色线	24 V 红色引脚
黑色线	24 V 黑色引脚
数字式多用表	**实训工位**
COM（黑色笔针）	24 V 黑色引脚
温湿度传感器	**数字式多用表**
绿色线	VΩ（红色笔针）

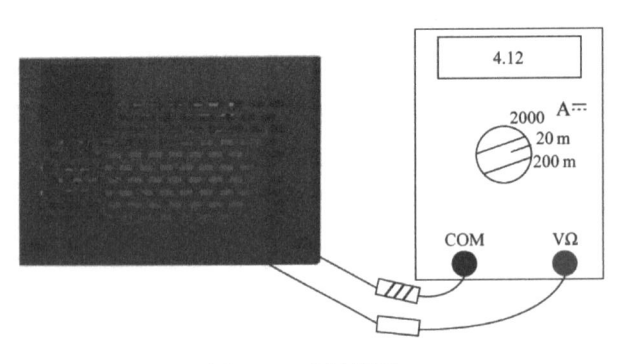

图 4-52 电流测量

（五）防雷检测工具

在物联网系统集成项目中，需要经常对设备进行防雷处理，无论是接入已有地网还是新建地网，都需要对地网进行接地电阻测试，保证产品上的所有部件在单一绝缘失效的情形下会变成带电体，并且可以保证使用者接触到的导电性部件被可靠连接电源输入的接地点。目前市场上常使用的防雷检测工具有手摇接地电阻检测仪、数字接地电阻检测仪和钳型接地电阻表。

1. 手摇接地电阻检测仪

手摇接地电阻检测仪，如图 4-53 所示。其使用方法如下。

图 4-53　手摇接地电阻检测仪

（1）拆开接地干线与接地体的连接点，或拆开接地干线上所有接地支线的连接点。

（2）将两根接地棒分别插入地面 0.4 m 深，一根离接地体 40 m，另一根离接地体 20 m。

（3）把兆欧表置于接地体旁平整的地方，然后进行接线。

用一根连接线连接兆欧表上的接线桩 B 和接地装置的接地体 E′。

用一根连接线连接兆欧表上的接线桩 C 和离接地体 40 m 的接地棒 C′。

用一根连接线连接兆欧表上的接线桩 P 和离接地体 20 m 的接地棒 P′。

（4）根据被测接地体的接地电阻要求，调节好粗调旋钮（上面有三挡可调范围）。

（5）以约 120 r/min 的转速均匀地摇动兆欧表。当表针发生偏转时，随即调节微调拨盘，直至表针居中。以微调拨盘调定后的读数乘粗调旋钮的定位倍数，即是被测接地体的接地电阻。例如，微调拨盘后的读数为 0.6，粗调旋钮的电阻定位倍数是 10，则被测接地体的接地电阻是 6 Ω。

（6）为了保证所测接地电阻值的可靠性，应改变方位重新进行测量。取几次测量值的平均值作为接地体的接地电阻。

测量注意事项如下。

（1）测量前，将兆欧表保持水平位置，摇动兆欧表摇柄，转速约 120 r/min，指针应指向 ∞（无穷大），否则说明兆欧表出现故障。

（2）测量前，应切断被测接地体及回路的电源，并对相关部件进行临时接地放电，以保证人身安全和兆欧表测量结果的准确性。

（3）兆欧表接线柱引出的测量软线绝缘性应良好，两根导线之间、导线与地之间应保持适当距离，以免影响测量精度。

（4）摇动兆欧表时，不能用手接触兆欧表的接线柱和被测回路，以防触电。

（5）摇动兆欧表后，各接线柱之间不能短接，以免损坏。

2. 数字接地电阻检测仪

数字接地电阻检测仪如图 4-54 所示。使用方式与手摇接地电阻检测仪相似，只是改手摇测量为数字自动测量，测量时打开仪器，选择挡位后，仪器 LCD 显示器显示的数值即为被测接地体的接地电阻。

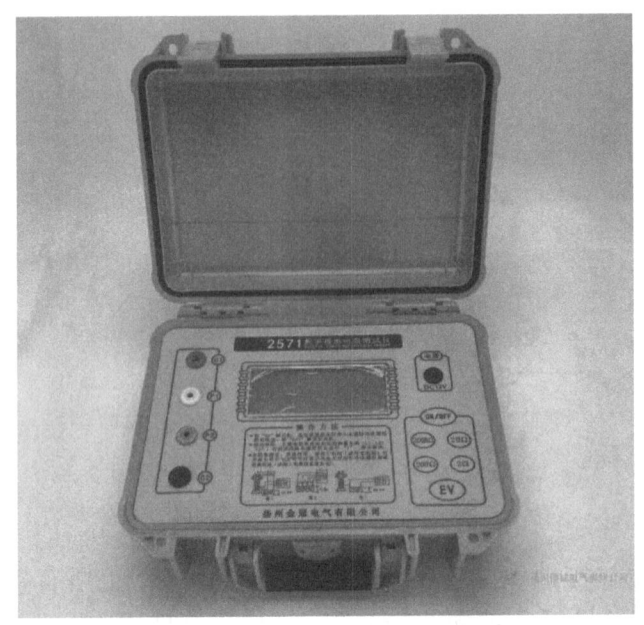

图 4-54　数字接地电阻检测仪

3. 钳型接地电阻表

钳型接地电阻表如图 4-55 所示，是一种手持式的接地电阻测量仪，适用于传统方法无法测量的场合，测量的是接地体电阻和接地引线电阻的综合值。因操作简单、使用方便，钳型接地电阻表广泛应用于电力、电信、油田、建筑及工业电气设备的接地装置电阻测量场合。钳型接地电阻表在测量有回路的接地系统时，无须断开接地引线，无须使用辅助电极。

图 4-55　钳型接地电阻表

（六）固件升级工具

1. 终端设备固件升级

终端设备固件升级一般通过两种方式进行：一是 OTA 远程升级；二是本地烧录软件升级。本地烧录软件中升级使用的软件常用的有 STM32 系列芯片固件升级使用的 Flash Loader Demonstrator 和 CC2530 芯片固件升级使用的 SmartRF Flash Programmer。芯片不同，烧录程序的软件也不相同。

Flash Loader Demonstrator 和 SmartRF Flash Programmer 是非常实用且功能强大的串口烧录软件，主要适用于单片机开发者，适用于 Cortex-M3 串口对 STM32 的烧录操作，连接后需要设置 UART 的使用端口号、波特率，然后可以进行烧录。

2. 网络设备固件升级

网络设备固件升级方法通常采用 Web 方式升级、TFTP 方式升级、FTP 方式升级。基于 Web 方式升级较直观，操作简单，只有支持 Web 管理的网络设备才会使用该方式升级；TFTP 方式升级较为普遍，要借助第三方软件搭建 TFTP 服务器，设置过程相对麻烦，对固件文件的大小也有限制，不同的设备对固件文件大小的要求不一样，最多不能超过 TFTP 普通文件传输协议规定的 32 MB；FTP 方式升级与 TFTP 相似，需要搭建 FTP 服务器，但无固件文件大小要求。

（七）操作系统备份还原工具

操作系统备份还原工具有很多，不同操作系统（Windows 和 Linux 等）的备份与还原方式也会存在差异。

1.Windows 操作系统备份还原工具

Windows 操作系统备份还原时，通常使用系统自带的备份还原功能或使用第三方备份还原工具，如 Norton Ghost、雨过天晴计算机保护系统、虚拟化平台的快照功能等。

Norton Ghost 是备份还原 Windows 操作系统时经常使用的第三方备份还原工具，需要注意，如果服务器的磁盘做了 RAID 阵列，由于 DOS 环境未加载 RAID 驱动，Norton Ghost 无法识别磁盘，需要在 Windows PE 环境下加载 RAID 阵列驱动后才能使用 Norton Ghost。

2.Linux 操作系统备份还原工具

Linux 操作系统所有的数据都以文件的形式存储，所以备份就是直接复制文件；硬盘分区也被当成文件，所以可以直接复制硬盘数据。

Linux 操作系统自带很多备份还原的实用工具，如 tar、dd、rsync 等，备份还原系统通常不需要购买或下载第三方软件。

Linux 操作系统在运行时，硬盘上的文件可以直接被覆盖，所以还原系统的时候，如果系统能正常启动，则不需要另外的引导盘；如果系统无法启动，则需要另外的引导盘 live-cd。

（1）使用 tar 命令备份还原系统。

tar 备份系统命令：

tar cvpzf backup.tgz--exclude=/proc --exclude=/mnt--exclude=/sys --exclude=/backup.tgz/

tar 还原系统命令：

tar xvpfz backup.tgz -C/
restorecon -Rv/

（2）使用 dd 命令备份还原系统。

dd 备份系统命令（全盘复制）：

sudo dd if=/dev/sda1 of=/dev/sdb1

dd 还原系统命令（全盘还原）：
dd if=/dev/sdb1 of=/dev/sda1

（3）使用 rsync 备份还原系统。

rsync 备份系统示例（备份前需要先挂载存放备份文件的磁盘）：
sudo rsync -Pa / /media/usb/backup_20190101 --exclude=/media/* --exclude=/sys/* --exclude=/proc/* --exclude=/mnt/* --exclude=/tmp/*

rsync 还原系统示例：
sudo rsync -Pa /media/usb/backup_20190101 /

三、常用系统维护工具

（一）数据库系统维护工具

物联网系统集成项目中常用的关系型数据库有 Oracle，DB2，MySQL，SQL Server 等；非关系型数据库有 Hbase，Redis，MongoDB，Ne04j 等。每种数据库均有管理维护工具，可以是数据库系统厂商自带的管理工具，如 SQL Server Management Studio、Oracle Enterprise Manager；也可以是第三方公司的数据库系统管理软件，如 Navicat Premium。数据库系统运维通常通过这些管理工具实现数据库系统的基本配置，数据库数据的增、删、改、查，以及数据库的备份、还原等操作。

（二）Web 应用系统管理维护工具

B/S 架构的应用系统通常通过 Nginx、IIS、Apache、Tomcat 等软件进行发布，因此系统维护也是通过这些软件进行应用系统的管理。Web 应用系统运维通常通过这些管理软件来实现应用程序的基本配置、日志信息的生成输出。

四、Web 应用系统管理维护日志

运维阶段通常不能调试正在运行的 Web 应用系统发现各类问题，只能通过系统日志分析应用系统的运行状况。通过日志分析故障原因，进行系统维护，确保网站长久和稳定地运行，是 Web 应用系统运维的基础。IIS，Tomcat，Apache，Nginx 等软件日志配置及收集、分析如下。

（一）IIS 日志（基于 Windows 操作系统）

IIS 日志默认位置：%systemRoot%\system32\logfiles\，可自由设置。
IIS 日志默认格式：ex+ 年份的末两位数字 + 月份 + 日期。
IIS 日志文件扩展名：.log。
例如，2023 年 1 月 1 日的日志生成文件是 ex230101.log。

1. 配置 IIS 日志

默认情况下，IIS 会产生日志文件，但需要根据实际运维需求使用 W3C 扩展日志文件格式。主要配置过程如下。

（1）在 IIS 管理器中，以某个 Web 应用系统为例，双击"日志"按钮，如图 4-56 所示。

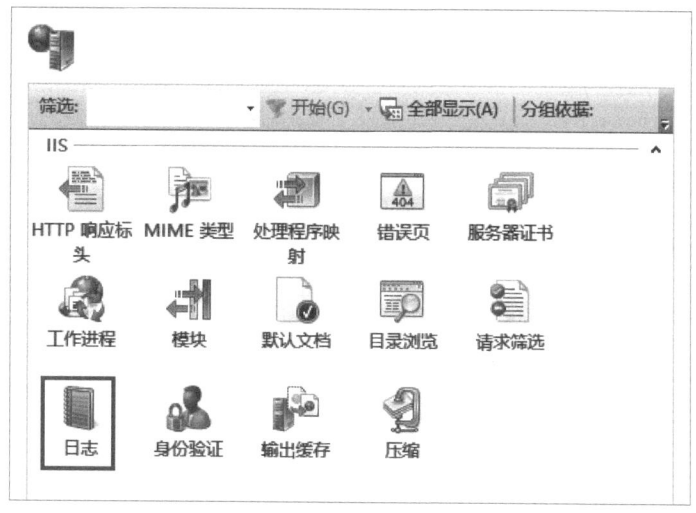

图 4-56 IIS 管理器中"日志"按钮

（2）双击"日志"按钮后弹出"日志"对话框，如图 4-57 所示。图中日志的创建方式是每天产生一个新文件，按日期生成文件名（默认值）。勾选"使用本地时间进行文件命名和滚动更新"复选框后，IIS 将用本地时间生成文件名。单击"选择字段"按钮，进入日志格式配置。

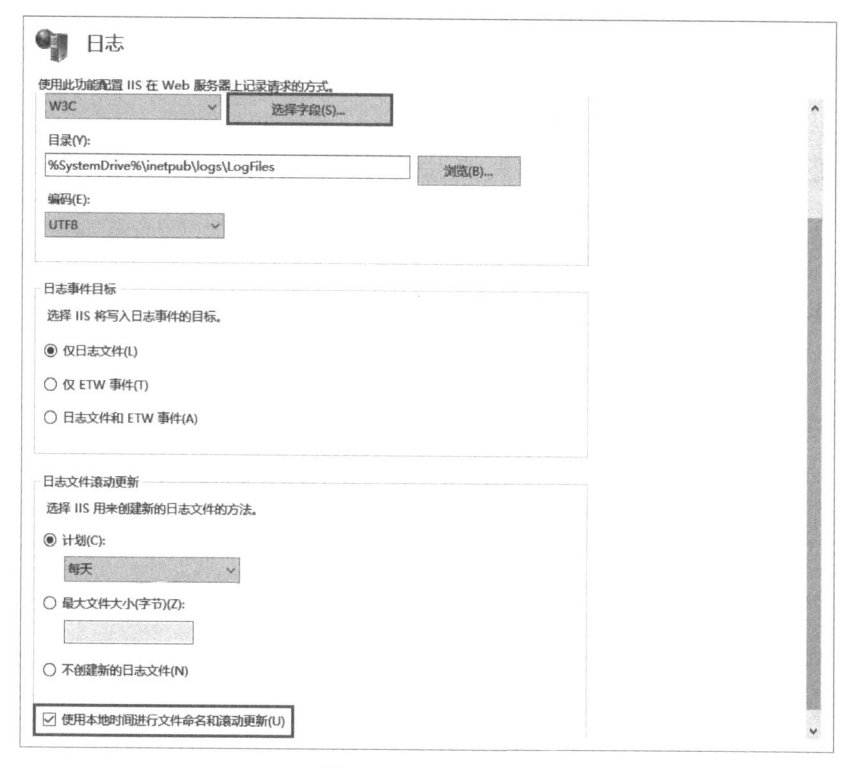

图 4-57 日志对话框

（3）单击"选择字段"按钮后，将弹出如图 4-58 所示的对话框，可根据需要决定是否要勾选这些标准字段。

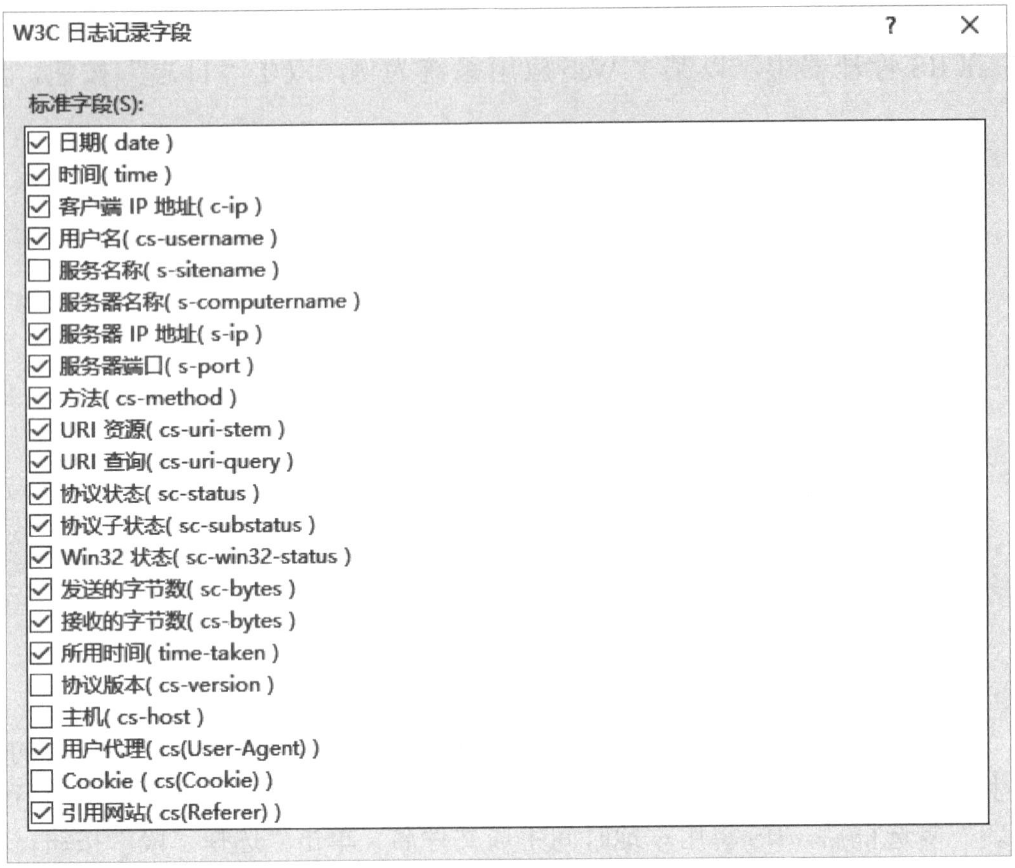

图 4-58　W3C 日志记录字段

2. 采集查看 IIS 日志

多数是通过以下方式进行采集的。

（1）通过 IIS 日志配置输出文件夹直接查看、复制日志文件，可以使用记事本、AWStats 等工具查看。

（2）安装第三方日志采集分析工具（Log Parser，Logstash，Faststs Analyzer，Logs2Intrusions 等），通过 Syslog 协议查看。

（3）通过自主研发日志分析软件查看。

3. 分析 IIS 日志

（1）IIS 字段描述。

#Software: Microsoft Internet Information Services 6.0
#Version: 1.0
#Date: 2019-10-11 04:01:51
#Fields: date time s-sitename s-ip cs-method cs-uri-stem cs-uri-query s-port cs-username c-ip cs(User-Agent) sc-status sc-substatus sc-win32-status

date:　　　　　　　记录访问日期；
time:　　　　　　　访问时间；
s-sitename:　　　　虚拟主机的代称；
s-ip:　　　　　　　访问者 IP；

cs-method: 访问方法，常见的有两种，一是 GET，就是平常打开一个 URL 访问的动作，二是 POST，提交表单时的动作；
cs-uri-stem: 访问哪一个文件；
cs-uri-query: 访问地址的附带参数，如果没有参数则用 - 表示；
s-port: 访问的端口；
cs-username: 访问者名称；
c-ip: 来源 IP；
cs(User-Agent): 访问来源；
sc-status: 状态；
sc-substatus: 服务端传送到客户端的字节大小；
cs-win32-status: 客户端传送到服务端的字节大小。

（2）IIS 日志返回状态代码详解。

IIS 日志返回状态代码见表 1-4。

（3）解析 IIS 日志。

由于日志文件信息量较大，人为分析解读的适用性较差，通常通过第三方日志采集分析软件进行日志信息的统计分析（使用 Log Parser 将 IIS 日志导入 SQLServer 进行统计分析），通过对 IIS 日志的分析可以得到以下信息。

①是否有无效链接、错误链接（404 状态码，可用 robots 进行无效链接连接）。
②查看服务器是否正常（500、501、502 状态码）。
③了解爬虫访问网站的频率（查看时间）。
④了解用户访问行为（即用户访问了哪些界面）。
⑤了解网站的安全信息等。

（二）Tomcat 日志（基于 Linux 操作系统）

Tomcat 对应日志的配置文件：Tomcat 目录下的 /conf/logging.properties。

Tomcat 对应默认日志文件存放的位置：Tomcat 目录下的 /logs/。

Tomcat 的日志输出级别：SEVERE（最高级别）> WARNING > INFO > CONFIG > FINE > FINER（精心）> FINEST（所有内容，最低级别）。

Tomcat 日志信息分为两大类：一是运行中的日志信息，它主要记录运行的一些信息，尤其是一些异常错误日志信息；二是访问日志信息，它记录访问的时间、IP、访问的资料等相关信息。主要生成五类日志文件，包括 catalina、localhost、manager、admin 和 host-manager 的详细介绍如下。

catalina.out：即标准输出和标准出错，所有输出到这两个位置的日志信息都会进入 catalina.out，这里包含 Tomcat 中运行输出的日志，以及向 console 输出的日志。

catalina.YYYY-MM-DD.log：是 Tomcat 启动和暂停时的运行日志，这些日志还会输出到 catalina.out，但是向 console 输出的日志不会输出到 catalina.{yyyy-MM-dd}.log，它和 catalina.out 中的内容是不一样的。

localhost.{yyyy-MM-dd}.log：主要是应用初始化（listener，filter，servlet）未处理的异常日志和最后被 Tomcat 捕获而输出的日志，它也是包含 Tomcat 的启动和暂停时的运行日志，但不是 catalina.YYYY-MM-DD.log 输出的全部日志。它只是记录了部分日志。

localhost_access_log. YYYY-MM-DD. txt：访问 Tomcat 的日志，记录请求时间、资源和状态码等。

manager. YYYY-MM-DD. log： Tomcat manager 项目专有的日志文件。

host-manager.YYYY-MM-DD.log：存放 Tomcat 自带的 manager 项目的日志信息。

1. 配置 Tomcat 日志

（1）配置访问日志。

默认 Tomcat 不记录访问日志，通过编辑 catalina/conf/server. xml 文件（{catalina}是 Tomcat 的安装目录）把以下注释（＜!-- -- ＞）去掉可以使 Tomcat 记录访问日志。

```
<!--
< Valve className=" org.Apache.catalina.valves.AccessLogValve "
directory=" logs " prefix=" localhost_access_log. " suffix=" .txt "
pattern=" common " resolveHosts=" false " />
-->
```

通过对上述 pattern 项的修改，可以改变日志输出的内容，写出更详细的日志。该项值可以为 common 与 combined，这两个预先设置好的格式对应的日志输出内容如下。

common 的值：%h %l %u %t %r %s %b。

combined 的值：%h %l %u %t %r %s %b %{Referer} i %{User-Agent} i。

pattern 也可以根据需要自由组合。例如，pattern=" %h %l "。

对于各字段的含义请参照 Tomcat 官网的介绍。

（2）设定日志级别。

修改 conf/logging. properties 中的内容，设定某类日志的级别。

示例：

设置 catalina 日志的级别为 FINE。

1catalina.org.Apache.juli.FileHandler.level=FINE

禁用 catalina 日志的输出。

1catalina.org.Apache.juli.FileHandler.level=OFF

设置 catalina 所有的日志消息均输出。

1catalina.org.Apache.juli.FileHandler.leveI=ALL

2. 采集查看 Tomcat 日志

在 Tomcat 日志内容较多时，使用 vim 查看日志的效率较低，通常通过其他日志采集的方法实现所需日志内容的输出后再进行查看。常见日常采集方法如下。

（1）利用 Linux 命令的方式。

利用"tail-f filename"命令查阅正在改变的日志文件（如果需要特定条件直接加"|grep**"即可）。

例如，tail-f catalina. out。

使用"sed -n'/^起始日期/，/^结束日期/p' 日志文件＞新文件（输出文件名）"命令输出指定日期日志内容（前提是日志中的每行都是以日期格式开头）。

例如，查询 2019 年 1 月 1 日这天的所有日志内容：sed -n'/^2019-01-01 /，/ ^2019-01-02/p' catalina. out ＞ catalina_20190101.out。

（2）配置远程 Syslog，使用 ELK 等软件进行日志采集查看。

（3）自主研发日志分析软件。

3. 分析 Tomcat 日志

日志的分析要基于日志参数配置的收集内容，配置不同，收集的数据也不同。例如，配置 %h %l %u %t %r %s %b %T 产生的访问日志数据，可得到的数据如下。

%h：访问的用户的 IP 地址。

%l：访问逻辑用户名，通常返回 '-'。

%u：访问验证用户名，通常返回 '-'。

%t：访问日期。

%r：访问的方式（post 或者是 get），访问的资源和使用的 HTTP 版本。

%s：访问返回的 HTTP 状态。

%b：访问资源返回的流量。

%T：访问所使用的时间。

通过这些数据，可以根据时间段做以下分析处理。

独立 IP 数统计；访问请求数统计；访问资料文件数统计；访问流量统计；访问处理响应时间统计；统计所有 404 错误界面；统计所有 505 错误界面；统计访问最频繁的界面；统计访问处理时间最久的界面；统计并发访问频率最高的界面。

（三）Apache 日志（基于 Linux 操作系统）

Apache 默认安装情况下日志配置文件：Apache 安装目录下的 etc/httpd/conf/httpd.conf。

Apache 默认安装情况下日志文件在 Apache 安装目录下的 /logs/（不同的包管理器会把日志文件放到各种不同的位置，可根据实际安装情况在 Apache 的配置文件中进行查找）。

Apache 会自动生成两个日志文件，分别是访问日志 access_log 和错误日志 error_log。如果使用 SSL 服务，还可能存在 ssl_access_log，ssl_error_log 和 ssl_request_log 三种日志文件。

1. 配置 Apache 日志

（1）访问日志格式分类。Apache 中日志记录格式主要分为普通型（common）和复合型（combined），安装时默认使用普通型（common）日志来记录访问信息。

（2）Apache 访问日志格式配置命令及参数。

Apache 访问日志格式配置主要有 LogFormat 命令和 CustomLog 命令。

LogFormat 命令：定义格式并为格式指定一个名字，后期可以直接引用这个名字。

CustomLog 命令：设置日志文件，并指明日志文件所用的格式（通常通过格式的名字）。

例如，在默认的 httpd.conf 文件中，可以找到以下代码。

LogFormat " %h %l %u %t\ " %r\ " % ＞ s %b " common
CustomLog " logs/access.log " common

该指令创建了一种名为 "common" 的日志格式，日志的格式在双引号包围的内容中指定。格式字符串中的每一个变量代表着一项特定的信息，这些信息按照格式串规定的次序写入日志文件。

Apache 文档已经给出了所有可用于格式串的变量及其含义，常见变量及其含义如下。

%a：远程 IP 地址。

%A：本地 IP 地址。

%B：已发送的字节数，不包含 HTTP 头。

%b：CLF 格式的已发送字节数量，不包含 HTTP 头。例如，当没有发送数据时，写入 '-' 而不是 0。

%{FOOBAR}e：环境变量 FOOBAR 的内容。

%f：文件名字。

%h：远程主机。

%H：请求的协议。

%{Foobar}i：Foobar 的内容，发送给服务器的请求的标头行。

%l：远程登录名字（来自 identd，如提供的话）。

%m：请求的方法。

%{Foobar} n：来自另外一个模块的注解"Foobar"的内容。

%{Foobar}o：Foobar 的内容，应答的标头行。

%p：服务器响应请求时使用的端口。

%P：响应请求的子进程 ID。

%q：查询字符串（如果存在查询字符串，则包含"？"后面的部分；否则，它是一个空字符串）。

%r：请求的第一行。

%S：状态。对于进行内部重定向的请求，是指原来请求的状态。如果用 %…> s，则是指后来的请求。

%t：以公共日志时间格式表示的时间（或称为标准英文格式）。

%{format}t：以指定格式 format 表示的时间。

%T：为响应请求而耗费的时间，以秒计。

%u：远程用户，来自 auth；如果返回状态（%S）是 401，则可能是伪造的。

%U：用户所请求的 URL 路径。

%v：响应请求的服务器的 ServerName。

%V：依照 UseCanonicalName 设置得到的服务器名字。

"%{User-Agent}i"：客户端信息。

"%{Rererer} i"：来源页。

2. 采集查看 Apache 日志

Apache 日志的采集查看通常采用如下几种方法。

（1）利用命令的方式。

利用"tail -f filename"命令查阅正在改变的日志文件（如果需要特定条件直接加"|grep**"即可）。

例如，tail-f/usr/local/Apache/logs/error_log。

（2）Apache 日志配置远程 Syslog，使用第三方软件，如 logkit、logstash 等进行采集查看。

（3）自主研发日志分析软件。

3. 分析 Apache 日志

（1）Apache 错误日志。错误日志记录了服务器运行期间遇到的各种错误，以及一些普通的诊断信息，如服务器何时启动、何时关闭等。通过错误日志可以分析服务器的运行情况、哪里出现问题等。Apache 错误日志主要包含了文档错误和 CGI 错误两种内容。

① 文档错误。

文档错误和服务器应答中的 400 系列代码相对应，最常见的就是 404 错误——Document Not Found（文档没有找到）。除了 404 错误，用户身份验证错误也是一种常见的错误。

例如，错误日志中出现的记录如下。

[Fri Mar 2010:10:09 2019] [error] [client 192.168.115.120]
File does not exist: /usr/local/Apache/test/lmg/bk.gif

错误日志中包含的信息有错误发生的日期和时间、错误的级别或严重性、导致错误的 IP 地址、错误信息本身。

② CGI 错误。

Apache 错误日志最主要的用途是诊断行为异常的 CGI 程序。为了进一步分析和处理方便，CGI 程序输出到 STDERR（Standard Error，标准错误设备）的所有内容都将直接进入错误日志。CGI 错误和 404 错误格式相同，包含日期/时间、错误级别，以及客户地址、错误信息，但 CGI 错误日志中将出现许多没有标准格式的内容，错误日志自动分析程序并从中分析出有用的信息会较困难。

（2）解析 Apache 日志文件。Apache 日志文件通常也是通过第三方日志采集分析软件来进行日志信息的统计分析，通过 Apache 日志的分析可以得到的信息包括：是否有无效链接、错误链接，查看服务器是否正常，了解用户流量时间，了解用户访问的资源，了解网站的安全信息等。

（四）Nginx 日志（基于 Linux 操作系统）

Nginx 日志配置文件默认位置：Nginx 安装目录下 /etc/Nginx/Nginx.conf。

Nginx 日志文件默认位置在 Nginx 安装目录下 /logs / 。

Nginx 日志主要分为两种：访问日志和错误日志。访问日志主要记录客户端访问 Nginx 的每一个请求，格式可以自定义。通过访问日志可以得到用户地域来源、跳转来源、使用终端、某个 URL 访问量等相关信息。错误日志主要记录客户端访问 Nginx 出错时的日志，格式不支持自定义。通过错误日志，可以得到系统中某个服务或服务器的性能瓶颈等。

1. 配置 Nginx 日志

（1）配置访问日志。

Nginx 访问日志主要有两条指令：log_format（用来设置日志格式）和 access_log（用来指定日志文件的存放路径、格式）。

① log_format 日志格式。

配置段：http。

语法：

log_format name（格式名字）格式样式（即想要得到什么样的日志内容）。

示例：

log_format main '$remote_addr-$remote_user[$time_local] " $request " '
            '$status $body_bytes_sent " $http_referer " '
            " $http_user_agent " " $http_x_forwarded_for " ';

格式样式的参数说明见表 4-4。

表 4-4 参数说明

参数	说明
$remote_addr	客户端地址
$remote_user	客户端名称
$time_local	访问时间和时区
$time_iso8601	ISO 8601 标准格式下的本地时间
$request	请求的 URI 和 HTTP
$http_host	请求地址，即浏览器中输入的地址（IP 或域名）
$status	HTTP 请求状态
$upstream_status	upstream 状态
$body_bytes_sent	发送给客户端的文件的内容大小
$http_referer	URL 跳转来源
$http_user_agent	用户终端浏览器等信息
$ssl_rpotocol	SSL 协议版本
$ssl_cipher	交换数据中的算法
$upstream_addr	后台 upstream 的地址，即真正提供服务的主机地址
$request_time	整个请求的总时间

（续表）

参数	说明
$upstream_response_time	请求过程中，upstream 的响应时间
$connection_requests	当前连接发生的请求数
$connetcion	所用连接序号
$msec	日志写入时间，单位为 s，精度是 ms
$pipe	如果请求是通过 HTTP 流水线发送，则 pipe 值为 " p "，否则为 " . "

② access_log 日志格式。

配置段：http, server, location, if in location, limit_except。

语法：

access_log path（存放路径）format（自定义日志名称）。

示例：

access_log logs/access. log main;

关闭访问日志记录功能：access_log off。

设置刷盘策略：access_log /data/logs/Nginx-access.log buffer=32 k flush= 5 s;buffer=32 k 才刷盘；如果 buffer 不足 5 s 则强制刷盘。

（2）配置错误日志。

错误日志由指令 error_log 来指定。

配置段：main，http，server，location。

语法：

error_log path（存放路径）level（日志等级）。

示例：

error_log logs/error.log info;

日志等级分为 [debug|info|notice|warn|error|crit]，从左至右，日志详细程度逐级递减，即 debug 最详细，crit 最粗略。

关闭错误日志记录功能：error_log/dev/null。

（3）其他指令。

open_log_file_cache 指令

对于每一条日志记录，都将是先打开文件，再写入日志，然后关闭。可以使用 open_log_file_cache 来设置日志文件缓存（默认是 off）。

配置段：http，server，location。

语法：open_log_file_cache max=N[inactive=time] [min_uses=N] [valid=time]。

对应的参数说明见表 4-5。

表 4-5 参数说明

参数	说明
max	设置缓存中的最大文件描述符数量，如果缓存被占满，采用 LRU 算法将描述符关闭
inactive	设置存活时间，默认是 10 s
min_uses	设置在 inactive 时间段内，日志文件最少使用多少次后，该日志文件描述符记入缓存中，默认是 1 次
valid	设置检查频率，默认 60 s

禁用日志缓存：open_log_file_cache off。

2. 采集查看 Nginx 日志

通常采用以下几种方法。

（1）利用 Linux 命令的方式。

利用"tail -f filename"命令查阅正在改变的日志文件（如果需要特定条件直接加"|grep**"即可）。

例如，tailf -f /var/log/Nginx/access_json.log。

（2）Nginx 日志配置远程 Syslog，使用第三方软件，如 logkit、logstash 等进行采集查看。

（3）自主研发日志分析软件。

3. 分析 Nginx 日志

主要分析包括 IP 相关统计、界面访问统计、性能分析、蜘蛛抓取统计、TCP 连接统计等。
Nginx 日志分析常用的命令如下。

（1）IP 相关统计。

IP 统计访问：

awk'{print $1} 'access.log|sort-n|uniq|wc-l

查看某一时间段的 IP 访问量（3~4 点）：

grep " 01/May/2019:0[3-4-6] " access.log|awk'{print$1}'|sort|uniq-c|sort-nr|wc-l

查看访问最频繁的 10 个 IP：

awk '{print $1} 'access.log | sort -n |uniq -c | sort -rn | head -n10

查询某个 IP 的详细访问情况，按访问频率排序：

grep'172.168.1.10' access.log |awk '{print $7}'|sort |uniq -c |sort -rn |head -n 10

（2）界面统计访问。

查看访问最频繁的界面（Top10）：

awk '{print $7} 'access.log | sort |uniq -c | sort -rn | head -n 10

查看访问最频繁的界面（[排除 PHP 界面]）（Top10）：

grep -v " .php " access.log | awk '{print $7}' | sort |uniq -c | sort -rn | head -n 10

查看界面访问次数超过 100 次的界面：

cat access.log | cut -d' '-f7|sort|uniq -c|awk '{if ($1 > 100) print $0}' | less

查看最近 1 000 条记录访问量最高的界面：

tail -1 000 access.log |awk '{prin-t $7}'|sort|uniq' -c|sort -nr|less

（3）请求量统计。

统计每秒的请求数，Top10 的时间点（精确到 s）：

awk '{print $4}' access.log |cut -c 14-18|sort|uniq -c|sort -nr|head -n 100

统计每小时的请求数，Top100 的时间点（精确到 h）：

awk '{print $4}' access.log |cut -c 14-15|sort|uniq -c|sort -nr|head-n 100

（4）性能分析。

在 Nginx log 中最后一个字段加入 $request_time，列出传输时间超过 3 s 的界面，显示前 20 条：

cat access.log|awk '($NF > 3){print $7}'|sort -n|uniq -c|sort -nr|head -20

（5）蜘蛛抓取统计。

统计蜘蛛抓取次数：

grep 'googlebot' access.log |wc -l

统计蜘蛛抓取 404 的次数（以谷歌蜘蛛为例）：

grep 'googlebot' access.log |grep '404' | wc -l

（6）TCP 连接统计。

查看当前 TCP 连接数：

netstat -tan | grep " ESTABLISHED " | grep " :80 " | wc -l

用 tcpdump 嗅探 80 端口的访问看谁的数据访问量最高：

tcpdump -i eth0 -tnn dst port 80 -c 1 000 | awk -F " . " '{print $1 " . " $2 " . " $3 " . " $4}' | sort | uniq -c | sort -nr

五、常见系统故障的分析与处理

（一）数据库系统故障

1. 数据库故障类型

数据库系统常见的四种故障主要有事务内部故障、系统故障、介质故障，以及计算机病毒故障，每种故障都有不同的解决方法。

（1）事务内部故障：事务故障可分为预期的和非预期的，其中大部分故障都是非预期的。预期的事务内部故障是指可以通过事务程序本身发现的事务故障；非预期的事务内部故障是不能由事务程序处理的，如运算溢出故障、并发事务死锁故障、违反了某些完整性限制和违反安全性限制的存取权限而导致的故障等。

（2）系统故障（软故障）：指数据库在运行过程中，由于硬件故障、数据库软件及操作系统的漏洞、突然停电等情况，导致系统停止运转，所有正在运行的事务以非正常方式终止，需要系统重新启动的一类故障。这类故障不破坏数据库，但是影响正在运行的所有事务。

（3）介质故障（硬故障）：主要指数据库在运行过程中，由于磁头碰撞、磁盘损坏、瞬时强磁干扰等情况，数据库数据文件、控制文件或重做日志等文件损坏，导致系统无法正常运行。

（4）计算机病毒故障：计算机病毒故障是一种恶意的计算机程序，它可以像病毒一样繁殖和传播，在对计算机系统造成破坏的同时也可能对数据库系统造成破坏（破坏对象以数据库文件为主）。

2. 数据库故障的解决方法

（1）预期的事务内部故障。将事务回滚，撤销对数据库的修改。

（2）非预期的事务内部故障。强制事务回滚，在保证该事务对其他事务没有影响的条件下，利用日志文件撤销对数据库的修改。

（3）系统故障。待计算机重新启动后，对于未完成的事务可能写入数据库的内容，回滚所有未完成事务的结果；对于已完成的事务可能部分或全部留在缓冲区的内容，需要重做所有已提交的事务（撤销所有未提交的事务，重做所有已提交的事务）。

（4）介质故障的软件容错。使用数据库备份及事务日志文件，通过恢复技术，恢复数据库到备份结束时的状态。

（5）介质故障的硬件容错。采用双物理存储设备，使两个硬盘存储的内容相同，当其中一个硬盘出现故障时，及时使用另一个硬盘。

（6）计算机病毒故障。使用防火墙软件防止计算机病毒侵入，对于已感染计算机病毒的数据库文件，使用杀毒软件进行查杀。如果杀毒软件杀毒失败，此时只能用数据库备份文件，以软件容错的方式恢复数据库文件。

（二）Web 应用系统故障

部分常见 Web 应用系统故障及排查方法如下。

1. 无法访问此网站

排查方法：检查 Web 服务器是否启动、启动是否正常；检查 URL 里的 IP 端口值是否正确。

2. 400 错误

排查方法：检查 URL 是否正确，包括界面名称、路径等；检查 Web 服务器，查看服务器目录下的应用系统名称，然后进入应用系统目录，检查界面文件是否存于本地服务器中。

3. 界面繁忙

排查方法：在控制台查看 Web 服务器日志，分析异常日志，查看报错原因，寻找代码中报错的具体行数并修改代码。

4. Uncaught SyntaxError

排查方法：此类错误通常是 JS 代码有误导致的，可根据浏览器调试工具 console 中显示的错误发生位置找到错误代码位置并修改。如果无法确定错误发生位置，可按以下步骤排查。

（1）检查所有引用的 JS 文件路径是否正确。

（2）如果 JS 文件路径没问题，则将业务文件删除，刷新界面观察是否还会发生这个错误。

（3）如果业务文件没问题，再分别删除其他 JS 文件，逐个判断错误发生在哪个文件中。

（4）确定报错文件，检查代码中是否有 eval，判断 eval 内的参数格式是否正确。

（5）在浏览器调试工具中查看 Network 里是否有报错的请求或者返回的参数是否正确。

5. HTTP 502 Bad Gateway

排查方法：HTTP 502 Bad Gateway 故障一般分为以下两种情况。
（1）网络问题：前端无法连接后端服务，丢包率 100%。
（2）后端服务问题：后端服务进程停止，如 Nginx、PHP 进程停止。

首先定位前端故障服务器节点，在前端服务器（Telnet）上访问后端服务端口的响应时间如果大于 10 s，说明后端服务出现故障，需要到后端服务器查明情况。

6. HTTP 503 Service Temporarily Unavailable

排查方法：HTTP 503 Service Temporarily Unavailable 故障一般是前端访问后端网络延迟高造成的。先排查是不是后端流量过载，如果不是，就是前端到后端的网络问题。

首先定位前端故障服务器节点，在前端服务器使用上 ping 命令连接后端服务器，查看网络延迟和丢包情况，如果后端服务端口响应时间大于 100 ms，丢包率大于 5%，则说明前端到后端的网络出现问题。

7. HTTP 504 Gateway Time-out

排查方法：HTTP 504 Gateway Time-out 故障的产生一般是因为后端服务器响应超时，如 PHP 程序执行时间太长，数据库查询超时，应考虑是否需要增加 PHP 执行的时间。查看后端服务如 Nginx、PHP、MySQL 的资源占用情况，并查看相关错误日志。此类故障发生概率比较小。

8. DDoS 攻击故障

排查方法：DDoS 攻击故障是指网络数据包接收的包的数量大，发送的包数量少，网络延迟高，并且有丢包现象的故障。排查 DDoS 攻击故障应查看监控网卡流量、网络延迟或丢包、数据包个数等。确定 DDoS 攻击后，可采用添加防火墙规则、加大带宽、增加服务器、使用 CDNA 技术、使用高防服务器和带流量清洗的 ISP、流量清洗服务等方式解决。

9. CC 攻击故障

排查方法：CC 攻击故障一般是发送的流量比较大，接收的流量比较小导致的。排查 CC 攻击故障应查看监控网卡流量、Web 服务器连接状态、CPU 负载等，并进行分析。确定被 CC 攻击后，可采用取消域名绑定、域名欺骗解析、更改 Web 端口、屏蔽 IP 等方式解决。

任务实施

一、绘制故障排查流程图

故障排查流程图，如图 4-59 所示。

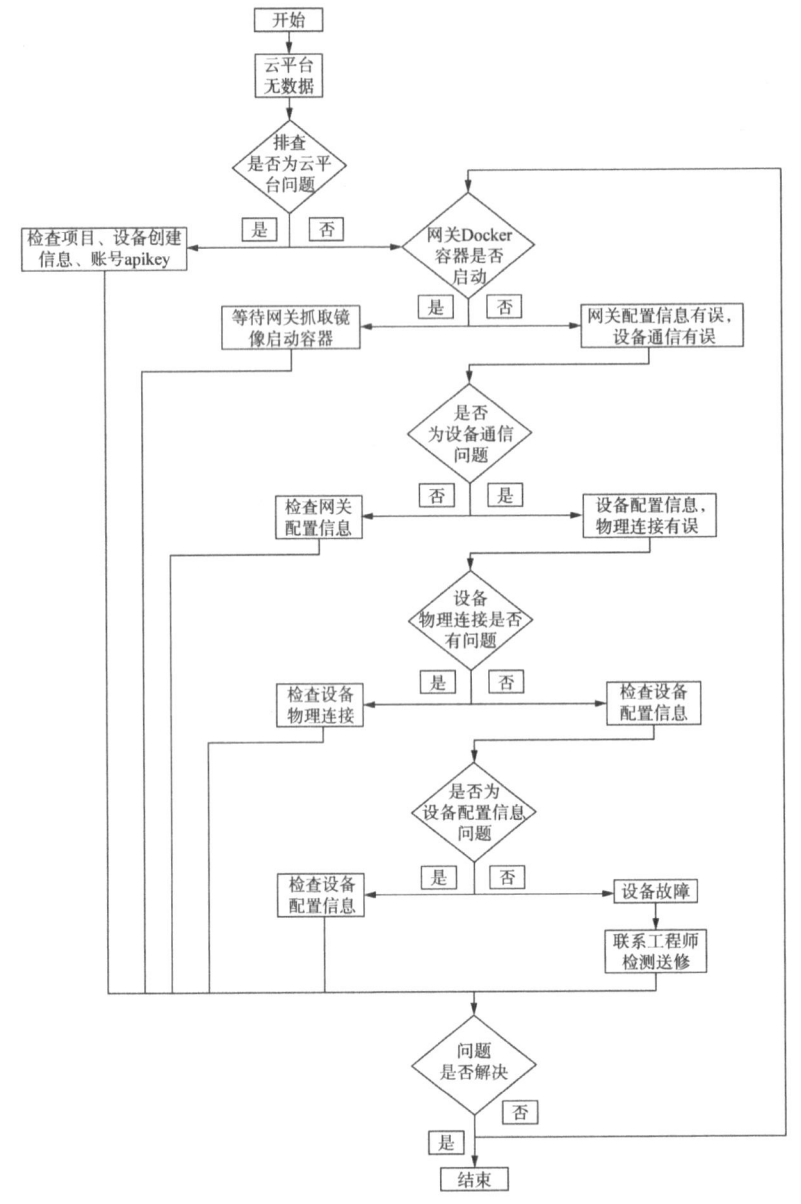

图 4-59　故障排查流程图

二、故障分析与处理

（一）故障场景模拟一

在某大棚养殖系统的实验中，依照给定的任务信息对设备进行安装配置，完成后发现云平台上获取温湿度传感器数据界面的提示框为灰色，且网关处于离线状态，使用 NewSensor 设备接在网关上的信号线、串口调试工具等单独调试温湿度传感器时无数据返回，请对此情况进行故障分析，排查温湿度变送器无数据返回的故障原因。

1. 排故分析与处理

云平台上能获取到设备说明网关之前能够正常在线，并且同步获取了网关上新增的设备，因此排除云平台的问题与网关云平台配置的问题。问题可能出现在设备配置中或是物理连接所导致的设备无数据返回。

依据流程图，首先排查是否为网关内容器出现问题，查看容器日志；其次排查是否为通信错误，温湿度传感器指令帧交互是否正常；再次依照设备安装接线图排查设备物理连接是否有问题；最后排查设备配置是否有问题，如 NewSensor 设备透传配置。在排除以上问题后若设备依旧无数据返回，再排查温湿度变送器是否出现故障。

2. 故障解决流程

（1）对实验中的网络环境进行检查，排除实验网络环境存在严重的网络延时或是设备 IP 冲突的现象，导致网络设备通信异常。

（2）利用 Putty 软件远程连接网关，查询网关的 Docker 容器是否存在，若不存在则须等待网关抓取 Docker 镜像。查看 Docker 容器如图 4-60 所示。STATUS 为 Up 状态说明容器处于启动状态。

图 4-60　查看 Docker 容器

（3）查询温湿度传感器所对应容器的指令帧交互是否正常，若无数据返回指令帧，应确认温湿度地址位是否正确，若不正确，则改为正确地址，其余设备也逐个进行排查，如图 4-61、图 4-62、图 4-63 所示。

图 4-61　查看日志

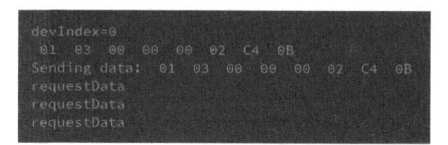

图 4-62　无返回数据现象

图 4-63　正常数据现象

（4）检查设备物理连接是否存在问题，温湿度变送器信号线在实验中极易接反，若接反则修正。

（5）查询 NewSensor 主从节点的配置，保证 NewSensor 设备地址不相同，但主从节点工作在同一个 LoRa 频段与网络 ID 上。

查询 NewSensor 设备界面上的波特率是否与温湿度变送器波特率同为 9600，若不同则按 F3 键修改。

（6）温湿度变送器的信号直接传送到计算机，打开计算机的串口调试工具发送指令帧，查看是否有数据帧返回，若无数据帧返回就可说明设备自身出现故障，如图 4-64 所示。

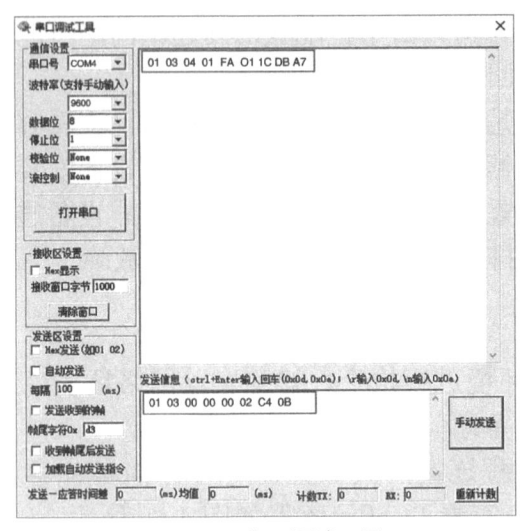

图 4-64 串口调试工具

（7）对设备进行检测，判断是否是设备出现问题，如果电源指示灯不亮，通信灯亮灭异常，则可咨询工程师进行检测、送修。

（二）故障场景模拟二

在某实验中，利用云平台策略功能实现光照值或二氧化碳值大于阈值时，将电动推杆推出，反之电动推杆退回，实验过程中发现推杆在推出和退回状态之间切换，在云平台网关界面上可正常操作电动推杆设备。云平台界面如图 4-65 所示。

图 4-65 云平台界面

策略界面如图 4-66 所示。

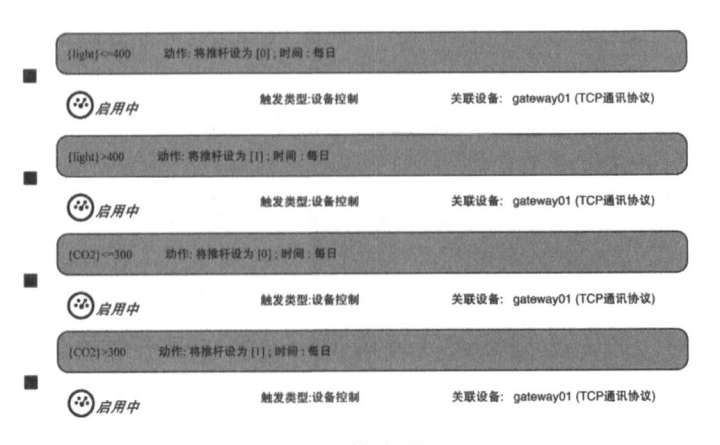

图 4-66 策略界面

1. 排故分析与处理

在云平台网关界面可看到数据实时上报，在云平台网关界面上操控电动推杆，依次判断电动推杆设备是否有故障，查看云平台策略界面可发现，light 与 CO_2 实现对电动推杆的关闭是一个或的关系，导致电动推杆设备处于推出和退回状态之间。

2. 故障解决流程

（1）在云平台网关界面对设备进行控制，若推杆可正常实现控制，则说明设备无问题；若推杆无法正常实现控制，则检测电动推杆设备是否有故障，联系工程师进行设备检测、送修。

（2）在策略界面发现添加策略时，CO_2 与光照控制电动推杆设备退回的策略是一个或的关系，导致电动推杆设备控制异常，故更改策略，如图 4-67 所示。

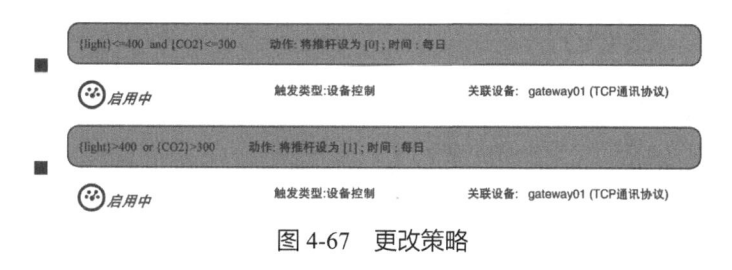

图 4-67　更改策略

任务四　系统数据库备份与还原

任务导入

任务描述

系统运维中一个很重要的任务就是对系统的数据进行备份，一旦系统宕机或者出现某些意外情况导致数据被破坏，想及时恢复就要定期进行数据备份。在经过一段时间的运维后，制定较符合智慧农场系统特点的数据备份机制，并制订运维制度加以执行，达到防灾容灾的目的。

任务要求

1. 完成智慧农场系统数据库的备份。
2. 恢复智慧农场系统数据库。

知识准备

容灾就是尽量减少或避免因灾难的发生而造成的损失。它是一个系统工程，备份与恢复就是这一系统工程的两个组成部分。此外还有许多具体的工作，如备份媒体的保管、存放、容灾演练等。从广义上讲，任何有助于提高系统可用性的工作，都可被称为容灾。容灾就是要尽量减少或避免天灾和人祸，如地震、火灾、水灾、战争、盗窃、丢失、存储介质霉变、黑客和病毒入侵等对系统存储数据的影响和造成的损失。

容灾根据实际需求不同可以有不同的等级。中小企业通常只需采用本地容灾。本地容灾是指在企业网络本地进行的容灾措施，其中包括在本地备份、存储、保管备份媒体。而异地容灾是指采取异地存储备份、异地保管存储媒体等方式。

数据容灾只是确保数据安全的一个方案，当这个方案无法保障数据安全时，需要专业的数据恢复工具对其原有数据或者备份数据进行数据恢复。无论采用哪种容灾方案，数据备份还是最基础的，没有备份的数据，任何容灾都没有现实意义。但仅有备份是不够的，容灾也必不可少。容灾对于 IT 而言，就是提供一个防止各种灾难的计算机信息系统。

一、数据容灾基础知识

（一）容灾建设模式

市场上常见的容灾建设模式可分为本地容灾、同城容灾、异地容灾、双活容灾等方式。

1. 本地容灾

本地容灾是指在本地机房建立容灾系统，日常情况下可同时分担业务及管理系统的运行，并可切换运行；本地容灾可通过局域网进行连接，因此数据复制和应用切换比较容易实现，可实现生产与灾备服务器之间数据的实时复制和应用的快速切换。本地容灾主要用于防范生产服务器发生的故障。

2. 同城容灾

同城容灾是在同城或相近区域内（≤200 km）建立两个数据中心：一个为数据中心，负责日常生产运行；另一个为灾难备份中心，负责灾难发生后的应用系统运行。同城灾难备份的数据中心与灾难备份中心的距离比较近，通信线路质量较好，比较容易实现数据的同步复制，保证高度的数据完整性并确保数据零丢失。同城灾难备份一般用于防范火灾、建筑物破坏、供电故障、计算机系统及人为破坏引起的灾难。

3. 异地容灾

异地容灾是指两个数据中心之间的距离较远（>200 km），因此一般采用异步镜像，会有少量的数据丢失。异地灾难备份不仅可以防范火灾、建筑物破坏等可能遇到的风险，还能够防范战争、地震、水灾等风险。由于同城灾难备份和异地灾难备份各有所长，为达到最理想的防灾效果，数据中心应考虑在同城和异地各建立一个灾难备份中心。

4. 双活容灾

双活容灾即两个数据中心都处于运行当中，运行相同的应用，具备同样的数据，能够提供跨中心业务负载均衡运行的能力，实现持续的应用可用性和灾难备份能力。双活容灾充分利用资源，避免了一个数据中心常年处于闲置状态而造成的浪费。

（二）数据备份的方式

1. 按更新方式划分

（1）完全备份：将所有的文件进行备份，恢复时也是一次性完成恢复。

优点：恢复时只要任意一份备份文件正常就可以进行恢复。

缺点：数据量很大时，会占用备份带宽，并影响主机的通信性能。

（2）增量备份：将上一次备份后的差异部分进行备份，恢复时需要将所有的备份文件进行恢复。

优点：数据量很小，对主机的通信性能影响最小。

缺点：需要将所有的备份文件进行恢复，任何一次文件丢失均会造成数据无法恢复。

（3）差异备份：将第一次备份的差异部分进行备份，恢复时只需要第一次和最后一次的备份数据即可。

优点：数据量适中。

缺点：恢复时需要两份数据，恢复难度适中。

2. 按时间差异划分

（1）同步备份：是指 I/O 先写到主存储，主存储再写到备用存储，备用存储写完后给主存储发送确认消息，主存储再发送确认消息给主机完成 I/O。

（2）异步备份：是指 I/O 先写到主存储，主存储发送确认消息给主机完成 I/O，再向备用存储发送 I/O 请求。

（三）容灾备份关键技术

1. 远程镜像

远程镜像技术是在主数据中心和备援中心之间进行数据备份时使用的。镜像是在两个或多个磁盘或磁盘子系统上产生同一个数据的镜像视图的信息存储过程，一个叫作主镜像系统，另一个叫作从镜像系统。按主从镜像存储系统所处的位置可分为本地镜像和远程镜像。远程镜像又叫作远程复制，是容灾备份的核心技术，同时也是保持远程数据同步和实现灾难恢复的基础。远程镜像按请求镜像的主机是否需要远程镜像站点的确认信息，又可分为同步远程镜像和异步远程镜像。同步远程镜像（同步复制技术）是指通过远程镜像软件，将本地数据以完全同步的方式复制到异地，每一个本地的 I/O 事务均须等待远程复制发送完成确认信息方予以释放。同步镜像使复制的内容总能与本地要求相匹配。当主站点出现故障时，用户的应用程序切换到备份的替代站点后，被镜像的远程副本可以保证业务继续执行而没有数据丢失现象发生。但它存在往返传播造成延时较长的缺点，只限于在相对较近的距离上应用。异步远程镜像（异步复制技术）保证在更新远程存储视图前完成向本地存储系统的基本操作，而由本地存储系统提供给请求镜像主机的 I/O 操作完成确认信息。远程的数据复制是以后台同步的方式进行的，这使本地系统性能受到的影响很小，传输距离长（可达 1 000 km 以上），对网络带宽要求低。但是，许多远程的从属存储子系统的写入没有得到确认，当某种因素造成数据传输失败时，可能出现数据一致性问题。为了解决这个问题，大多采用延迟复制的技术（本地数据复制均在后台日志区进行），即在确保本地数据完好无损后进行远程数据更新。

2. 快照技术

远程镜像技术往往同快照技术结合起来实现远程备份，即通过镜像把数据备份到远程存储系统中，再用快照技术把远程存储系统中的信息备份到远程的磁带库、光盘库中。快照是通过软件对要备份的磁盘子系统的数据进行快速扫描，建立一个要备份数据的快照逻辑单元号 LUN 和快照 cache。在快速扫描时，把备份过程中即将要修改的数据块同时快速复制到快照 cache 中。快照 LUN 是一组指针，它指向快照 cache 和磁盘子系统中不变的数据块（在备份过程中）。在正常业务进行的同时，利用快照 LUN 实现对原数据的完全备份。它使用户在正常业务不受影响的情况下（主要指容灾备份系统），实时提取当前在线业务的数据。其"备份窗口"接近于零，可极大增加系统业务的连续性，为实现系统真正的 7×24 h 运转提供了保证。快照是由内存作为缓冲区（快照 cache），由快照软件提供系统磁盘存储的即时数据影像，它存在缓冲区调度的问题。

3. 互联技术

早期的主数据中心和备援中心之间的数据备份，主要基于 SAN 的远程复制（镜像），即通过光纤通道 FC 把两个 SAN 连接起来进行远程镜像（复制）。当灾难发生时，由备援中心替代主数据中心以保证系统工作的连续性。这种远程容灾备份方式存在一些缺陷，如实现成本高、设备的互操作性差、跨越的地理距离短（10 km）等，这些因素阻碍了它的进一步推广和应用。随着技术的发展，出现了多种基于 IP 的 SAN 的远程数据容灾备份技术。它们是利用基于 IP 的 SAN 的互联协议，将主数据中心 SAN 中的信息通过现有的 TCP/IP 网络远程复制到备援中心 SAN 中。当备援中心存储的数据量过大时，可利用快照技术将数据备份到磁带库或光盘库中。这种基于 IP 的 SAN 的远程容灾备份，可以跨越 LAN、MAN 和 WAN，成本低、可扩展性强，具有广阔的发展前景。基于 IP 的互联协议包括 FCIP、iFCP、Infiniband、iSCSI 等。

（四）容灾备份衡量指标

衡量容灾系统的主要指标有 RPO（Recovery Point Object，灾难发生时允许丢失的数据量）、RTO（Recovery Time Objective，系统恢复的时间）、容灾半径（生产系统和容灾系统之间的距离），以及 ROI（Return of Investment，容灾系统的投入产出比）。

RPO 是指业务系统允许的灾难过程中的最大数据丢失量（以时间来度量），这是一个与灾备系统所选用的数据复制技术有密切关系的指标，用以衡量灾备方案的数据冗余备份能力。

RTO 是指将信息系统从灾难造成的故障或瘫痪状态恢复到可正常运行的状态，并将其支持的业务功能从灾难造成的不正常状态恢复到可接受状态所需的时间，其中包括备份数据恢复到可用状态所需的时间、应用系统切换时间，以及备用网络切换时间等，该指标用以衡量容灾方案的业务恢复能力。例如，灾难发生后半天内便需要恢复，则 RTO 值就是 12 h。

二、数据库备份与还原

除了利用容灾方案中几种方式实现数据库的备份，通常还可以通过数据库管理软件来实现数据库的备份。

项目中通常采用全备份、日志备份或者两种备份相结合的方式，以一周为周期，周一至周六进行日志备份，周日进行全备份。

三、常见数据库容灾方案

常见数据库容灾方案有 RAID 1、双机热备、双机双柜、存储双活、Oracle RAC、Oracle DG、SQL Server 镜像、SQL Server AlwaysOn、DBTwin 双活集群等。各种数据库容灾技术综合比较见表 4-6。

表 4-6　各种数据库容灾技术综合比较

序号	容灾技术名称	DB 实例	逻辑数据集	物理数据集	负载均衡读写分离
1	RAID1	一个	一份	两份、物理一致	无
2	双机热备	一个	一份	两份、物理一致	无
3	双机双柜	一个	一份	两份、物理一致	无
4	存储双活	一个	一份	两份、物理一致	无
5	Oracle RAC	两个	一份	两份、物理一致	有
6	Oracle DG	两个	两份、逻辑一致	两份、物理一致	有、手工
7	SQL Server镜像	两个	两份、逻辑一致	两份、物理一致	无
8	SQL Server AlwaysOn	两个	两份、逻辑一致	两份、物理一致	有、手工
9	DBTwin双活集群	两个	两份、逻辑一致	两份、物理一致	有、自动

从用户数据安全性考虑，具有两份实时逻辑数据集一致的数据库安全性最高，两份逻辑数据集，但是存在短时间的数据延迟的数据库安全性第二；一份逻辑数据集，但是存在两份物理数据集的数据库安全性第三；一份逻辑数据集，同时也只有一份物理数据集的数据库安全性最低。

任务实施

一、数据库备份

（一）创建备份目录

创建备份目录 data_backup（可自行定义路径和文件夹名称），如图 4-68 所示。
命令：mkdir data_backup

图 4-68　mkdir 命令

（二）创建 shell 脚本文件

在 data_backup 目录下创建 shell 脚本文件 sqlbackup.sh

（1）进入 data_backup 目录，如图 4-69 所示。

命令：

cd data_backup/

图 4-69　cd 命令

（2）创建 shell 脚本文件 sqlbackup.sh，如图 4-70 所示。

命令：

touch sqlbackUP.sh

图 4-70　touch 命令

（三）编写备份脚本

命令：

sudo gedit sqlbackup.sh

脚本内容：

```
#！ /bin/bash
currentpath=/home/lux/data_backup
backpath= " zabbix back "
function makedir(){
  echo $(date " +%Y-%m-%d %H:%M:%S " )
  if[-d $currentpath/$(date +%y%m%d)];then
       echo " $(date+%y%m%d)is exsit "
  else
       mkdir $currentpath/$(date+%y%m%d)
       echo " $(date+%y%m%d)is building "
  fi
}
function backupsql(){
  bakckpath=$currentpath/$(date+%y%m%d)
  mysqldump-uzabbix-ppassword zabbix > $bakckpath/zabbix.sql
  rm-f $currentpath/$(date-d-90day+%y%m%d)
}
makedir
backupsql
```

sqlbackup.sh 脚本如图 4-71 所示。

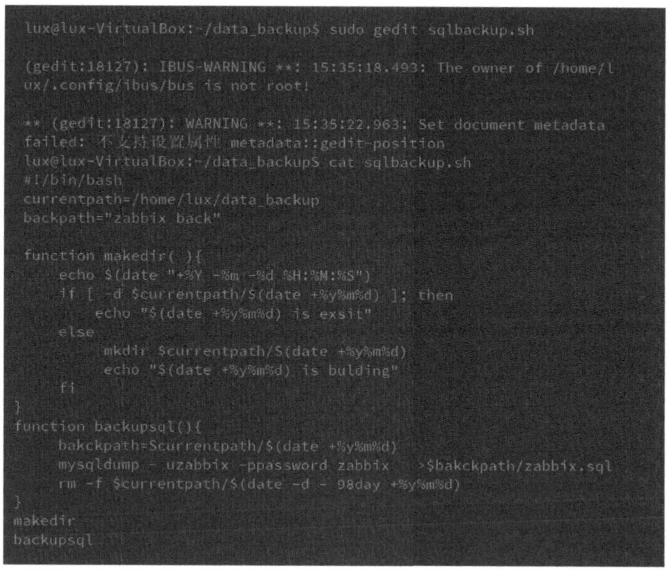

图 4-71 sqlbackup.sh 脚本

（四）加入定时任务

加入定时任务，如图 4-72 所示。

命令：

crontab -e

编辑并添加内容：

35 15 * * 3 sh /home/lux/data_backup/sqlbackup.sh

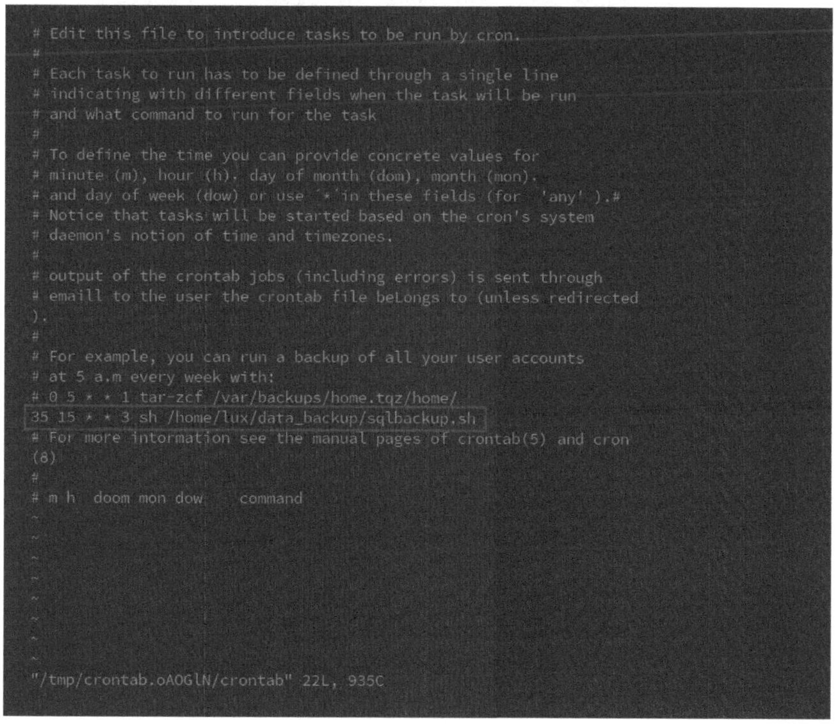

图 4-72 crontab 命令

（五）重启 crontab 服务

重启 crontab 服务如图 4-73 所示。

命令：

sudo service cron restart

图 4-73　重启 crontab 服务

备注：执行 sh /home/lux/data_backup/sqlbackup.sh 命令，代码报错"Syntax error: " （ " unexpected"，问题原因是 Ubuntu 为了加快开机速度，用 dash 代替了传统的 bash，解决方法是取消 dash。

命令：sudo dpkg-reconfigure dash，在选择项中选 No。

二、还原数据库

（一）删除故障数据库，并重新建立数据库

（1）进入数据库。用户名、密码根据前期数据库的设置进行填写，登录 MySQL 如图 4-74 所示。

命令：

sudo mysql -uzabbix -ppassword zabbix

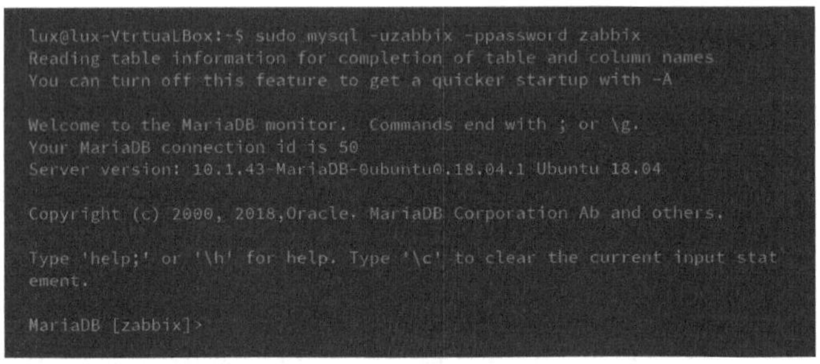

图 4-74　登录 MySQL

（2）删除数据库 Zabbix，如图 4-75 所示。

命令：

drop database zabbix;

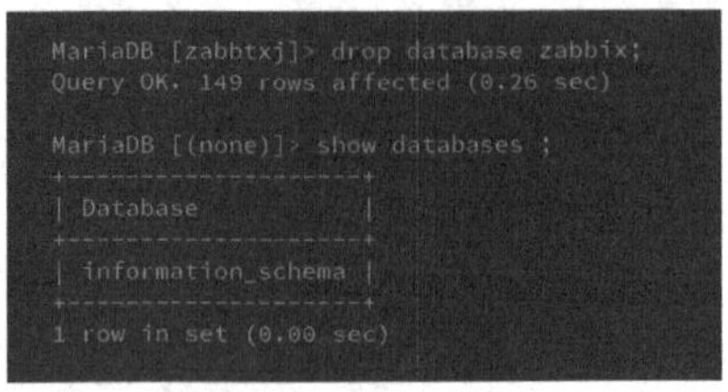

图 4-75　删除数据库 Zabbix

（3）新建要还原的数据库 Zabbix，如图 4-76 所示。

命令：

```
create database zabbix charset=utf8;
```

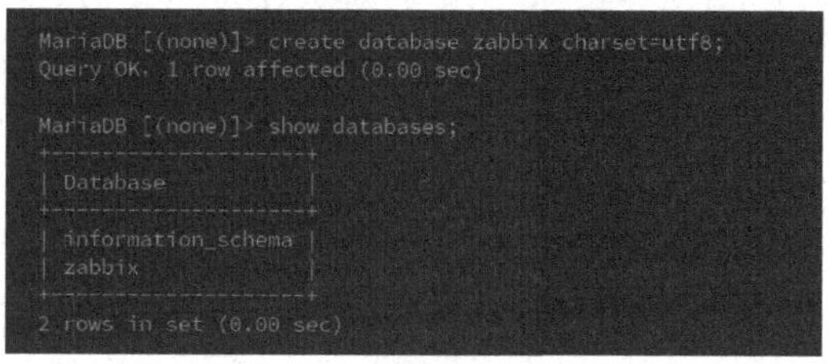

```
MariaDB [(none)]> create database zabbix charset=utf8;
Query OK, 1 row affected (0.00 sec)

MariaDB [(none)]> show databases;
+--------------------+
| Database           |
+--------------------+
| information_schema |
| zabbix             |
+--------------------+
2 rows in set (0.00 sec)
```

图 4-76　新建数据库 Zabbix

（二）还原数据库数据

（1）还原 Zabbix 数据库数据，如图 4-77 所示。

命令：

```
sudo mysql-uzabbix-ppassword zabbix < -/data_backup/200205/zabbix.sql
```

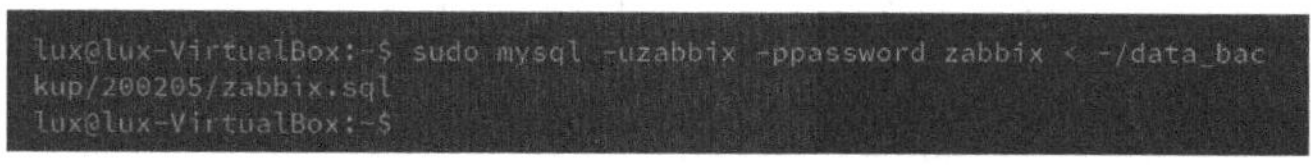

```
lux@lux-VirtualBox:~$ sudo mysql -uzabbix -ppassword zabbix < ~/data_bac
kup/200205/zabbix.sql
lux@lux-VirtualBox:~$
```

图 4-77　还原 Zabbix 数据库数据

（2）检查数据是否还原。

①进入数据库。

命令：

```
sudo mvsal -uzabbix -ppassword zabbix
```

②检查显示表是否还原，如图 4-78 所示。

命令：

```
show tables;
```

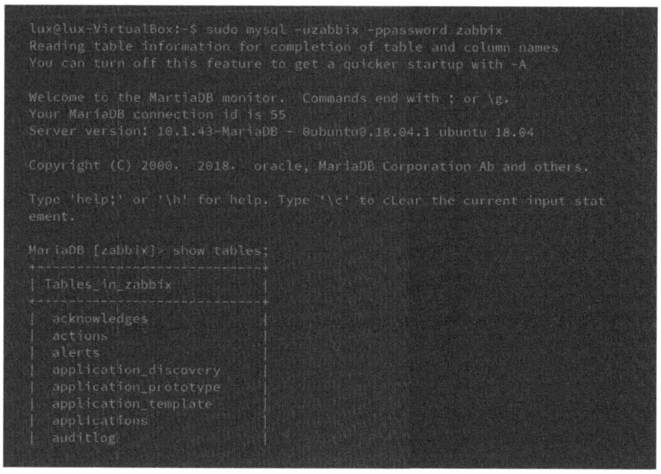

```
lux@lux-VirtualBox:~$ sudo mysql -uzabbix -ppassword zabbix
Reading table information for completion of table and column names
You can turn off this feature to get a quicker startup with -A

Welcome to the MartiaDB monitor.  Commands end with ; or \g.
Your MariaDB connection id is 55
Server version: 10.1.43-MariaDB - 0ubuntu0.18.04.1 ubuntu 18.04

Copyright (C) 2000.  2018.  oracle, MariaDB Corporation Ab and others.

Type 'help;' or '\h' for help. Type '\c' to clear the current input stat
ement.

MariaDB [zabbix]> show tables;
+----------------------------+
| Tables_in_zabbix           |
+----------------------------+
|  acknowledges              |
|  actions                   |
|  alerts                    |
|  application_discovery     |
|  application_prototype     |
|  application_template      |
|  applications              |
|  auditlog                  |
```

图 4-78　显示表

③检查表结构是否还原（以 alerts 表为例），如图 4-79 所示。

命令：

```
desc alerts:
```

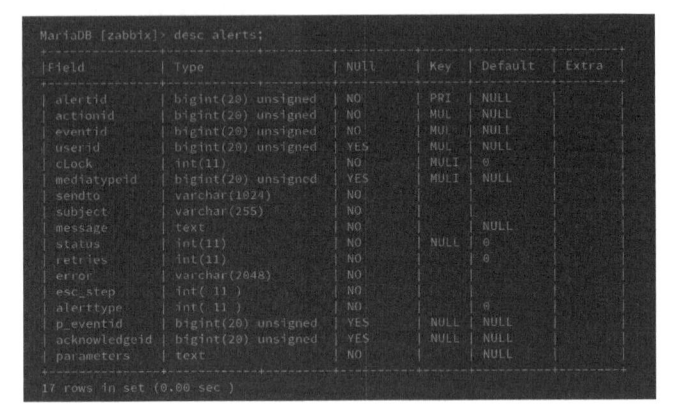

图 4-79 查看 alerts 表结构

项目评价

以小组为单位，配合指导老师完成项目评价表，见表 4-7。

表 4-7 项目评价表

项目名称	评价内容	分值	评价分数 自评	互评	师评
职业素养考核项目（30%）	考勤、仪容仪表	10分			
	责任意识、纪律意识	10分			
	团队合作与交流	10分			
专业能力考核项目（70%）	积极参与教学活动并正确理解任务要求	10分			
	会设计售后服务方案	15分			
	会部署 Zabbix 监控平台，查看设备状态并记录	15分			
	当发现存在问题时，能够有针对性地找到故障点	15分			
	能对系统数据库进行备份与还原操作	15分			
合计：综合分数_____自评（20%）+互评（20%）+师评（60%）		100分			
综合评语		教师（签名）：			

思考练习

一、选择题

1. 下列不属于按发生时间划分的故障类型是（　　）。
   A. 早发性故障　　　B. 突发性故障　　　C. 渐进性故障　　　D. 永久性故障
2. 可以用来进行光纤检测的工具不包括（　　）。
   A. 红光笔　　　　　B. 数字式多用表　　C. 光功率计　　　　D.OTDR
3. （　　）在测量有回路的接地系统时，无须断开接地引线，无须辅助电极。
   A. 手摇接地电阻检测仪　　　　　　　B. 数字接地电阻检测仪
   C. 钳形接地电阻表　　　　　　　　　D. 所有防雷检测工具
4. 衡量容灾系统的主要指标不包括（　　）。
   A.RPO　　　　　　　B. 容灾面积　　　　C.RTO　　　　　　　D. 容灾半径

二、填空题

1. 网线检测方式主要有 _____ 和 _____。
2. 光纤熔接机的工作原理是利用 _____ 将两光纤断面熔化的同时用高精度运动机构平缓推进，让两根光纤融合成一根，以实现光纤模场的耦合。
3. 测电笔主要分为 _____ 和 _____。
4. 网络设备固件升级方法通常采用 _____ 方式升级、_____ 方式升级、_____ 方式升级。

三、简答题

1. 售后服务方案的内容主要有哪些？
2. Zabbix 通常采用哪几种方式进行设备监控？

项目五　智能车库设备故障处理

项目概述

物联网系统集成项目完成初步验收后，就进入了运维阶段。设备运维在一定程度上影响设备的使用寿命及整个系统功能的正常使用。物联网系统运维的主要工作内容为感知设备、网关、服务器、网络设备、安全设备、数据库、中间件、应用系统软件等项目交付物的检查、监控，软件升级更新，故障处理，安全防护，数据备份等。本项目通过智能车库的 3 个分场景分别就设备运行监控内容及方法、设备运行过程中出现的软硬件故障检测及排除进行讲解。

学习目标

知识目标
1. 了解设备运行监控的方式和监控内容。
2. 认识常见设备。
3. 掌握常见的物联网设备故障及原因。
4. 了解常见的硬件故障及排除方法。

技能目标
1. 会根据拓扑图及连线图正确安装及连接设备。
2. 会根据项目要求，正确配置环境云、物联网网关及云平台。
3. 能根据设备运行监控的日常管理要求，监控设备信息，了解设备运行情况。
4. 能依据监控规范中时间、程序、路线、项目等要求，定时完成设备巡检，如实上报巡检结果。
5. 会根据设备说明文档，正确配置门禁识别终端及微卡口相机。
6. 会根据设备故障现象，准确查询相应的设备信息和配置信息，分析、恢复设备配置参数。
7. 能检测通信设备的供电和数据信号，分析故障原因，及时排除故障。
8. 能根据售后服务要求，维护与升级设备的固件。

素养目标
1. 培养敬业奉献、精益求精的工匠精神。
2. 将理论与实际相结合，成长为实用型人才。

任务一　车库环境系统设备运行监控

任务导入

任务描述

Y 公司承接 F 客户的智能车库项目已建设完成，目前处于运维交接阶段。运维人员 K 负责向 F 客户交接运维工作，由于项目内容比较简单，设备数量与种类不多，运维人员 K 建议 F 客户采用基础的运维手段及内容。运维人员 K 在运维过程中需要掌握相关平台与软件的使用方法，能够远程监控设备，查看设备运行情况；通过现场巡检方式了解设备运行情况，并做好相关记录。

任务要求

1. 根据布局图及连线图，正确安装及连接设备。
2. 正确配置环境云、网络设备、云平台参数及策略。
3. 通过监控设备信息，准确了解设备运行情况。
4. 定时完成设备巡检，如实上报巡检结果，准确填写巡检报告。

知识准备

一、设备运行监控的方式

物联网设备运行监控是指通过运维工具实现终端设备、服务器、网络设备、网络安全设备等硬件设备的运行状态检测、监视和控制，判断设备是否发生故障，并详细记录设备情况。目前物联网系统集成项目设备运行监控主要采用现场巡检与远程监控相结合的方式。

（一）现场巡检方式

物联网系统集成项目运维期内，运维工程师需定期或不定期到设备现场进行巡检。运维工程师在不影响系统正常运行的情况下，通过现场观察，结合多用表、网线检测器、ZigBee 信号检测仪、串口调试工具等本地使用的软硬件工具和应用系统的数据情况，判断设备是否正常运行，并做好相关记录，若设备故障则进行现场维护。

（二）远程监控方式

远程监控方式通常采用设备运维监控和告警工具对设备进行监控，远程监控是对设备相关信息的采集、分析过程。数据采集模式通常分为轮询类、主动推送类两种，采集过程是通过设备接口上运行的通信协议实现的。部分设备采用一些通用协议，如 TCP、UDP、

SNMP、Modbus 协议等，部分设备采用厂商独立协议。设备运维监控和告警工具可以自行编程开发或者直接采用第三方工具。

通过部署设备运维监控和告警工具采集设备信息，设置相应的规则来判断设备运行状态，若设备运行异常则发出告警，运维工程师根据告警信息进行设备故障排查。采集的信息主要包括传感器设备运行状态、数据状态等，控制设备的运行状态、指令执行状态等，网关的运行状态、日志状态、数据传输状态等，服务器的电源状态、CPU 状态、内存状态、硬盘状态、网卡状态、HBA 卡状态和服务器日志等，网络设备的电源状态、VLAN 状态、配置状态和设备日志等，安全设备的电源状态、配置状态、安全状态和设备日志等。

二、常见设备运行监控的内容

（一）终端设备运行监控

终端设备安装在网络拓扑结构的前端，是物联网中连接传感网络层和传输网络层，实现采集数据及向网络层发送数据的设备。终端设备运行监控的内容包括设备运行状态、数据状态等。具体为设备是否在线、设备是否运行、设备温度多少（若有，可判断是否存在高温隐患）、设备备用电量（若有）、设备数据采集是否正常、设备数据是否发送正常等。

（二）网络设备运行监控

网络设备运行监控的内容主要包括设备状态、设备日志。具体为设备是否在线、设备端口资源使用情况（端口流量、速率）、设备受攻击情况、设备软件服务状态（网络安全设备的服务是否到期，病毒库是否更新）、设备日志等。

三、设备简介

（一）二氧化碳传感器

二氧化碳传感器是利用非色散红外线吸收法（NDIR）原理对空气中存在的二氧化碳进行探测，将成熟的红外吸收气体检测技术与精密光路设计、精良电路设计紧密结合，并且内置温度传感器进行温度补偿。二氧化碳传感器具有很好的选择性、无氧气依赖性，使用寿命长。二氧化碳传感器简况及安装方法见表 5-1。

表 5-1　二氧化碳传感器简况及安装方法

设备名称	设备简况	安装方法
二氧化碳传感器	电源：DC 24 V 输出：485 输出 量程：0 ~ 5 000 ppm 接线：红线接 +24 V　黑线接 GND 黄线 RS-485A；绿线 RS-485B	1. 传感器背部有一块可拆卸的小板，小板上有两个固定孔位，通过这两个孔位用 M4 螺钉将小板固定 2. 通过传感器后面的 4 个卡槽对准小板上的 4 个挂钩，将传感器挂在小板上

（二）485 中继器

485 中继器是光隔离的 RS-485/422 的数据中继通信产品，可以中继延长 RS-485/422 总线网络的通信距离，增强 RS-485/422 总线网络设备的数目。485 总线中如果 485 传输线达到一定的距离，而且处于复杂的外部环境中，则容易受到外部环境的电磁感应等干扰。485 中继器的防雷管可以有效地抑制闪电和 ESD（静电放电），并且提供每线 600 W 的雷击浪涌保护功率，可以吸收外部环境的电磁感应等干扰，还可以将 485 总线进行光电隔离，防止共模电压干扰。485 中继器简况及安装方法见表 5-2。

表 5-2　485 中继器简况及安装方法

设备名称	设备简况	安装方法
485中继器	电源：DC 24 V 电气接口：RS-485 输入端两位接线端子连接器，RS-485 输出端两位接线端子连接器 工作方式：异步半双工 信号指示：三个信号指示灯电源（PWR）、发送（TXD）、接收（RXD） 传输介质：双绞线或屏蔽线 传输速率：300 bit/s ～ 115.2 kbit/s	两侧配有固定的孔位，通过固定孔位用 M4 螺钉将设备固定于墙上或安装面板上

（三）NS 模拟传感器

NS 模拟传感器可以烧写不同的程序，使之成为 LoRa 网关、LoRa 节点或者电流输出型的模拟传感器。NS 模拟传感器通常在模拟教学的环境下搭配环境云使用。NS 模拟传感器简况及安装方法见表 5-3。

表 5-3　NS 模拟传感器简况及安装方法

设备名称	设备简况	安装方法
NS模拟传感器	电源：DC 12 V 接口：1 个 485 接口（用于接收环境云数据），1 个 IO 输出接口（用于模拟电流输出型传感器，4 ～ 20 mA 电流输出）	两侧配有固定孔位，通过固定孔位用 M4 螺钉将设备固定于墙上或安装面板上

设备记录表基本需要包含日期、时间、设备名称、位置、编号、设备运行情况、记录人、故障处理情况等信息，见表 5-4。

表 5-4 设备记录表

项目名称：智能车库项目　　　　　　　　　　　　　　　　编号：ZNCK-2023-YXJL-01

序号	日期	时间	设备名称	位置	编号	设备运行情况	记录人	故障处理情况
1	××××.××.××	17：36	边缘服务器	中心机房	ZNCK-ZXJF-FWQ-A-01	当前状态： □正常 □故障 □未知 设备详情： 16：36～17：36设备运行情况如下。 ① 17：17边缘服务器重启，持续时间74 s。 ②设备硬件情况。 CPU 利用率：最高19.6809%，平均1.3933%，最低0.151%。 内存利用率：最高43.732%，平均40.5893%，最低17.2294%	×××	处理情况： □已处理 □未处理 故障处理人： ××× 联系方式： ××× 设备故障排查记录表： ZNCK-2023-GZPC
……	……	……	……	……	……	……	……	……

任务实施

一、任务分析

（一）网络拓扑分析

智能车库离中心机房较远，为防止出现通信故障，用485中继器将485型二氧化碳传感器收集到的二氧化碳信息及ADAM-4017传感器收集到的水浸信息连接至物联网网关，再经路由器上传给物联网云，由物联网云对数据进行处理，并根据相关策略控制报警灯。智能车库环境系统拓扑图如图5-1所示。

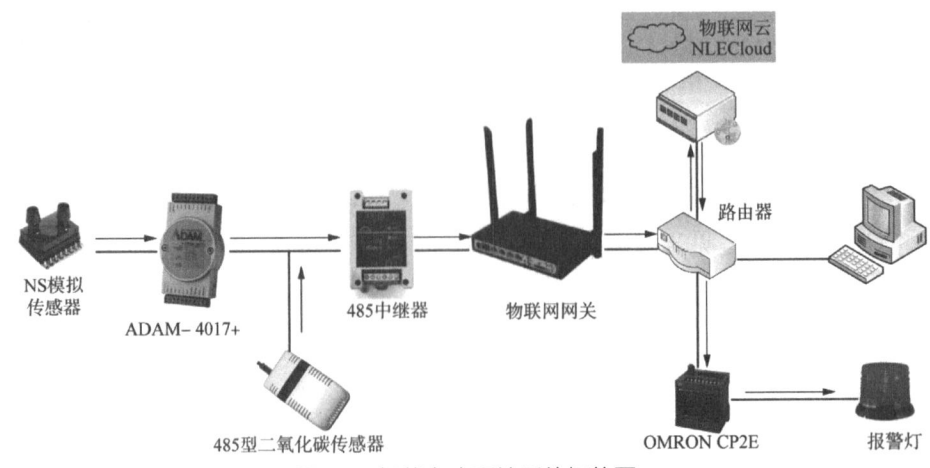

图 5-1 智能车库环境系统拓扑图

（二）设备监控流程分析

设备监控任务总体流程如图 5-2 所示。

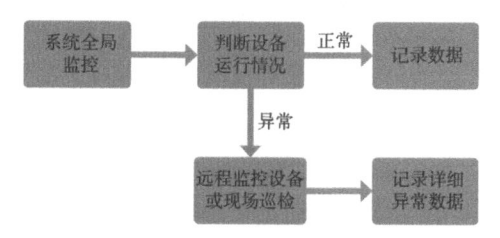

图 5-2　设备监控任务总体流程

运维过程一般会由一个平台或系统汇总所有设备运行信息，可以在这个平台上对所有设备进行全局监控。设备正常运行情况下记录相关运行数据，出现异常情况，可以通过远程方式或者现场巡检方式监控相关设备，查明异常原因，并记录异常数据。终端的硬件设备还需要定期进行现场巡检，以保证设备安全稳定运行。

物联网平台基于 IaaS（基础设施即服务）、PaaS（平台即服务）、SaaS（软件即服务）三种云计算服务模型，对外提供数据服务。物联网平台繁多，如华为 OceanConnect 云平台、新大陆云平台、小米 IoT 开发者平台、研华科技 WISE-PaaS、美的 IoT 开发者平台等。以新大陆云平台为例，将传感器设备的信息上传至新大陆云平台，在新大陆云平台上可以监控传感器设备的在线情况及信息采集情况。

部分在线设备可以通过专用软件或 IP 访问两种方式远程监控了解设备运行情况。现场巡检需要巡检人员借助相应工具完成。设备监控数据应如实登记，如有异常情况应及时上报，以便后续排查故障等工作顺利开展。

二、安装与连线系统

（1）车库环境系统参考布局，如图 5-3 所示。请参照该图安装设备，要求设备安装牢固，布局合理。

图 5-3　车库环境系统参考布局

（2）根据车库环境系统连线图进行连线，如图 5-4 所示。

连线注意事项：电源大小及极性切勿接错；各信号线接口确保正确；连线工艺规范，保证良好电气连接。

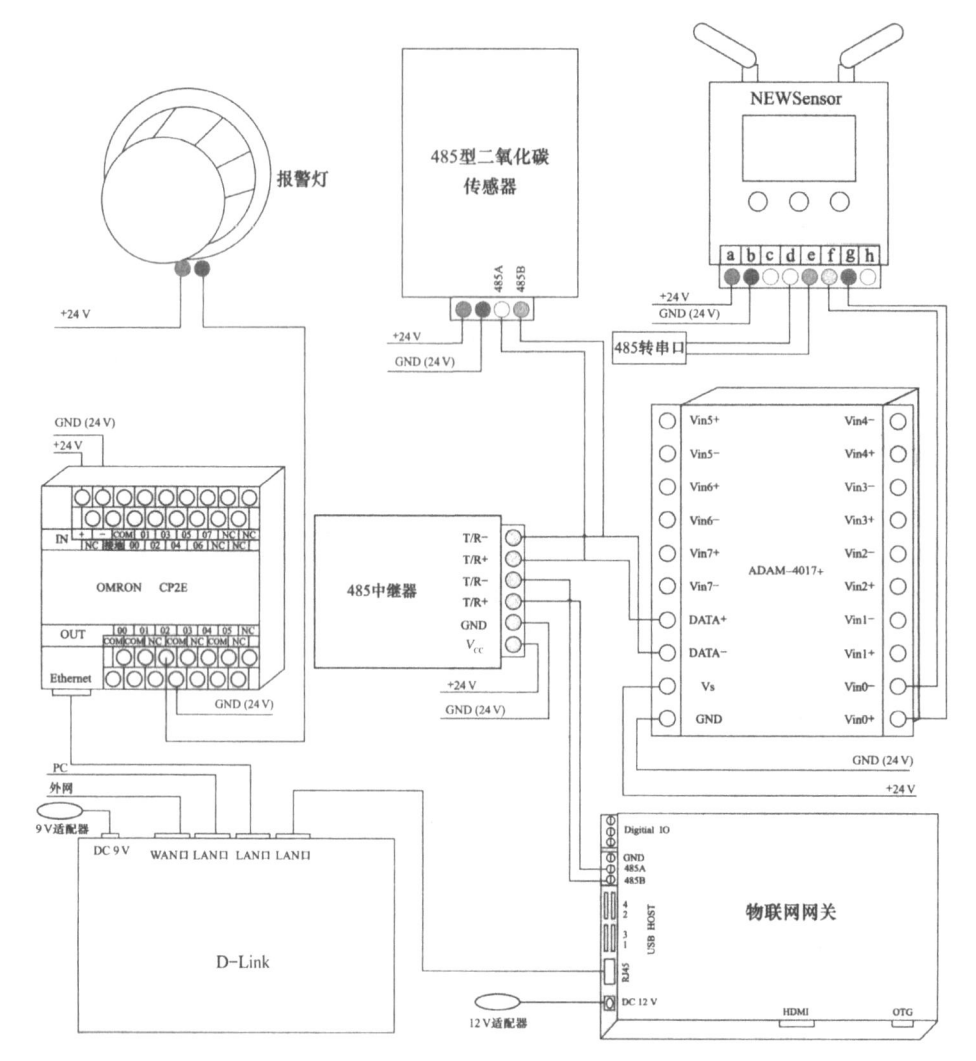

图 5-4　车库环境系统连线图

三、部署系统

（一）环境云配置

在教学过程中，有部分传感器数据不好采集，如水浸的高度，因此采用 NewSensor 进行模拟，NewSensor 需要配合环境云程序使用。环境云使用步骤如下。

1. 设备连线

NewSensor 的 485 接口连接 RS-485 转 232 转接头，连至计算机接口。

2. 配置 NewSensor

选择对应串口，单击"读取"按钮，获取 NewSensor 信息，各栏自动填充相应信息。NewSensor 有两种模式，在 LoRa 模式下作为 LoRa 节点通过无线发送信息，在 AO 模式下 IOUT 输出电流。将"设备地址"填为"1"，单击"设置地址"按钮，日志出现"设置地址成功"的提示；根据系统需要，在"工作模式"下拉列表中选择"AO"选项，单击"设置模式"按钮，日志出现"设置模式成功"的提示。配置 NewSensor 地址与模式如图 5-5 所示。

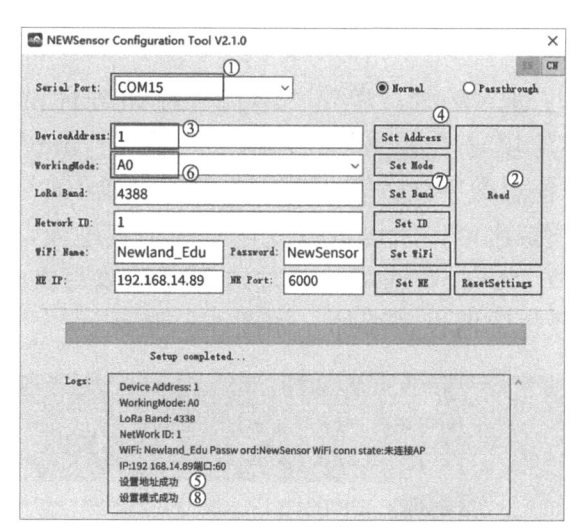

图 5-5 配置 NewSensor 地址与模式

3. 配置串口

打开智能环境云软件，单击右上角"配置"按钮，选择所对应的串口，单击"保存"按钮，完成串口配置，如图 5-6 所示。

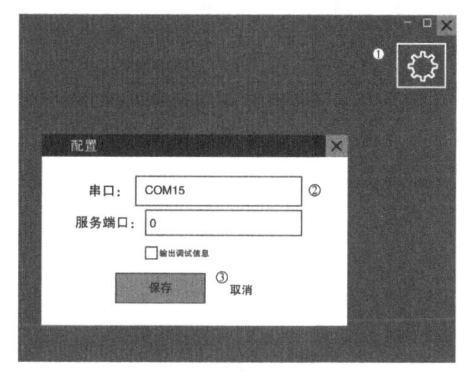

图 5-6 配置串口

4. 添加场景

单击"添加"按钮，"场景名称"填写"车库环境"，单击"保存"按钮，完成场景添加，如图 5-7 所示。

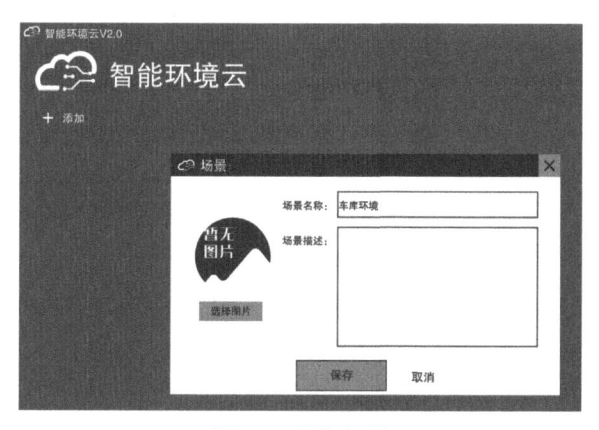

图 5-7 添加场景

189

5. 添加传感设备

单击"车库环境"图片进入场景，单击"添加"按钮进行设备配置。"标识码"填写"m_water"，"设备名称"填写"水浸"，"单位"填写"mm"，"地址"填写"1"，"通道"填写"0~3"中的任意数字，"数据范围"填写"0~100"。添加随机数据，值的范围要在数据范围内，由于模拟水浸，所以数据变化范围不宜过大，单击"保存"按钮生成随机数据。"连接方式"选择"串口"选项，"发送间隔"填写"5"，单击"保存"按钮生成水浸传感设备设置。水浸传感器设备添加，如图5-8所示。

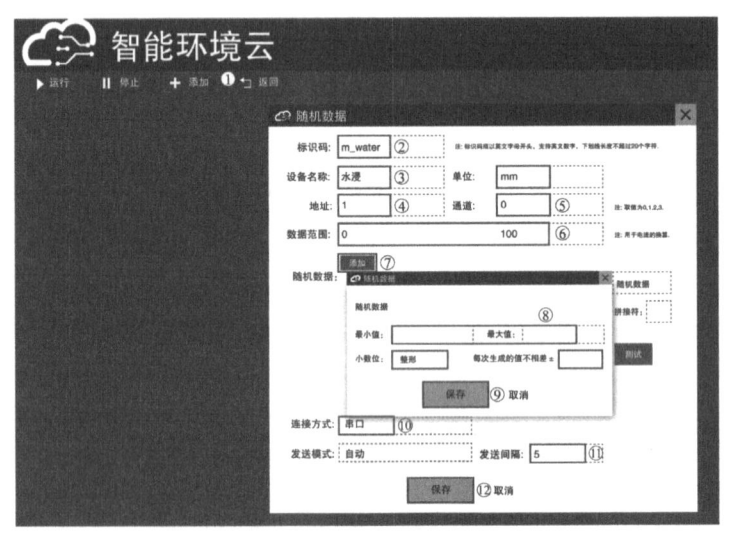

图5-8 水浸传感设备添加

6. 运行环境云

单击"运行"按钮，智能环境云向NewSensor发送数据，NewSensor接收到智能环境云的数据，如图5-9所示。

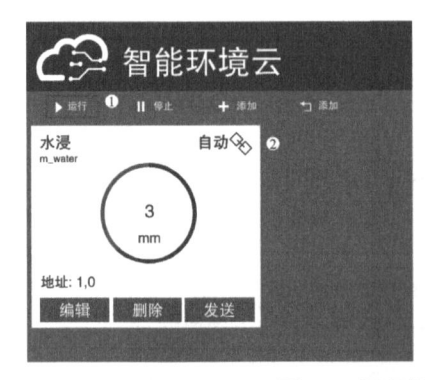

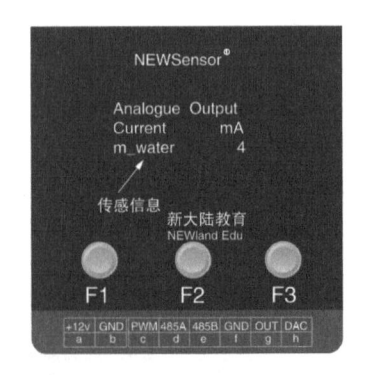

图5-9 运行智能环境云

（二）配置物联网网关

物联网网关中需要添加1个Modbus连接器（用于转发RS-485信号）及1个PLC连接器。然后分别在对应的连接器下面添加相应的设备。

---

① 正确写法为"NewSensor"，本书软件截图为"NEWSensor"。

1. 新增 Modbus 连接器

通过 IP 访问，进入物联网网关配置界面，选择"新增连接器"选项，选择"串口设备"选项，在"设备接入方式"处选择"串口接入"选项，"连接器名称"处填写"RS-485"，在"连接器设备类型"处选择"Modbus over Serial"选项，在"波特率"处选择"9600"选项，在"串口名称"处选择"/dev/ttyS3"选项，单击"确定"按钮完成 Modbus 连接器的添加，如图 5-10 所示。

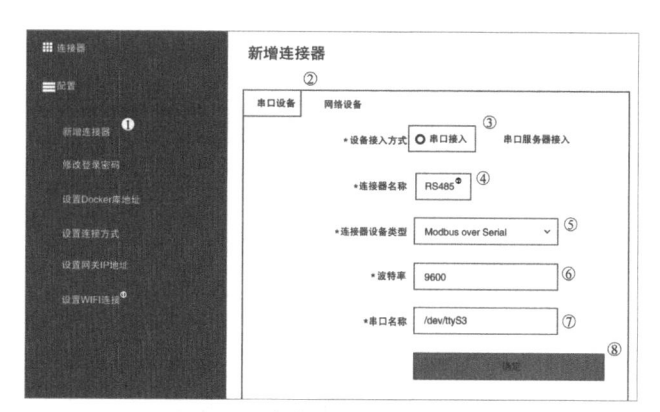

图 5-10　新增 Modbus 连接器

2. 新增 485 型二氧化碳传感器

选择"RS-485"选项，单击"新增"按钮，在"新增"界面填写要添加的设备信息。"设备名称"填"CO_2"，在"设备类型"处选择"二氧化碳传感器（485 型）"选项，在"设备地址"处填写"01"，在"标识名称"处填写"m_CO_2"，"传感类型"选择"485 总线 CO_2 传感器"选项，单击"确认"按钮完成 485 型二氧化碳传感器的添加，如图 5-11 所示。

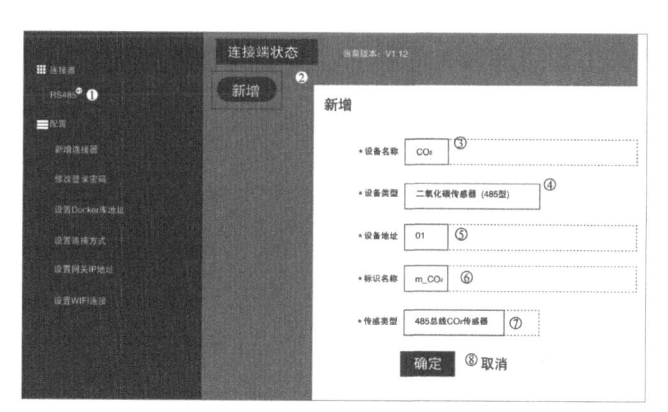

图 5-11　新增 485 型二氧化碳传感器

3. 新增 adam_4017

在"RS-485"连接器界面，单击"新增"按钮，在"新增"界面填写要添加的设备信息。在"设备名称"处填写"adam_4017"，在"设备类型"处选择"4017"选项，在"设

---

① 正确写法为"设置 Wi-Fi 连接"，本书软件截图为"设置 WIFI 连接"。
② 正确写法为"RS-485"，本书软件截图为"RS485"。
③ 正确写法为"RS-485"，本书软件截图为"RS485"。

备地址"处填写"02",单击"确认"按钮完成设备添加,如图 5-12 所示。

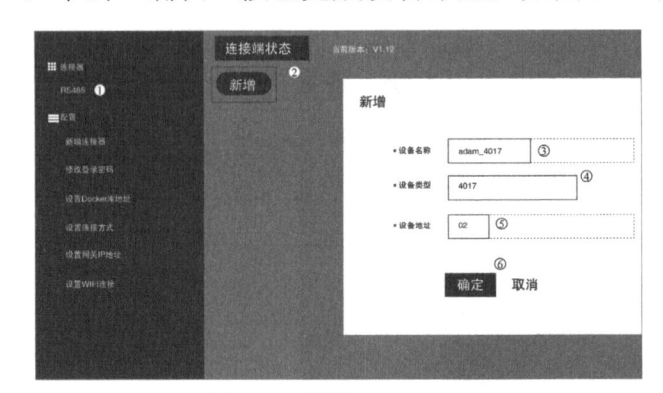

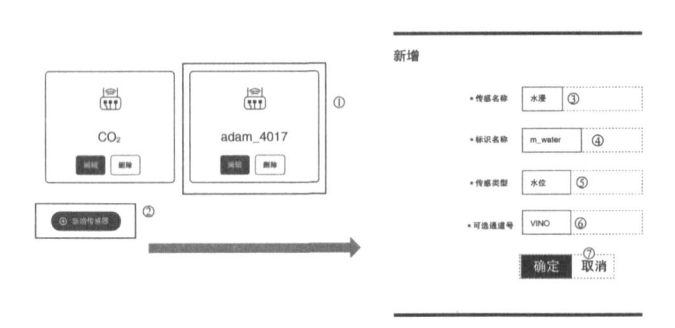

图 5-12 新增 adam_4017

4.adam_4017 下添加传感器

单击"adam_4017"设备图标,单击"新增传感器"按钮,在"新增"界面填写要添加的传感器信息。在"传感名称"处填写"水浸",在"标识名称"处填写"m_water",在"传感类型"处选择"水位"选项,可选通道号则根据传感器连接的 adam_4017 通道选择"VIN0"选项,单击"确定"按钮完成传感器的添加,如图 5-13 所示。

图 5-13 adam_4017 下添加传感器

5.OMR 下添加警示灯

单击"OMR"设备图标,单击"新增执行器"按钮,在"新增"界面填写要添加的执行器信息。在"传感名称"处填写"报警灯",在"标识名称"处填写"alarmlight",在"传感类型"处选择"警示灯"选项,可选通道号根据执行器连接的 OMR 通道选择"DO2"选项,单击"确定"按钮完成执行器的添加,如图 5-14 所示。

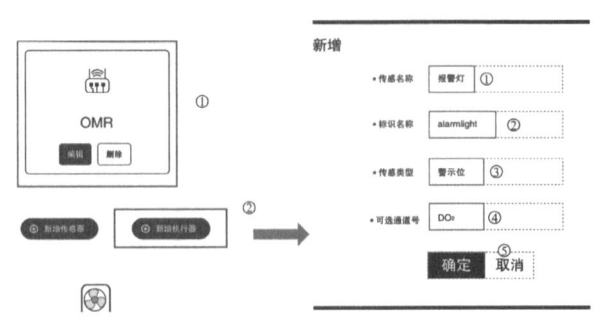

图 5-14 OMR 下添加警示灯

（三）配置云平台

云平台需要同步物联网网关的设备信息，并根据需求设置相应策略。

1. 同步物联网网关设备信息

登录云平台，进入物联网网关设备界面，在网关设备在线的情况下（小黄灯图标亮起），单击"数据流获取"按钮，完成云平台与物联网网关中传感器、执行器的同步。在传感器区块与执行器区块会显示物联网网关中所有的传感器与执行器。云平台同步物联网网关设备信息，如图 5-15 所示。

图 5-15　云平台同步物联网网关设备信息

2. 设置策略

设置二氧化碳浓度或水浸高度阈值超过阈值将触发警报。当二氧化碳浓度超过 1 000 ppm 时，就会让人感觉到空气浑浊，引起身体不适。当水浸高度超过 30 cm 时，水有可能通过汽车进气口进入发动机内，引发汽车故障。因此，设置条件表达式 CO_2（m_co2）大于 1 000，或者水浸（m_water）大于等于 30 时打开报警灯。触发警报的策略设置，如图 5-16 所示。

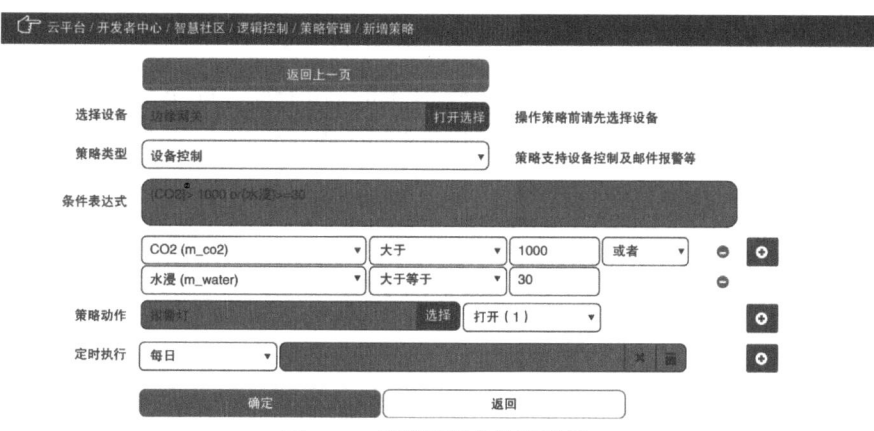

图 5-16　触发警报的策略设置

当二氧化碳浓度正常且当水浸高度低于阈值时解除警报。当二氧化碳浓度低于 800 ppm 时，人体呼吸比较顺畅，当水浸高度降到 20 cm 以下时，大部分车辆不会引发发动机进水问题。因此，设置条件表达式二氧化碳（m_co2）小于 800 并且水浸（m_water）小于 20 时关闭报警灯。解除警报的策略设置，如图 5-17 所示。

---

① 正确写法为"通信协议"，本书软件截图为"通讯协议"。
② 正确写法为"CO_2"，本书软件截图为"CO2"。

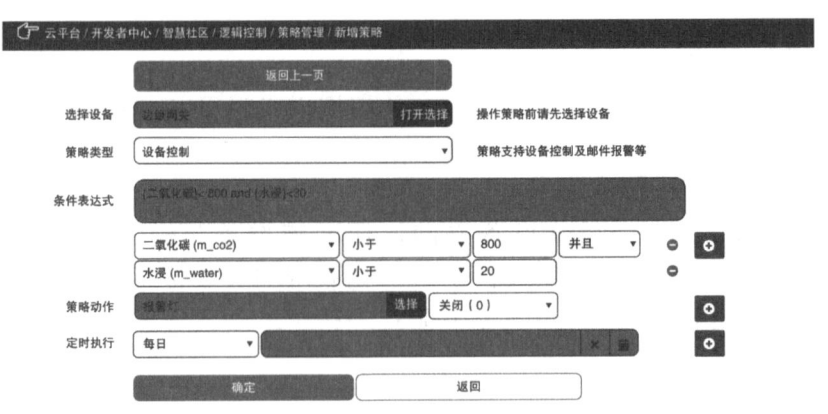

图 5-17 解除警报的策略设置

设置好触发警报和解除警报条件表达式的策略后,回到"策略管理"界面,单击策略开启按钮,启用以上两个策略,如图 5-18 所示。

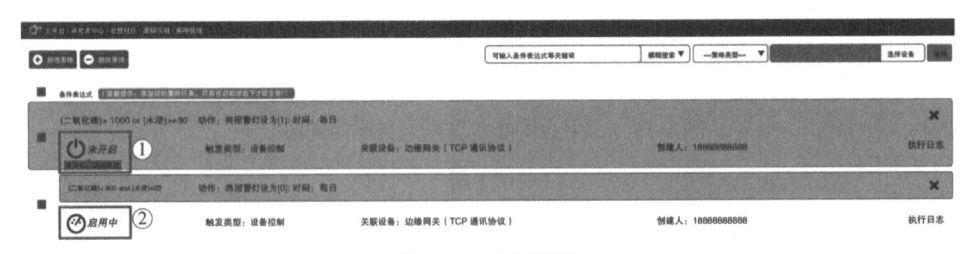

图 5-18 启用策略

四、远程监控设备运行

(一)云平台远程全局监控

大部分的云平台或者专用的系统都能够对设备运行情况进行全局监控。本任务以新大陆云平台为例介绍如何监控设备在线情况、监控实时传感数据及查询历史数据(以下内容只介绍相应界面,具体设备情况应根据实际情况判断)。

1. 监控设备在线情况

在设备管理界面可查看各设备的在线情况,如图 5-19 所示可知 NB 设备离线,边缘网关设备在线。

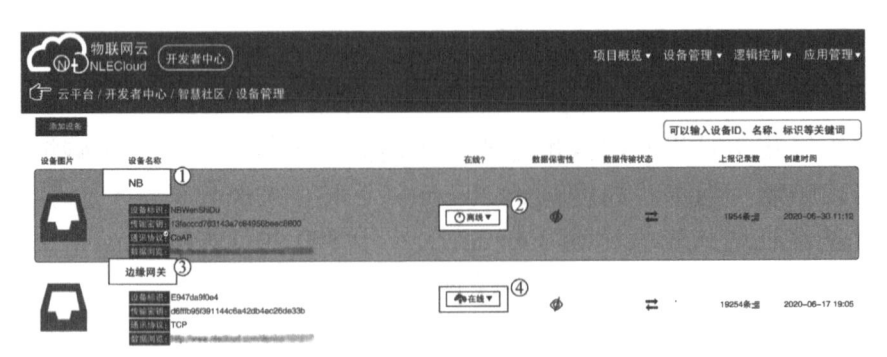

图 5-19 查看设备在线情况

---

①正确写法为"通信协议",本书软件截图为"通讯协议"。

2. 监控实时传感数据

单击设备名称进入相应设备传感器界面，单击"下发设备"后的█按钮，打开实时数据开关，数据收发正常的传感器和执行器会显示数据及发送时间，离线或故障的设备会显示"无数据"，如图 5-20 所示。

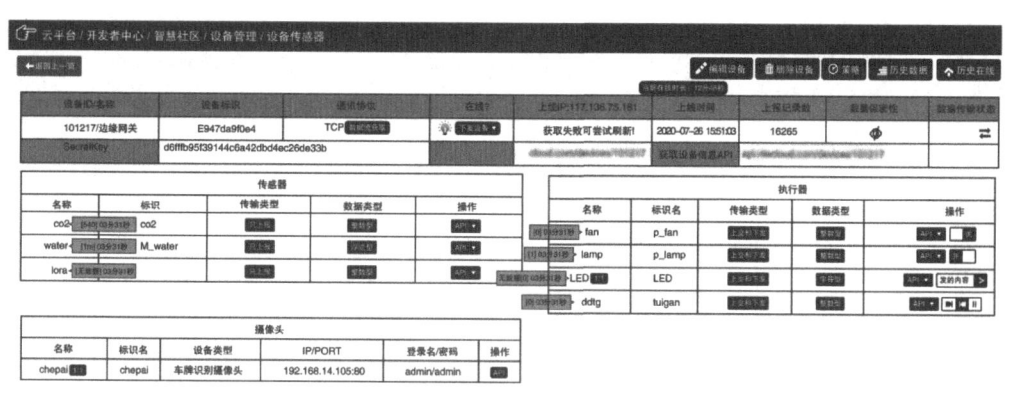

图 5-20　监控实时传感数据

3. 查询历史数据

通过单击设备传感器界面右上角的"历史在线"及"历史数据"按钮，可以查询传感器设备历史在线情况及各传感器的历史数据，如图 5-21 所示。

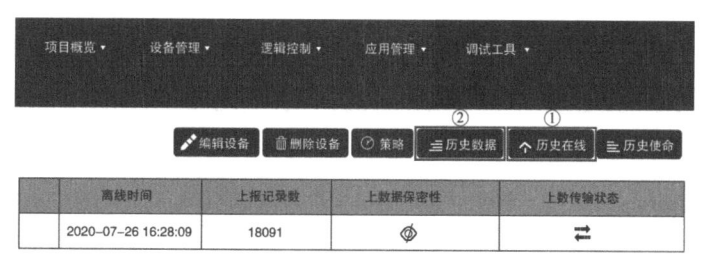

图 5-21　历史在线及历史数据

历史在线数据包含记录 ID、设备名、设备标识、状态、上下线时间、通信协议、连接的服务、连接的服务端口、上下线 IP、上下线地区、下线类型及在线时长等信息。重点要关注下型类型，对于异常退出及超时退出的情况需要进行记录。设备历史在线情况如图 5-22 所示。

图 5-22　设备历史在线情况

---

① 正确写法为"通信协议"，本书软件截图为"通讯协议"。
② 正确写法为"下线类型"，本书软件截图为"下型类型"。

历史传感数据包括传感 ID、传感名称、传感标识名及传感值/单位等信息，由于物联网系统的传感信息收发比较频繁，可以根据需要采用三种方式查询：默认方式查询（按时间排序）、选择指定的传感器进行查询、指定时间段进行查询。查询历史传感数据，如图 5-23 所示。

图 5-23　查询历史传感数据

（二）远程监控设备

在网络通畅的情况下，部分设备可以通过远程访问进行配置及监控其工作情况。远程访问的方式有两类，一类可以通过 IP 进行 Web 访问，另一类需要通过专用软件进行访问。以 D_Link 与 PLC 为例，D_Link 可以通过 IP 进行 Web 访问，PLC 则需要通过 CX-P.exe 进行连接。

1. 远程监控 D_Link

通过 IP 访问 D_Link，可以查看 D_Link 的网络连接状态、在线设备和实时网速及系统信息，如图 5-24 所示。

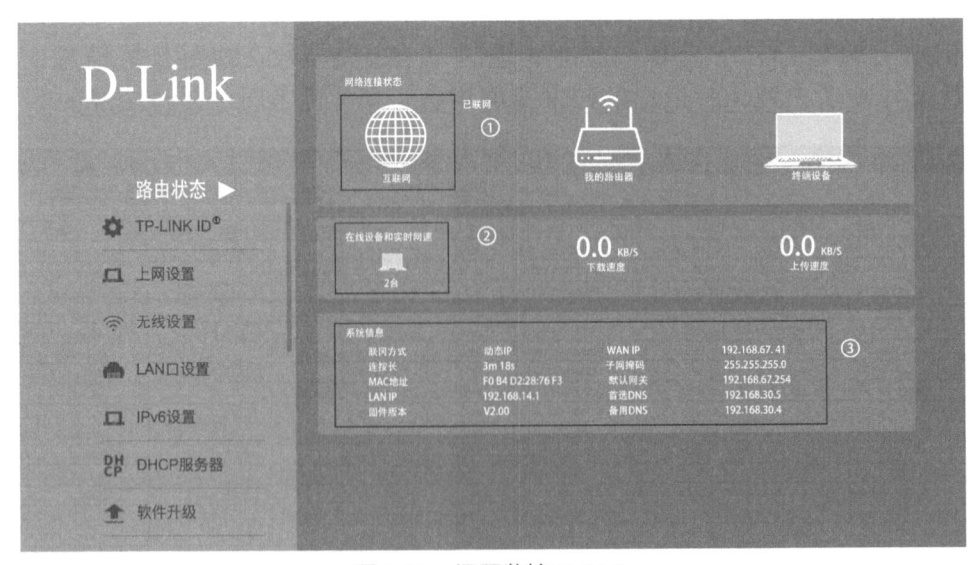

图 5-24　远程监控 D_Link

①正确写法为"CO_2"，本书软件截图为"CO2"。

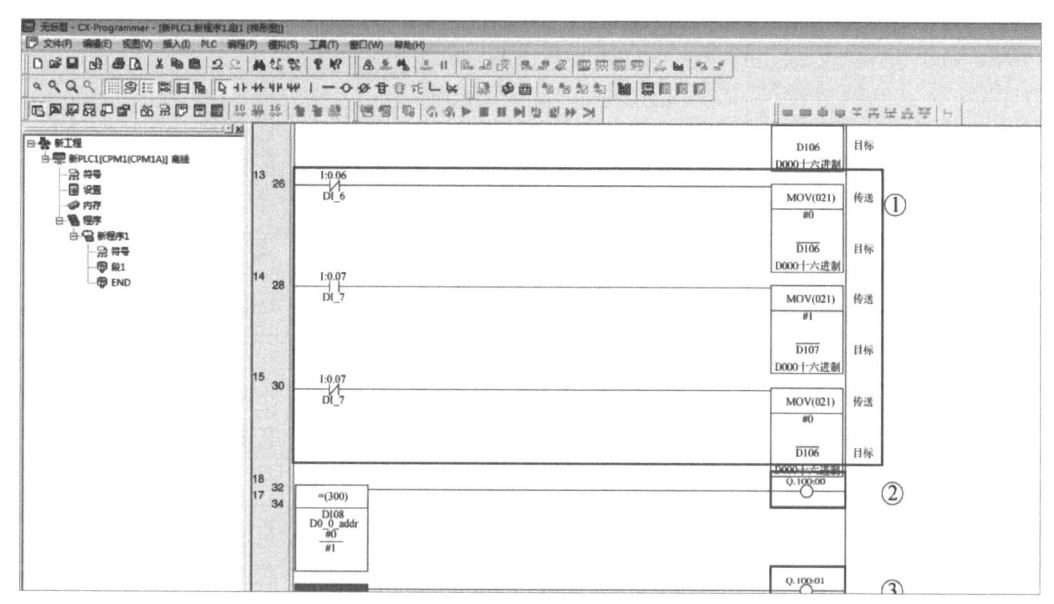

2. 远程监控 OMRON CP2E

OMRON CP2E 监控界面以梯形图的形式远程查看设备的内部程序执行情况，设备运行监控界面，如图 5-25 所示。①表示输入端口情况；②表示输出 00 口截止；③表示输出 01 口导通。出现错误时，可查看错误日志。

图 5-25 远程监控 OMRON CP2E

五、现场巡检设备

远程监控给设备运维带来诸多便利，但还不能完全替代现场巡检工作。现场巡检是检查设备安装情况、确认执行器工作情况，以及设备硬件故障检测的重要手段。

（一）检查设备安装情况

检查各设备安装是否牢固，传感器安装位置是否合理，设备外观是否破损，布线是否规范，安全隐患是否存在。

（二）确认执行器工作情况

操控执行器，查看执行器是否按要求完成动作。

（三）设备硬件故障检测

如有故障，结合多用表、串口调试工具、厂商专用工具等进行检测，寻找故障点。

六、登记设备运维记录

结合设备远程监控及现场巡检，了解设备运行状况，如实登记设备运行记录表，见表 5-5。

表 5-5　设备运行记录表

合同名称：车库环境系统项目　　　　　　　　　　　　　　　　　　编号：CKHJXT-2020-CK-01

序号	日期	时间	设备名称	位置	编号	设备运行情况	记录人	故障申报情况
			物联网网关	机房	CKHJXT-2020-jf-001	当前状态：□正常　□故障　□未知 设备详情：		
			路由器	机房	CKHJXT-2020-jf-002	当前状态：□正常　□故障　□未知 设备详情：		
			OMRON CP2E	监控室	CKHJXT-2020-jks-001	当前状态：□正常　□故障　□未知 设备详情：		
			报警灯	监控室	CKHJXT-2020-jks-002	当前状态：□正常　□故障　□未知 设备详情：		
			485中继器	车库	CKHJXT-2020-ck-001	当前状态：□正常　□故障　□未知 设备详情：		
			ADAM-4017+	车库	CKHJXT-2020-ck-002	当前状态：□正常　□故障　□未知 设备详情：		
			485型二氧化碳传感器	车库	CKHJXT-2020-ck-003	当前状态：□正常　□故障　□未知 设备详情：		
			NS模拟传感器	车库	CKHJXT-2020-ck-004	当前状态：□正常　□故障　□未知 设备详情：		

任务二　智能停车门禁系统故障维护

任务导入

任务描述

运维人员 K 被公司指派到故障维护部门，从事系统故障维护工作。系统运维监控人员上报了设备不在线的故障，运维人员 K 初到部门，对整个系统工作运行状态还不熟悉，他通过模拟简化版的系统，分析系统工作流程，结合操作逐步缩小故障范围，最终完成故障排除任务。

任务要求

1. 正确配置门禁识别终端及微卡口相机。
2. 根据布局图及连线图，正确安装及连接设备。
3. 正确配置网络设备。
4. 正确分析故障原因，及时排除故障。
5. 正确升级门禁识别终端固件。

知识准备

一、常见的物联网设备故障及原因

（一）传感器不能发送数据

常见故障原因：SIM 卡欠费、电源断路、信号线断路、信号干扰、网络攻击、设备损坏。

（二）传感器数据发送不稳定

常见故障原因：供电不稳或不足、信号干扰、信号传输不稳定、信号线接触不良。

（三）物联网终端无法与传感器通信

常见故障原因：终端程序故障、终端参数配置错误、传感器地址与终端不匹配、多传感器地址冲突、信号线缆松动或接线错误、与传感器通信距离超限。

（四）物联网终端无法与网关通信或无法发送数据到数据中心

常见故障原因：终端程序故障、终端参数配置错误、终端通信模块故障、终端 SIM 卡欠费、终端通信线缆故障、终端供电故障、与网关通信距离超限。

（五）物联网网关无法连接感知设备或物联网终端

常见故障原因：网关配置错误、网关供电故障、信号接线松动或错误。

（六）交换机不转发数据

常见故障原因：交换机供电故障、VLAN 配置错误、ACL 配置错误、网络形成环路、端口损坏、网线故障、光模块损坏、光纤故障。

（七）路由器不转发数据

常见故障原因：路由器供电故障、路由配置错误、地址错误、流量过载、规则设置错误、端口损坏、网线故障、光模块损坏、光纤故障。

（八）服务器不能正常开机

服务器不能正常开机常见的原因：主板故障、硬盘故障、内存"金手指"氧化或松动、显卡故障、插卡冲突、操作系统故障、电源、电源模组故障、电源线故障。

（九）服务器不能与交换机或路由器通信

常见故障原因：网线松动、网卡故障、服务器地址配置错误、网络攻击。

二、排除故障的基本方法和步骤

在物联网系统集成项目运维过程中遇到设备故障时，可以利用基本方法和步骤进行排除，掌握故障排除的基本方法和步骤可以提升运维过程中故障排除的效率。

（一）排除故障的基础

要彻底排除故障，必须清楚故障产生的原因，运维人员不仅要具备一定的专业理论知识，还要掌握常用的运维工具的使用方法，同时更需要思考分析的能力，具体要求如下。

（1）了解物联网系统的整体拓扑结构、数据流、技术路线等。
（2）了解物联网系统中各设备的分布位置、线路走向等。
（3）了解设备在整体系统中的作用，以及工作原理、运行形式、接配线、参数配置等。
（4）了解常用的运维工具的使用方法。

（二）常用故障分析和查找的方法

设备故障分析、查找的方法多种多样，运维过程中几种常用的方法如下。

1. 仪器测试法

借助各种仪器、仪表测量各种参数，以便分析故障原因。例如，使用多用表测量设备电阻、电压、电流，判断设备是否存在硬件故障，利用 Wi-Fi 信号检测软件检测通信网络故障原因。

2. 替代法

怀疑某个设备或器件存在故障，并且有备品/备件时，可以做替换试验，观察其故障是否排除。

3. 直接检查法

在了解故障原因或根据经验判断为高概率故障或特殊故障时，可以直接检查所怀疑的故障点。

4. 分析缩减法

根据系统的工作原理及设备之间的关系，结合发生的故障进行分析和判断，减少测量、检查等环节，迅速确定故障发生的范围。

（三）故障排除的步骤

故障的排除过程应按分析、检测、判断的顺序循环进行，逐步缩小故障范围。

1. 信息收集分析

在故障迹象受到干扰前，对所有可能存在有关故障原始状态的信息进行收集、分析和判断。可以从以下几个方面入手。

（1）通过监控和告警工具查看故障具体现象，阅读故障日志。

（2）向系统或设备操作者或者故障发现者询问故障现象。

（3）观察故障，初步分析、判断故障的原因和某设备故障的可能性，缩小故障的发生范围，推导出最有可能存在故障的区域。

2. 设备检测

根据信息收集分析中得到的初步结论和疑问制订排查计划，再根据排查计划，从最有可能存在故障的区域入手，对设备进行详细检测，最终确定故障设备。检测过程中，尽量避免对设备进行不必要的拆卸和参数调整，防止因不慎操作而引起更多故障或掩盖故障症状，从而导致更严重的故障发生。检测过程根据系统整体结构划分若干个小部分或区域，采用上述故障查找方法进行排查。

3. 故障定点

根据故障现象，结合设备的工作原理及与周边设备间的关系，判断设备是物理故障还是逻辑故障，确定发生故障的原因。物理故障是指设备或线路损坏、插头松动、线路受到严重电磁干扰等；逻辑故障是指设备配置错误或设备程序文件丢失、宕机等。

4. 故障排除

确定故障点后，可以对故障进行修复或更换设备。具体修复方式应根据故障原因、技术条件、备品备件，以及运维资金等情况来选择。

5. 排除后观察

排除设备故障后，运维人员应对设备接配线、配置参数等进行详细检查后再送电，确认设备是否正常运转，系统功能是否恢复。设备故障排除后，要跟踪观察其运行情况一段时间，确保系统已稳定工作。故障的类型、原因、修复方式等都要做记录，并纳入运维知识库，以便后期系统出现类似故障时，能更快地进行排查和修复。

6. 物联网系统运行维护

物联网系统运行维护主要是指对物联网应用系统及其支撑平台（中间件）软件进行维护。

应用系统软件架构通常分为 C/S 和 B/S 架构。其中，B/S 架构具有分布性特点，可以随时随地进行查询、浏览等业务的处理。B/S 架构系统开销小、业务扩展升级简单方便，通过增加网页即可增加系统功能。B/S 架构的维护也简单方便，只需要改变服务端界面即可实现所有用户的同步更新。另外，B/S 架构还具有开发简单、跨平台性强等优点，所以目前多数物联网应用系统都采用 B/S 架构进行开发，物联网系统集成项目运维中也多数是对 B/S 架构的系统进行运维。本任务主要介绍基于 Web 的应用系统和常见的几种数据库系统的维护。

三、设备简介

（一）门禁识别终端

门禁识别终端是一款高性能、高可靠性的人脸识别类门禁产品。它把人脸识别技术完美地融合到门禁产品中，依托深度学习算法，支持刷脸核验开门，实现外来人员的精确控制。外来人员可呼叫住户室内机远程开门。该设备具备高识别率、大库容、识别快等特点，可广泛应用于智慧小区、公安、园区等领域的楼宇系统中。门禁识别终端简况及安装方法，见表 5-6。

表 5-6 门禁识别终端简况及安装方法

设备名称	设备简况	安装方法
门禁识别终端	电源：DC 12 V 接口：100 M 网络接口 ×1、韦根输出 ×1、韦根输入 ×1、RS-485×1、告警输入 ×2、I/O 输出 ×1、音频输入 ×1、音频输出 ×1、USB×1 人脸识别率：> 99% 人脸识别距离：0.3 m ~ 3.2 m 人脸库容：最高 50 000 幅 屏幕尺寸及分辨率：触摸屏，7 英寸，600 像素 ×1024 像素 工作环境：-30 ℃ ~ 60 ℃	1. 将背板卸下，用 M4 螺钉通过背板上的固定孔位将背板固定于墙体或面板上 2. 将门禁识别终端挂在背板上，并将下方的两个螺钉旋紧，固定

（二）微卡口相机

本任务采用的微卡口相机是一款 200 万像素的工业摄像机。微卡口相机配置低照度光学感应器，适用于低照度环境车辆抓拍及识别应用，拥有自动增益、自动白平衡、宽动态处理等功能，能适应复杂的光照条件环境。它拥有先进的 H.265 编码算法，压缩效率更高。微卡口相机简况及安装方法见表 5-7。

表 5-7 微卡口相机简况及安装方法

设备名称	设备简况	安装方法
微卡口相机	电源：12 V 电源适配器 图片分辨率：1920 像素 ×1080 像素 通信接口：网口 识别速度：0.1 s 极速识别 车辆捕获率：≥ 99.5% 车牌识别率：≥ 99.8% 工作温度：-40 ℃ ~ 70 ℃	通过底座的四个孔位将设备固定在墙体或者支架上

（三）LED 屏

本任务采用的显示屏是一款 LED 点阵图文显示屏，以下简称 LED 屏，它是由发光二极管组成的点阵显示模块，适于播放文字、图像信息。LED 屏具有存储及自动播放的能力，编辑好的文字通过串口传入 LED 屏，然后由 LED 屏脱机自动播放。LED 屏简况见表 5-8。

表 5-8　LED 屏简况

设备名称	设备简况
LED屏	电源：AC 220 V 通信接口：串口 16×80 点阵

（四）交换机

交换机从网桥发展而来，属于 OSI 第二层，即数据链路层设备。它根据 MAC 地址寻址。交换机最大的优点是速度快，因为交换机只需识别帧中 MAC 地址，便可直接根据 MAC 地址选择转发端口。另外，它算法简单，便于 ASIC 的实现，因此交换机的转发速度极高。交换机简况及安装方法见表 5-9。

表 5-9　交换机简况及安装方法

设备名称	设备简况	安装方法
交换机	电源：12 V 适配器 8 个 10/100Base-T 自适应以太网端口 1 个 10/100/1000Base-T 自适应以太网端口 1 个 Console 口	1. 将支架固定于设备左右两端 2. 通过支架上的孔位将支架固定于墙体或者安装面板上

任务实施

一、任务分析

通过远程监控发现系统运行异常，系统出现故障。故障的排除应先动脑后动手，排除过程应按分析、检测、判断的顺序循环进行，逐步缩小故障范围。软件及通信故障主要由于配置被篡改、运行出错、部分服务未启动等原因造成。

（一）网络拓扑分析

要了解故障，应先了解系统正常情况下的运行状态，具备什么样的功能。智能停车门禁系统位于车库入口，通过门禁识别终端（人脸识别）判别进入车库的是否为已登记人员。在云服务器上设置策略"输入相关车牌号"，当微卡口相机识别的车牌号与云上车牌号吻合时，LED 屏显示该车牌号。智能停车门禁系统网络拓扑图，如图 5-26 所示。

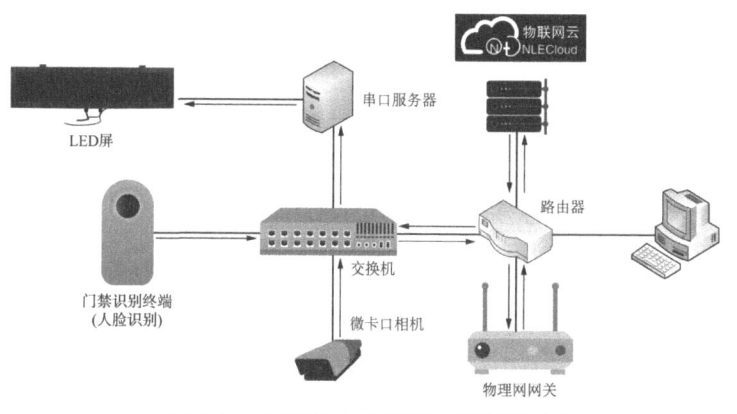

图 5-26　智能停车门禁系统网络拓扑图

（二）故障简要分析

本任务中，门禁识别终端、微卡口相机、串口服务器、物联网网关与计算机等设备，通过路由器、交换机组成一个局域网，局域网设备通过路由器连接云平台。各设备通过在物联网网关中创建的连接器与云平台进行信息交换。如果把网络比作"路"，路由器可以看作"村口"，路由器到云平台的这条"路"是"村子"通往外界的"大路"，各设备与路由器间的"路"是"村子"里各地方到"村口"的"小路"。物联网网关则是"村子"里的"运输大队"，给不同的设备提供了相应的"交通工具"（连接器）。

正常情况下，各个地方的"物品"通过"交通工具"先送到"村口"，再由"大路"送到外界。但也会产生一些故障。

1. 所有"物品"外界都收不到

可能原因："大路"中断或"运输大队"罢工。

检测内容：检查路由器连接外网的情况、检查物联网网关配置及工作情况。

2. 部分"物品"外界收不到

可能原因："物品"不生产了、"小路"断了或"交通工具"出现问题。

检测内容：检查传感设备是否正常工作、检查设备网络设置是否正确、检查物联网网关相应的连接器配置是否正确。

二、配置自动识别设备

参照表 5-10 对各设备 IP 做一个规划，各设备 IP 按表统一配置。

表 5-10　设备 IP 及网关

设备名称	IP	网关
路由器	192.168.14.1	
物联网网关	192.168.14.100	192.168.14.1
门禁识别终端	192.168.14.110	192.168.14.1
微卡口相机	192.168.14.120	192.168.14.1
串口服务器	192.168.14.200	192.168.14.1
PC	自动获取	192.168.14.1

（一）配置门禁识别终端

门禁识别终端初始 IP 是 DHCP 自动获取，配置门禁识别终端主要包含设置 IP、配置核验模板、添加人脸库及人脸数据等。

1. 连接设备并启动

将 PC、门禁识别终端连在同一网络内，门禁识别终端通电后显示密码配置界面，按提示配置系统密码"admin123456"，单击"确定"按钮完成密码设置。

2. 通过 IP 访问门禁识别终端

门禁识别终端左下角会显示其 IP，PC 端打开浏览器，在地址栏输入门禁识别终端的 IP，连接后会出现登录界面，"用户名"填写"admin"，"密码"填写刚刚设置的密码"admin123456"，单击"登录"按钮进入门禁识别终端 Web 界面。

3. 设置 IP

选择"配置"选项卡，单击"常用"按钮，选择"有线网口"选项，将"获取 IP 方式"设置成"静态地址"，"IP 地址"设置成"192.168.14.110"，"子网掩码"设置成"255.255.255.0"，"默认网关"设置成"192.168.14.1"，单击"保存"按钮，完成 IP 设置，如图 5-27 所示。

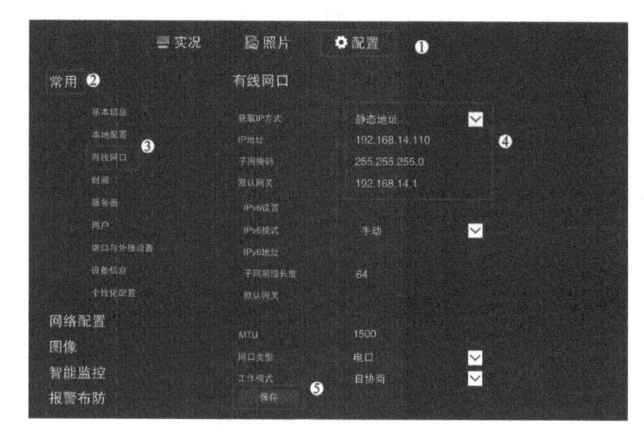

图 5-27　设置 IP

4. 添加核验模板

单击"智能监控"按钮，选择"核验模板"选项，单击"添加"按钮，添加一个名为"车库门禁"的模板，单击"车库门禁"选项，对模板进行配置。前两栏是时间段，第三栏是核验的内容，在第三栏处，选择"人脸白名单"选项。若要每天都按同一模板进行比对，勾选"全选"复选框，单击"复制"按钮，即可将刚刚的设置复制到每一天，单击"保存"按钮，完成核验模板配置，如图 5-28 所示。

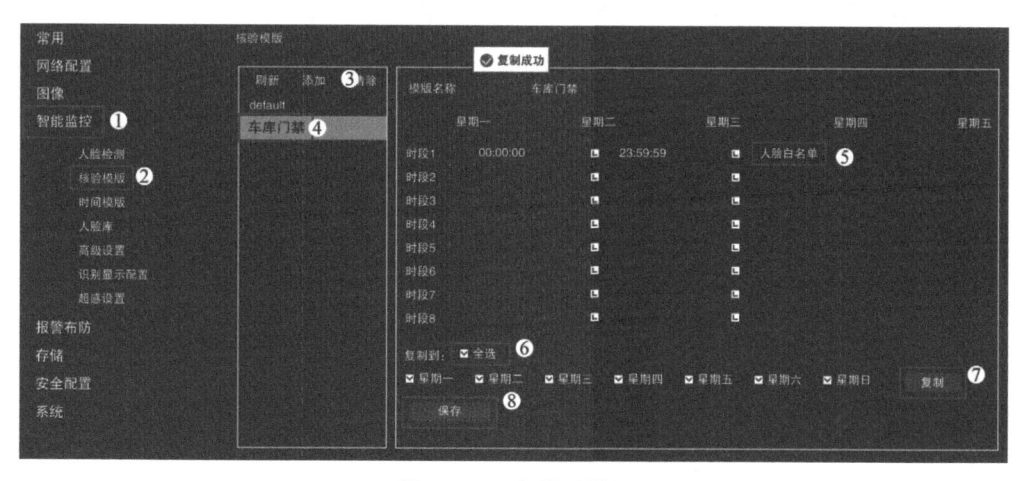

图 5-28　添加核验模板

5. 添加人脸库

选择"人脸库"选项，单击"人脸库"下方的"添加"按钮，弹出"添加库"对话框。在"库名称"处填写"车主"，在"核验模板"处选择"车库门禁"选项，单击"确定"按钮，完成人脸库添加，如图5-29所示。

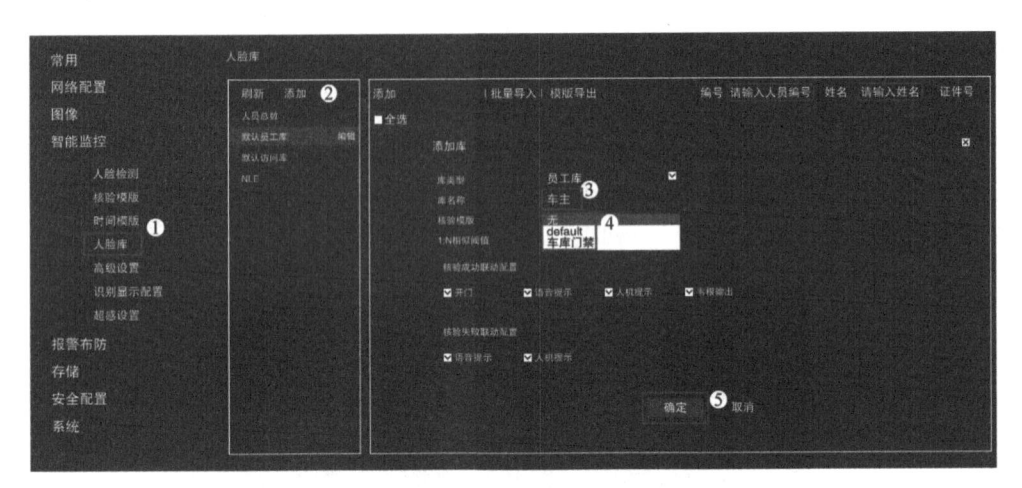

图 5-29　添加人脸库

6. 添加人脸信息

在"人脸库"中选择"车主"选项，单击"添加"按钮，添加人脸信息，如图5-30所示。"基本信息"中的编号与姓名为必填项，证件类型与号码可根据需要进行填写，在"照片"选区中单击"本地上传"按钮，将需要比对的人脸照片上传到门禁识别终端，注意图片格式与大小须满足系统要求。

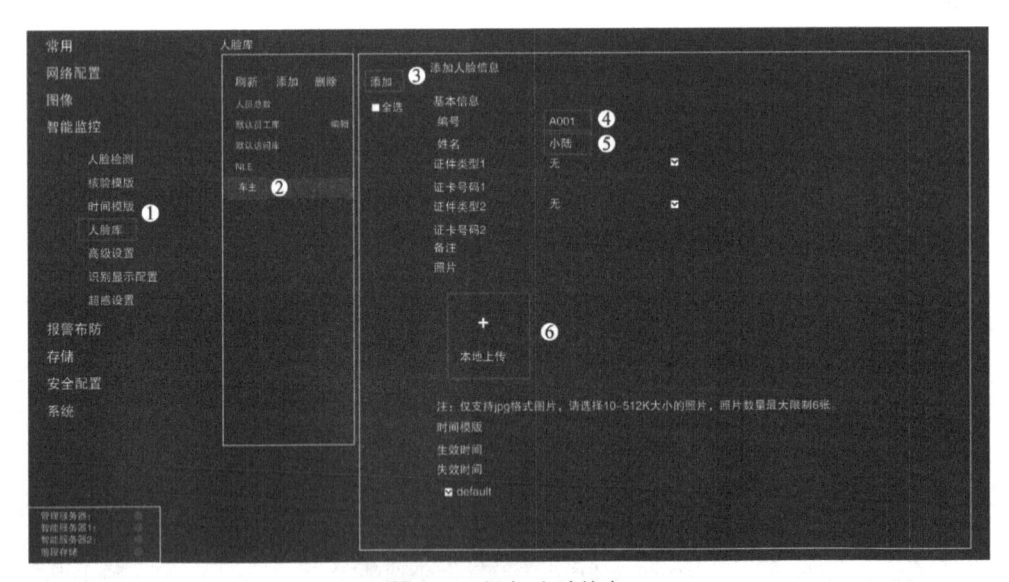

图 5-30　添加人脸信息

7. 设置服务器

选择"系统"中的"服务器"选项，选择"智能服务器"选项卡，在"服务器地址"处填写物联网网关 IP "192.168.4.100"，将"服务器端口"设置为"8887"，单击"保存"按钮，完成服务器配置，如图 5-31 所示。

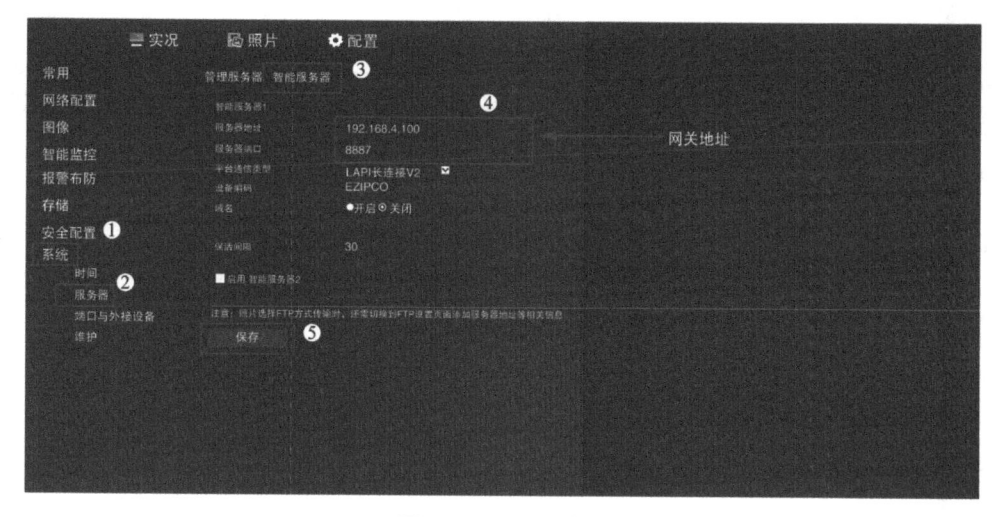

图 5-31　设置服务器

（二）配置微卡口相机

微卡口相机的初始 IP 是 DHCP 自动获取的，可以通过厂商的软件查询，默认账号为"admin"，密码为"admin"。配置主要包含设置 IP 及配置车牌检测区，具体步骤如下。

1. 查询 IP

将微卡口相机与 PC 连在同一网络内。初次使用，可以借助 IP 扫描工具或者厂商的软件 Guard Tools 2.0 进行 IP 查询，若非初次使用，建议采用厂商软件直接读取 IP，如图 5-32 所示。

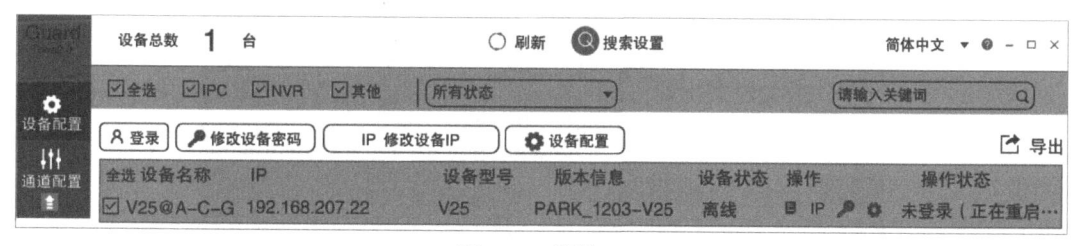

图 5-32　查询 IP

2. 修改 IP

修改 IP 有两种方式，一种是将 PC 端的 IP 改成与相机同网段，然后通过 IP 访问微卡口相机，进入微卡口相机网络配置界面进行修改；另一种是通过厂商的软件 Guard Tools 2.0 进行修改。修改过程如下。

选中设备，单击"修改设备 IP"按钮，输入账号与密码登录后进入"修改设备 IP"界面。根据网络规划，在"新 IP"处填写"192.168.14.120"，在"子网掩码"处填写"255.255.255.0"，在"网关"处填写"192.168.14.1"。单击"确定"按钮完成 IP 修改，如图 5-33 所示。

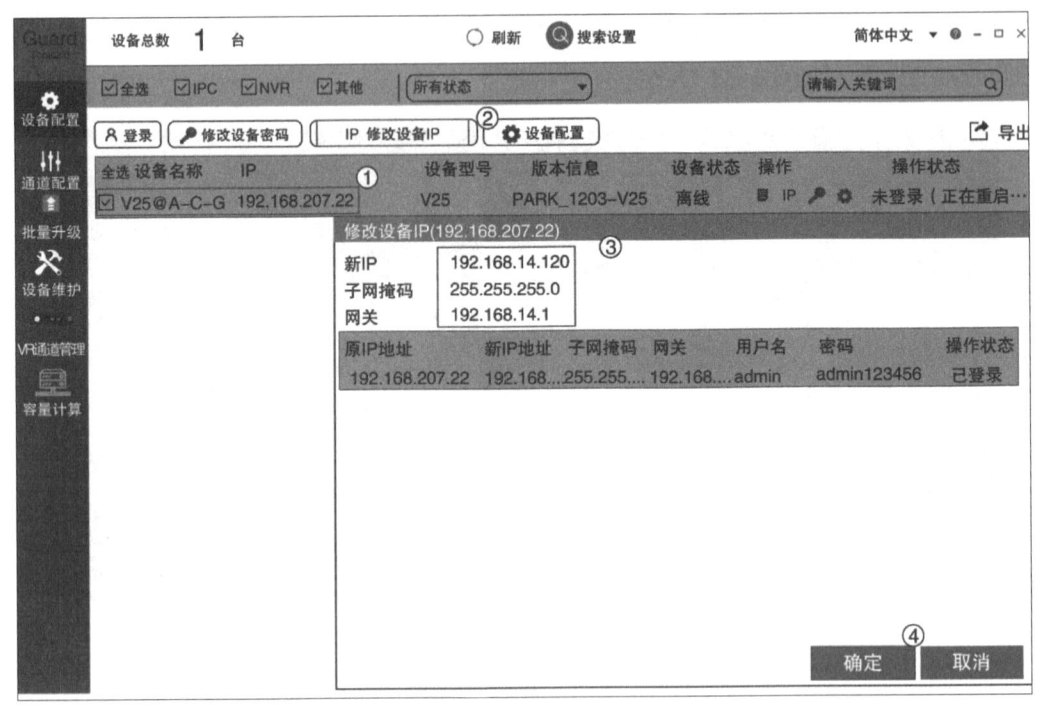

图 5-33　修改 IP

3. 登录微卡口相机

在浏览器地址栏输入微卡口相机 IP，出现如图 5-34 所示的登录界面。输入"用户名"与"密码"（用户名为 admin，默认初始密码为 admin），单击"登录"按钮进入微卡口相机 Web 界面。

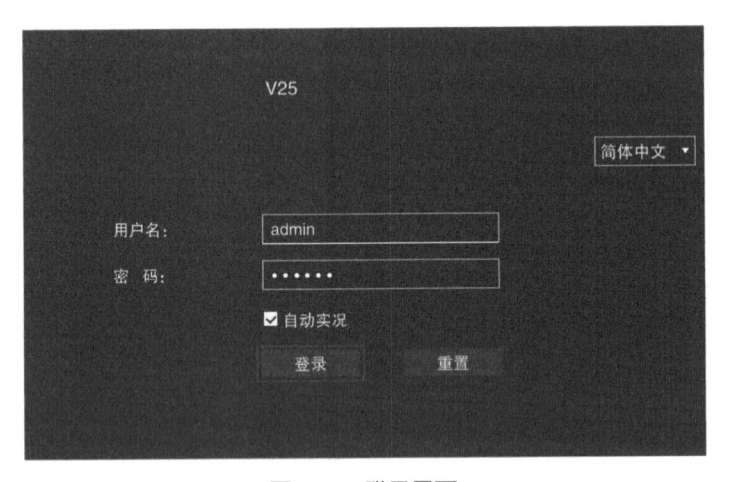

图 5-34　登录界面

4. 测试识别效果

右下角的区域为功能设置区块，单击相关按钮可进行相应的功能配置。主显示区域为摄像头采集的图像。主显示区正下方记录采集到的过往车辆的信息。主显示区域右侧展示了识别的过程，先拍下车辆图片，再定位车牌，最后识别车牌，如图 5-35 所示。

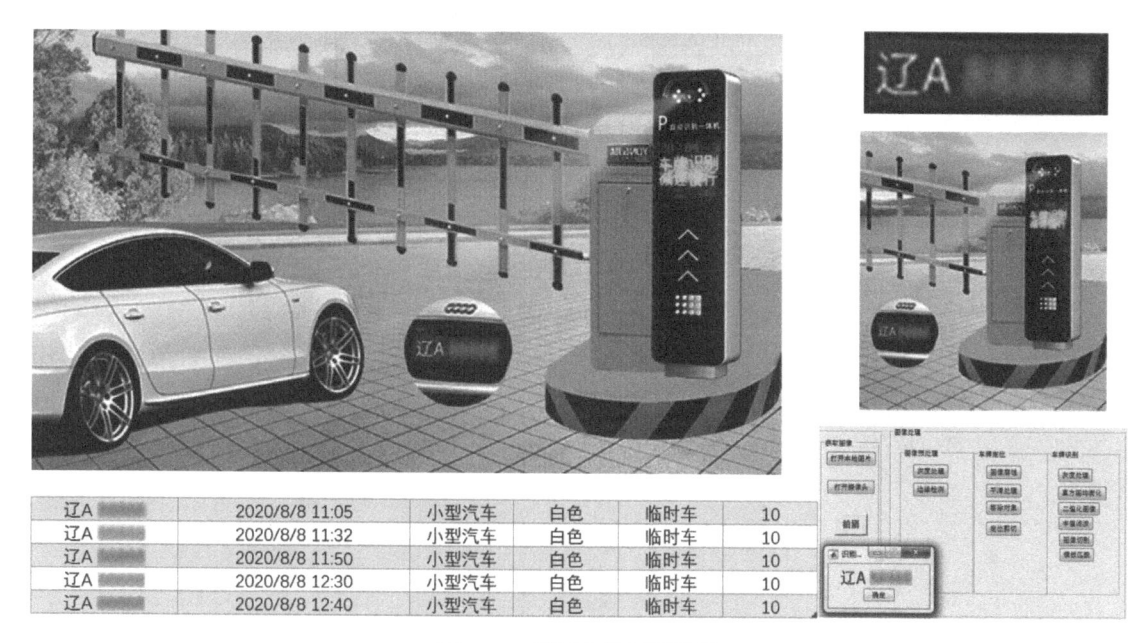

图 5-35　测试车牌识别效果

三、安装与连线系统

（1）参照如图 5-36 所示的停车门禁系统参考布局图安装设备。要求设备安装牢固，布局合理。

（a）　　　　　　　　　　　　　　（b）

图 5-36　停车门禁系统参考布局图

（2）根据智能停车门禁系统连线图进行连线，如图 5-37 所示。
注意事项：电源大小和极性切勿接错。

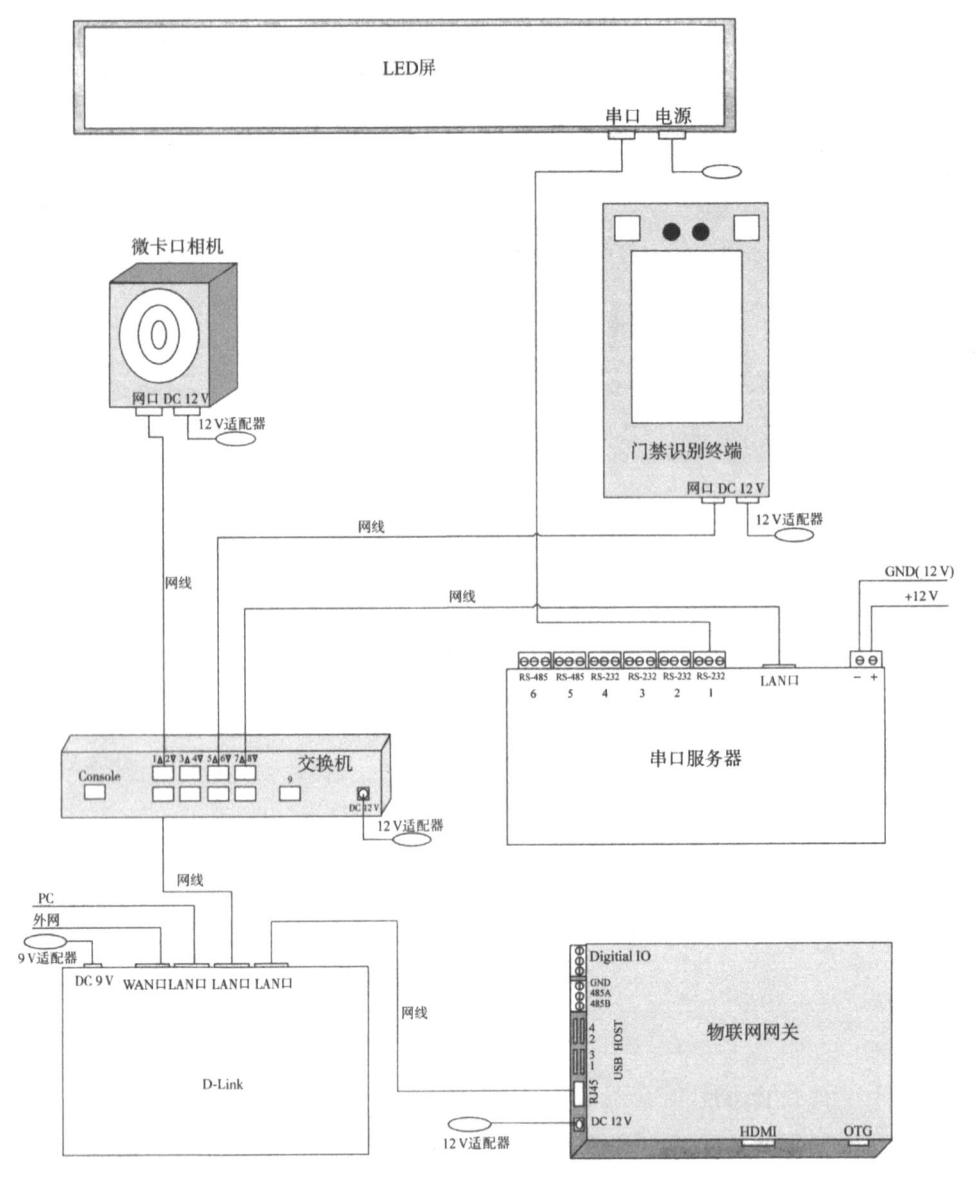

图 5-37 智能停车门禁系统连线图

四、部署系统

（一）配置物联网网关

在物联网网关中，需要配置物联网网关与云平台的连接方式，添加人脸识别连接器、车牌识别连接器及 LED 屏显示连接器，并在相应的连接器下添加传感器。

1. 配置与云平台的连接方式

选择"设置连接方式"选项，单击 cloudclient 的"编辑"按钮，如图 5-38 所示。

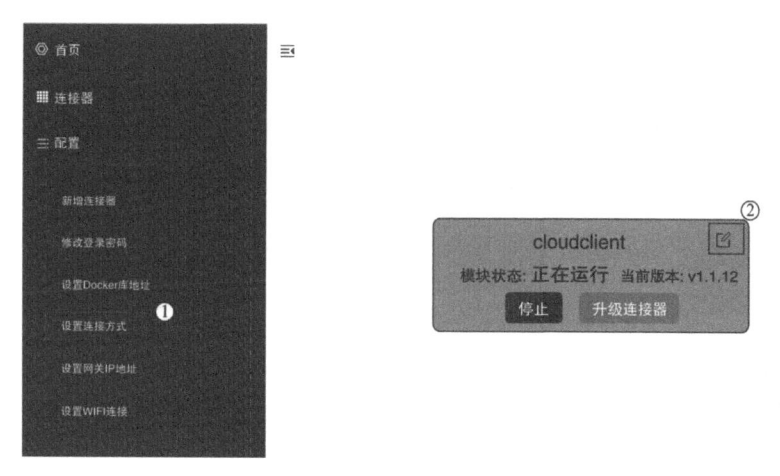

图 5-38 单击"编辑"按钮

进入"设置 TCP 连接参数"界面,将"云平台/边缘服务 IP 或域名"设置为"192.168.68.222",将云平台/边缘服务 Port 设置为"8600",单击"确定"按钮,如图 5-39 所示。

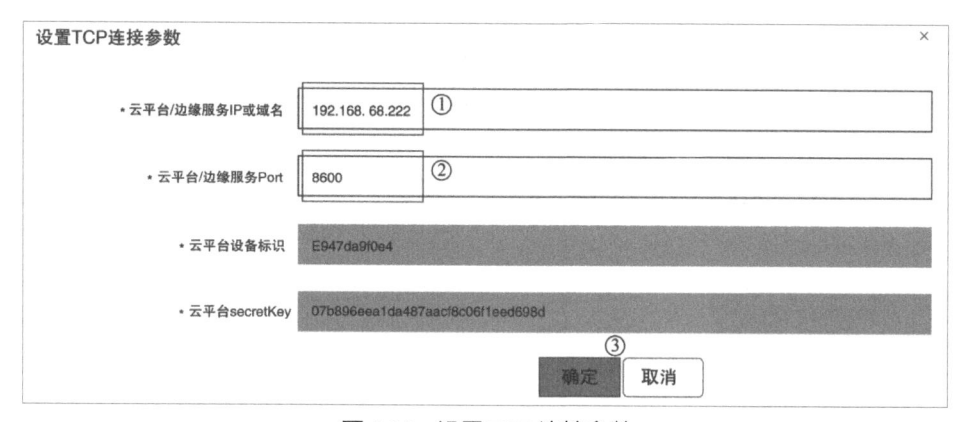

图 5-39 设置 TCP 连接参数

2. 添加人脸识别连接器

选择"新增连接器"选项,选择"网络设备"选项卡,在"网络设备连接器名称"处填写"face","网络设备连接器类型"选择"HAIDAI Face Recognizer"选项,"端口"填写"8887",单击"确定"按钮,完成人脸识别连接器的添加,如图 5-40 所示。

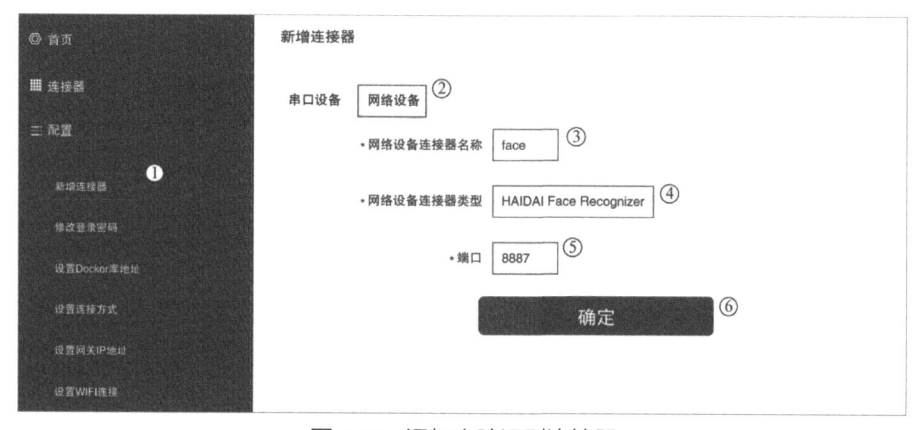

图 5-40 添加人脸识别连接器

3. 添加车牌识别连接器

选择"新增连接器"选项，选择"网络设备"选项卡，"网络设备连接器名称"处填写"BRESEE_CAMERA"，在"网络设备连接器类型"处选择"HAIDAI BRESEE CAMERA"选项，单击"确定"按钮，完成车牌识别连接器的添加，如图 5-41 所示。

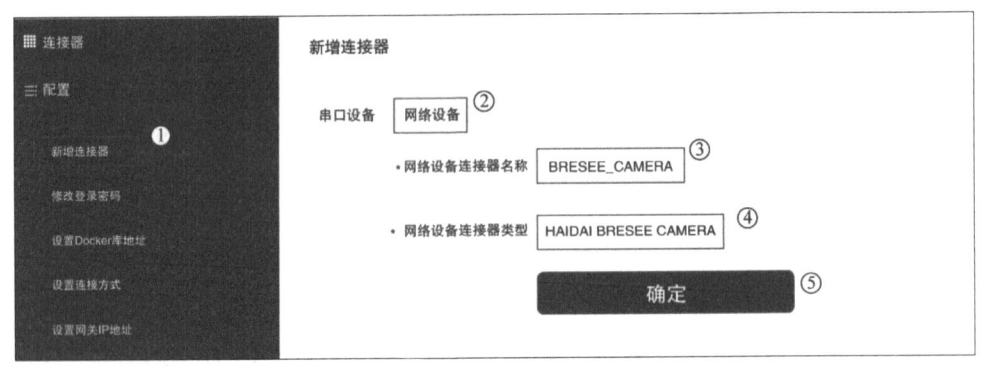

图 5-41 添加车牌识别连接器

4. 添加 LED 显示连接器

选择"新增连接器"选项，选择"串口设备"选项卡，在"设备接入方式"处选择"串口服务器接入"选项，"连接器名称"处填写"LED"，"连接器设备类型"选择"LED Display"选择，"串口服务器 IP"填写"192.168.14.200"，"串口服务器端口"根据具体连线位置填写"6001"，单击"确定"按钮，完成 LED 显示连接器的添加，如图 5-42 所示。

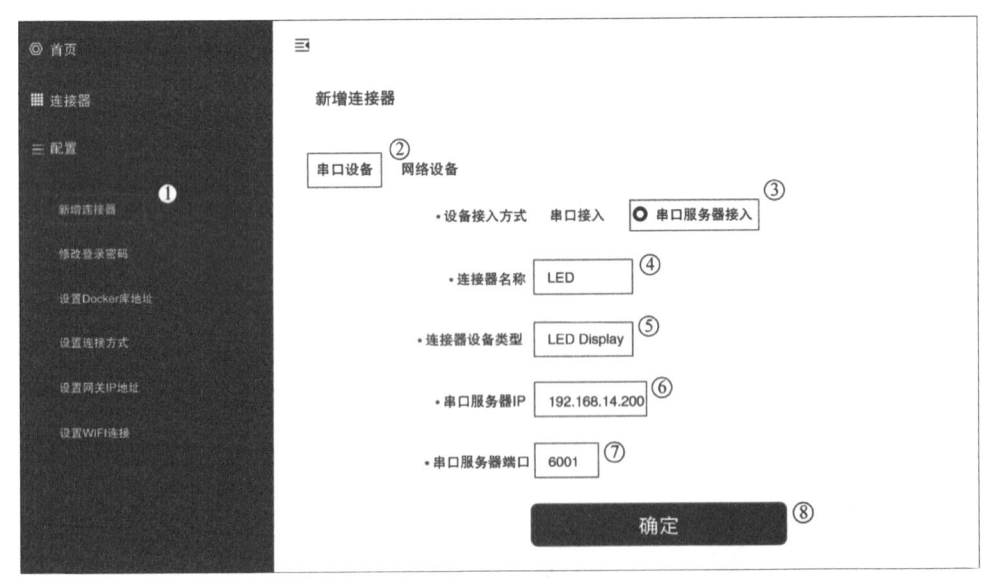

图 5-42 添加 LED 显示连接器

5. 添加人脸识别设备

选择"face"选项，单击"新增"按钮，打开"新增"窗口。"传感名称"处填写"人脸识别"，"标识名称"处填写"face"，"摄像头 IP"处填写"192.168.14.110"，"摄像头端口"处填写"80"，"传感类型"默认为"海带摄像头"，单击"确定"按钮，完成人脸识别设备的添加，如图 5-43 所示。添加完成会出现人脸识别设备图标。

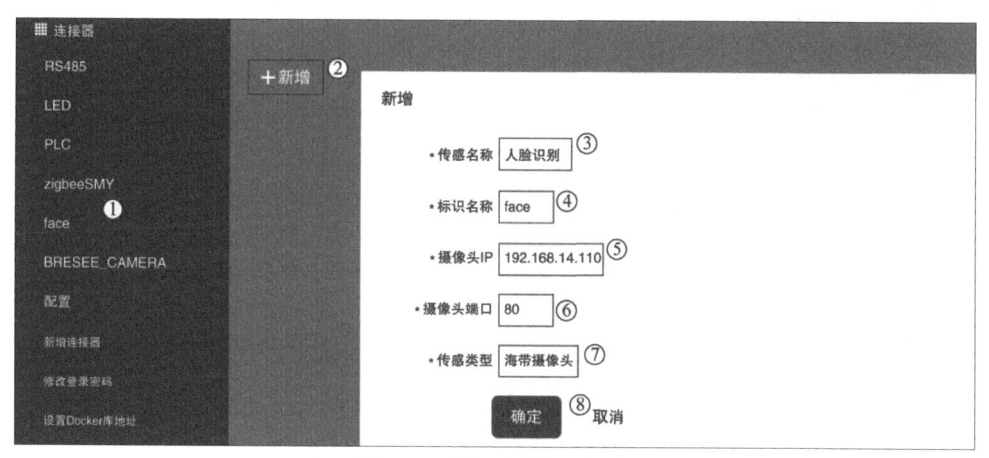

图 5-43　添加人脸识别设备

6. 添加车牌识别设备

选择"BRESEE_CAMERA"选项，单击"新增"按钮，打开"新增"窗口。"传感名称"处填写"车牌识别"，"标识名称"处填写"chepai"，"摄像头 IP"处填写"192.168.14.120"，"摄像头端口"处填写"80"，"用户名"与"密码"默认为"admin"，"传感类型"默认为"海带车牌识别机"，单击"确定"按钮，完成车牌识别设备添加，如图 5-44 所示。添加完成会出现车牌识别设备图标。

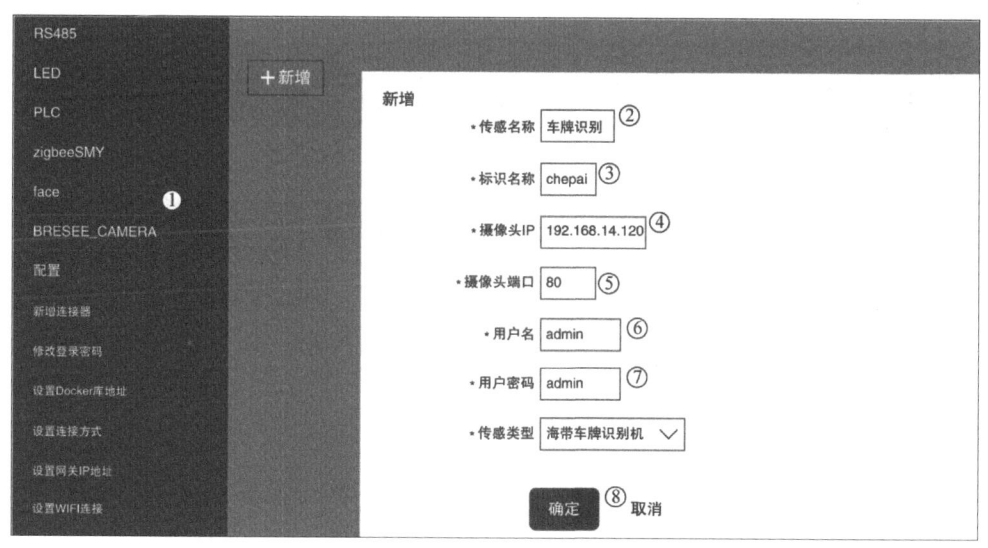

图 5-44　添加车牌识别设备

7. 添加 LED 显示设备

选择"LED"选项，单击"新增"按钮，打开"新增"窗口。"传感名称"处填写"LED"，"标识名称"处填写"LED"，"序列号"处填写"01"，"传感类型"默认为"LED"，单击"确定"按钮，完成 LED 显示设备添加，如图 5-45 所示。添加完成会出现 LED 显示设备图标。

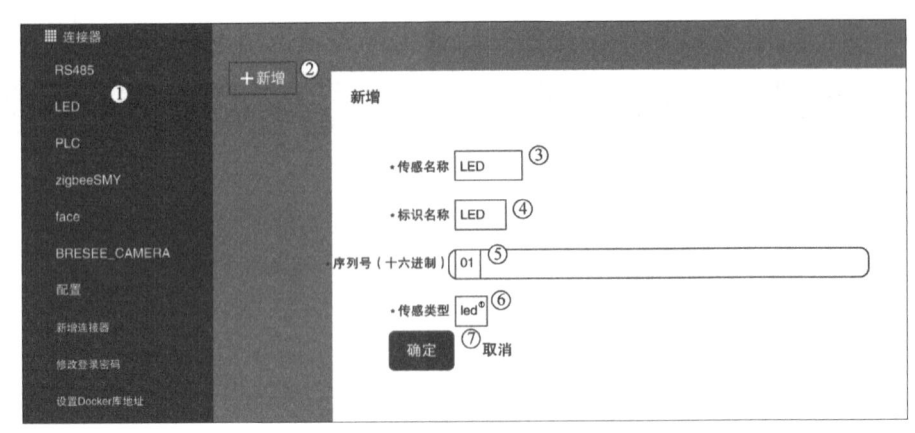

图 5-45　添加 LED 显示设备

（二）配置云平台

云平台需要同步物联网网关的设备信息，并根据需求设置相应策略。

1. 云平台同步物联网网关设备信息

登录云平台，进入物联网网关设备界面，在网关设备在线的情况下（小黄灯图标亮起），单击"数据流获取"按钮，完成云平台与物联网网关中的传感器、执行器同步。完成同步后，在传感器区块与执行器区块会显示物联网网关中添加的所有传感器与执行器。操作如图 5-46 所示。

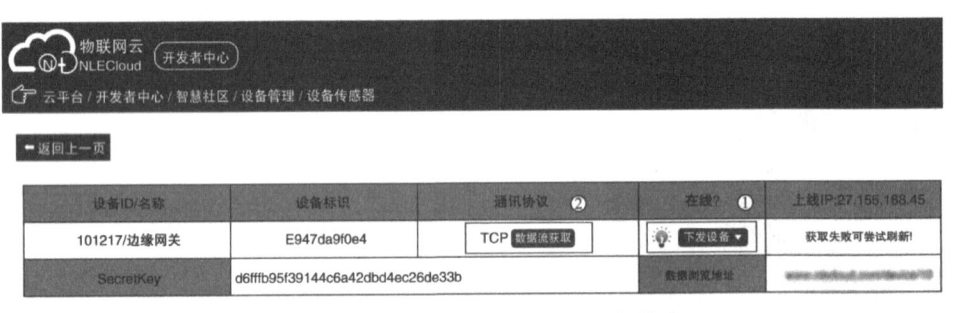

图 5-46　云平台同步物联网网关设备信息

2. 新增策略

通过车牌识别摄像头，识别出车牌号，将有进出权限的车牌显示在 LED 屏上。相应策略的配置过程如下。

进入"策略管理"界面，单击"新增策略"按钮，在"选择设备"处选择"边缘网关"（物联网网关）选项，在"策略类型"下拉列表中选择"设备控制"选项。"条件表达式"有三栏，第一栏选择"车牌识别（chepai）"选项，第二栏选择"等于"选项，第三栏输入有进出权限的车牌号码。在"策略动作"处选择"LED"选项，"自定义值"填写前面的车牌号。单击"确定"按钮，完成策略添加。添加完成后需要开启该策略。新增策略如图 5-47 所示。

---

① 正确写法为"LED"，本书软件截图为"led"。

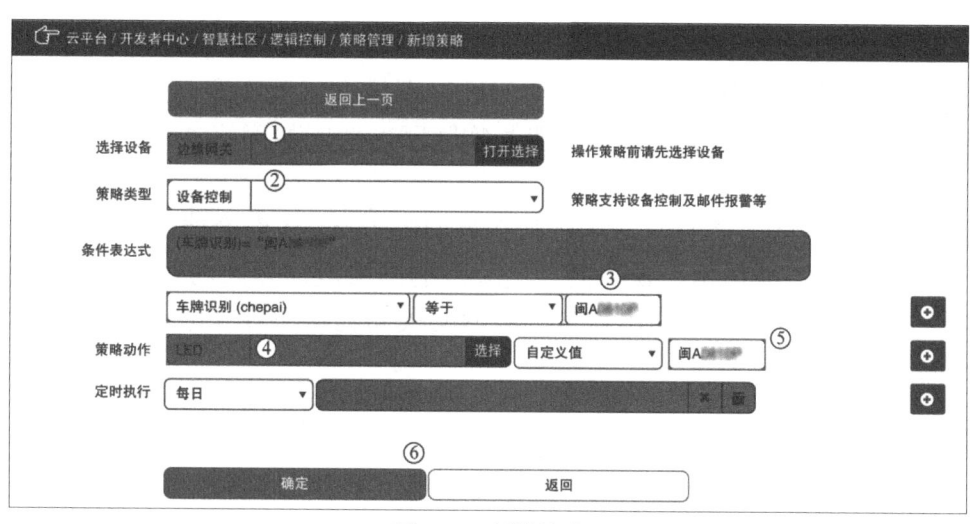

图 5-47　新增策略

五、分析及排除故障

运维监控人员在系统运行过程中发现几处问题，提交给运维人员所在的故障维护部门处理。运维人员有自己的排故操作步骤，如图 5-48 所示。

图 5-48　排故操作步骤

（一）故障分析与排除

1. 故障申报

边缘网关处于离线状态，如图 5-49 所示。

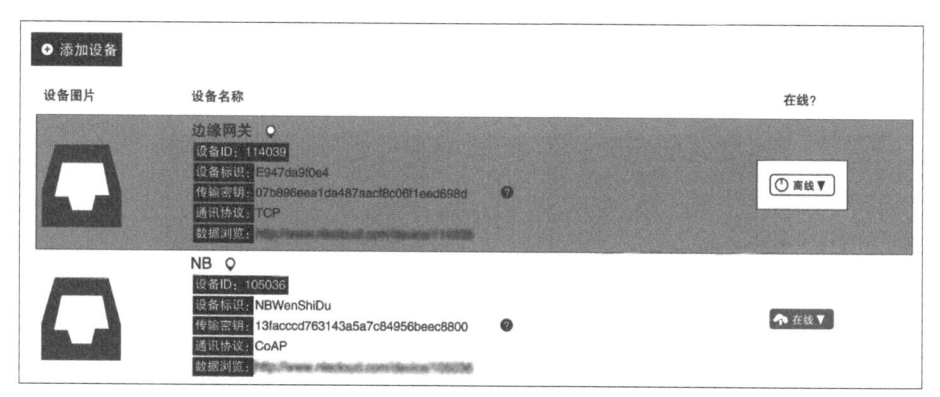

图 5-49　物联网网关离线故障

2. 故障分析

物联网网关离线的原因可能是网络问题或网关的网络设置错误。

3. 处理策略

本着先外部后内部的原则，先排查网络问题，再排查网关设置问题。问题可能出现在 3 个地方：路由器与外网的网络通道、路由器与物联网网关间的网络通道、物联网网关的网络设置错误。

排查网络可以查看路由器的网络连接状态界面的 Internet 连接情况，也可通过局域网内的 PC 访问外网网页，若能访问，说明网关到外网的网络没问题。内网可用 ping 命令或者 IP 访问物联网网关，ping 不通说明路由器与物联网网关间的网络存在故障。最后核查物联网网关的网络设备问题。

4. 排故操作

（1）查看路由器外网连接情况。打开 IE 浏览器，在地址栏输入可用的网址，出现网站界面，说明路由器与外网连接正常，如图 5-50 所示。

图 5-50　连接正常

若无法访问，检查网线及路由器的配置。

（2）检查路由器与物联网网关间的网络通道。PC 接在路由器上，如果通过 ping 命令能够接收到物联网网关的回复，说明物联网网关与路由器之间是连通的，如图 5-51 所示。

如果收不到物联网网关的回复，说明物联网网关与路由器间存在故障，如图 5-52 所示。检查网线是否接好。

图 5-51　连通正常

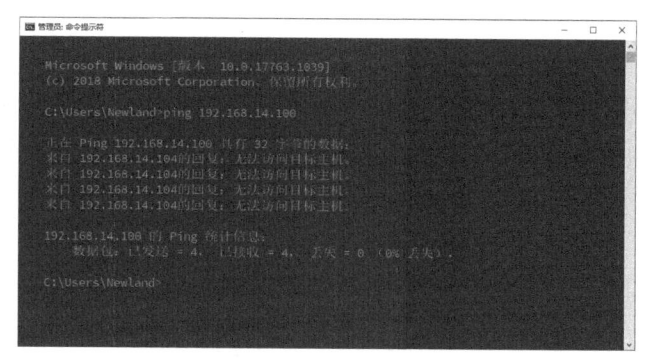

图 5-52 通信故障

（3）检查物联网网关网络配置。在确保网络通畅的情况下，通过 IP 访问进入物联网网关配置界面，在设置 TCP 连接参数对话框中修改云平台 / 边缘服务 IP 或域名，如图 5-53 所示。

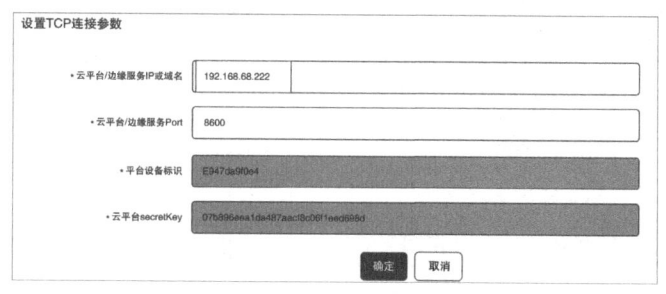

图 5-53 设置 TCP 连接参数对话框

将云平台 / 边缘服务 IP 或域名修改为"120.77.58.34"，单击"确定"按钮，如图 5-54 所示。

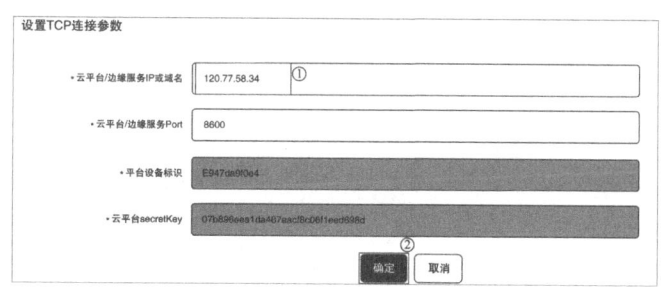

图 5-54 修改云平台 / 边缘服务 IP 或域名

5. 排故结果查询

登录云平台，查看设备在线情况，边缘网关显示"在线"，说明故障已修复，如图 5-55 所示。

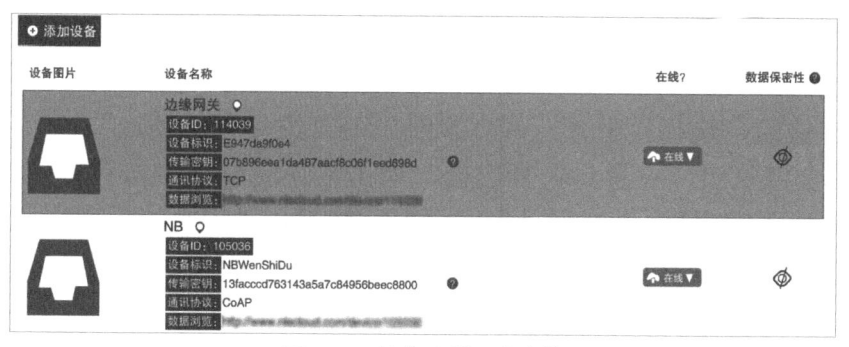

图 5-55 边缘网关正常在线

217

（二）固件升级

异常提示：厂家提示需要对门禁识别终端进行固件升级，以修复 Bug。

固件的升级一般有两种方式，一种是在线升级的方式，另一种是本地安装升级包的方式。门禁识别终端在有本地安装升级包的情况下可采用本地安装升级包的方式升级。升级过程如下。

（1）Web 端访问门禁识别终端，选择"配置"→"系统"→"维护"→"浏览"（选择对应的安装升级包文件）选项，如图 5-56 所示。

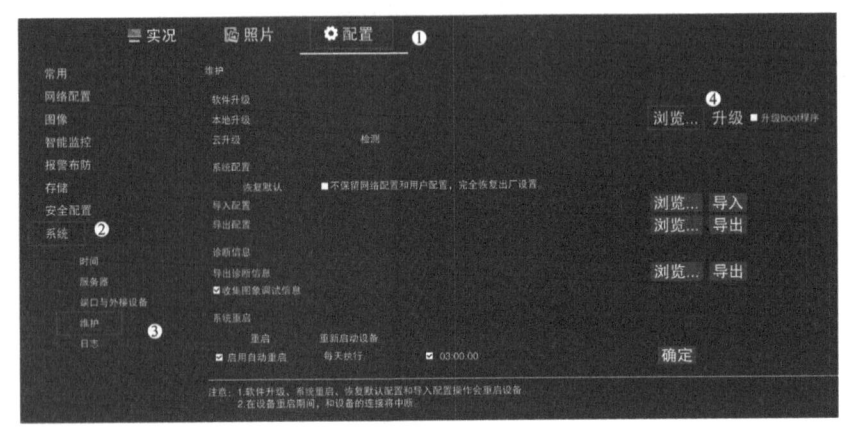

图 5-56　选择安装升级包

浏览目标文件夹后，导入并安装升级包"DFDM-1101.3.11-OldLic.zip"。

（2）勾选"升级 boot 程序"复选框，单击"升级"按钮。设备升级的过程需要一定时间（以实际情况为准）。设备升级完成后，会提示设备升级成功，且设备会自动重启，如图 5-57 所示。

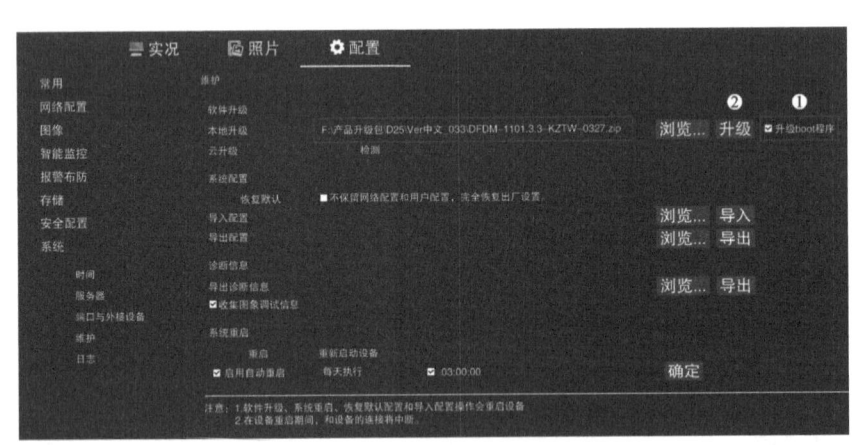

图 5-57　设备升级

（3）升级完成后，选择"配置"→"系统"→"维护"选项，勾选"不保留网络配置和用户配置，完全恢复出厂设置。"复选框，单击"恢复默认"按钮，使设备完全恢复出厂设置，此时将弹出"来自网页的消息"对话框，将提示"恢复出厂设置，存在 SD 卡时，SD 卡容量分配将恢复默认配置，SD 卡数据可能被清除"，单击"确定"按钮，如图 5-58 所示。

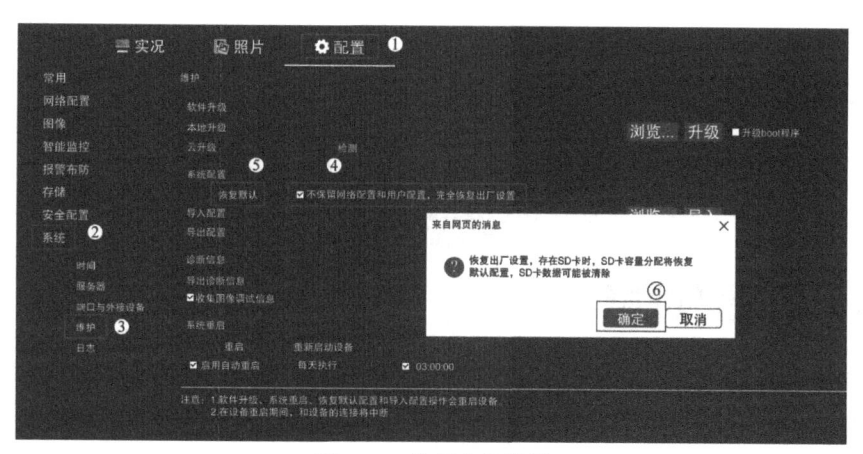

图 5-58 恢复出厂设置

六、填写故障排查记录

根据系统故障如实填写故障排查记录表，见表 5-11。

表 5-11 故障排查记录表

合同名称：智能停车门禁系统项目　　　　　　　　　　　编号：ZNTCMJ-2020-GZPC-01

序号	故障描述	故障原因及处理详情	排查时间	排查人员
1	物联网网关处于离线状态			
2				
3				
4				

任务三　车位管理系统故障维护

任务导入

任务描述

系统运维监控人员上报了刚投入使用的车位管理系统中电动推杆的故障。云平台接收到传感器信息，并对电动推杆发出指令，但电动推杆无相关动作。运维人员 K 针对故障现象，分析系统工作流程，初步判定为硬件故障，需要现场巡检，并完成故障排除任务。

任务要求

1. 根据布局图及连线图，正确安装及连接设备。
2. 正确配置网络设备。

219

3. 正确分析故障原因，及时排除故障。
4. 正确填写故障排查记录表。

知识准备

一、常见的硬件故障

物联网系统硬件主要由服务器设备、网络通信设备及终端设备构成。服务器设备通常由服务运营商负责运维，网络通信设备由通信运营商与本地设备运维部门管理，终端设备由本地运维部门负责。因此在运维过程中能够由运维部门处理的硬件设备主要是本地的网络通信设备及终端设备。

物联网通信及终端设备硬件故障主要集中在以下几个方面。
（1）设备电源故障。
（2）设备间连线故障。
（3）设备通信接口故障。
（4）设备老化产生的故障。
（5）受外力影响产生的设备故障。

二、排除硬件故障的基本方法

（1）设备电源故障首先排查外部供电线路是否正常，一般可以用测电笔或多用表进行测量。发现电源故障可以采用替代法，重新连接可用电源。

（2）设备间连线故障。设备间连线故障多发于系统安装初期或受自然灾害天气影响。断路及短路是最常见的故障。在现场巡检过程中，分析电路情况后，使用多用表等工具进行检测，检测出故障点后，用螺丝刀、尖嘴钳等安装工具对电路进行修复。

（3）设备通信接口故障，可采用相关软件工具监测相应接口，查看数据是否合理，实现故障排查。接口故障属于设备质量问题，应返厂维修。因此，如果发现接口故障，可采用替代法，用通信正常的设备替换，以解决故障。

（4）设备老化产生故障。设备老化是不可避免的，维护得当会延长设备使用寿命，当设备老化时，一般采用替代法，用同款新设备替代，以解决故障。

（5）受外力影响产生的设备故障。

三、设备简介

（一）光电开关

光电开关又称为光电传感器。本任务采用的是对射型光电传感器，可与单片机、电子计数器、继电器等产品配合使用。发射器对准接收器不间断发射光束，接收器把接收到的光能量转换成电流传输给后面的检测线路。光电开关设备简况及安装方法见表 5-12。

表 5-12 光电开关设备简况及安装方法

设备名称	设备简况	安装方法
光电开关	电源：DC 24 V 发射端：红 +24 V 蓝 GND 接收端：红 +24 V 蓝 GND 黑 信号线 发射端光线被遮挡后，黑线输出低电平	1. 先将支架固定于墙体或者安装面板上（注意高度要保持一致） 2. 通过专用垫片与螺母将光电对射组件固定于支架上

（二）电动推杆

在工业系统中，常用的现场执行器有电动推杆。电动推杆是直线运动驱动器，是由电机推杆和控制装置等组成的一种新型直线执行器材。电动推杆设备简况及安装方法见表 5-13。

表 5-13 电动推杆设备简况及安装方法

设备名称	设备简况	安装方法
电动推杆	工作电压：DC 24 V 工作行程：50 mm 红接 24 V，黑接 GND(24 V) 正转 红接 GND(24 V)，黑接 24 V 反转	使用固定件将电动推杆固定于墙体或安装面板上

（三）继电器

继电器是一种电控制器件，是一种当输入量（激励量）的变化达到规定要求时，在电气输出电路中使被控量发生预定的阶跃变化的电器。它具有控制系统（又称输入回路）和被控制系统（又称输出回路）之间的互动关系，通常应用于自动化的控制电路中。它实际上是用小电流去控制大电流运作的一种"自动开关"。故在电路中起着自动调节、安全保护、转换电路等作用。继电器设备简况及安装方法见表 5-14。

表 5-14 继电器设备简况及安装方法

设备名称	设备简况	安装方法
继电器	线圈控制电源：DC 24 V 接线：5、6 口根据设备情况连接相关电源，3、4 口连接执行器的正、负极，7、8 端口连接控制系统	方法 1：采用标准导轨安装的形式，将背面卡扣卡在导轨上即可 方法 2：通过左上角与右下角两个孔位，用 M4 螺钉固定

任务实施

一、任务分析

通过远程监控发现系统运行异常，当排除软件及通信故障后，可以结合现场巡查，对相关设备进行重点排查。发现硬件问题，可以采用替代法、仪器测试法等进行故障确认。

（一）网络拓扑分析

光电开关连接 OMRON CP2E 的输入端，OMRON CP2E 将采集的车位停车数据通过路由器传递到物联网网关上的连接器，物联网网关将数据转发给物联网云。物联网云对收集到的数据进行处理，根据车位上的停车情况对 LED 屏及电动推杆发出相应指令。LED 屏指令通过串口服务器发送给 LED 屏，OMRON CP2E 通过输出端口实现对电动推杆的控制。车位管理系统网络拓扑图，如图 5-59 所示。

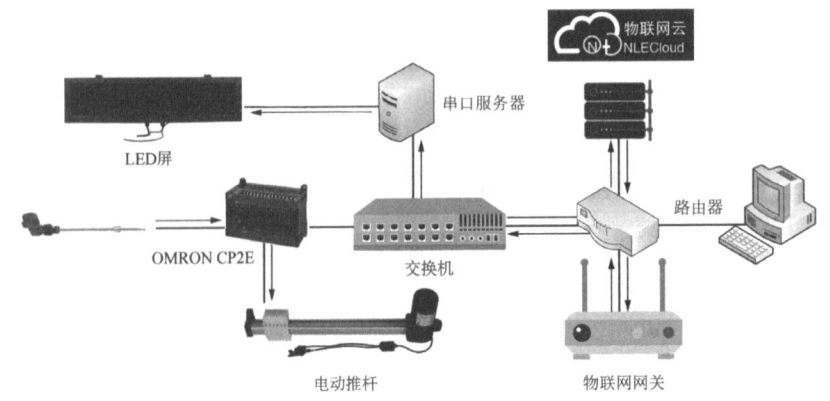

图 5-59　车位管理系统网络拓扑图

（二）故障简要分析

物联网云能够接收到光电开关发出的信号，说明网络是畅通的。物联网云也能根据光电开关信号相应发出推杆动作指令，说明物联网云策略运行正常。但推杆没有相应动作，故障可能存在于以下几个地方：物联网网关 PLC 连接器下属的执行器配置、OMRON CP2E 输出端口及推杆本身的质量。

二、安装与接线系统

（1）参照如图 5-60 所示的车位管理系统参考布局图安装设备。要求设备安装牢固，布局合理。

图 5-60　车位管理系统参考布局图

（2）根据车位管理系统连线图进行连线，如图 5-61 所示。

注意事项：电源大小及极性切勿接错、各信号线接口确保正确、连线工艺规范，保证电气连接良好。

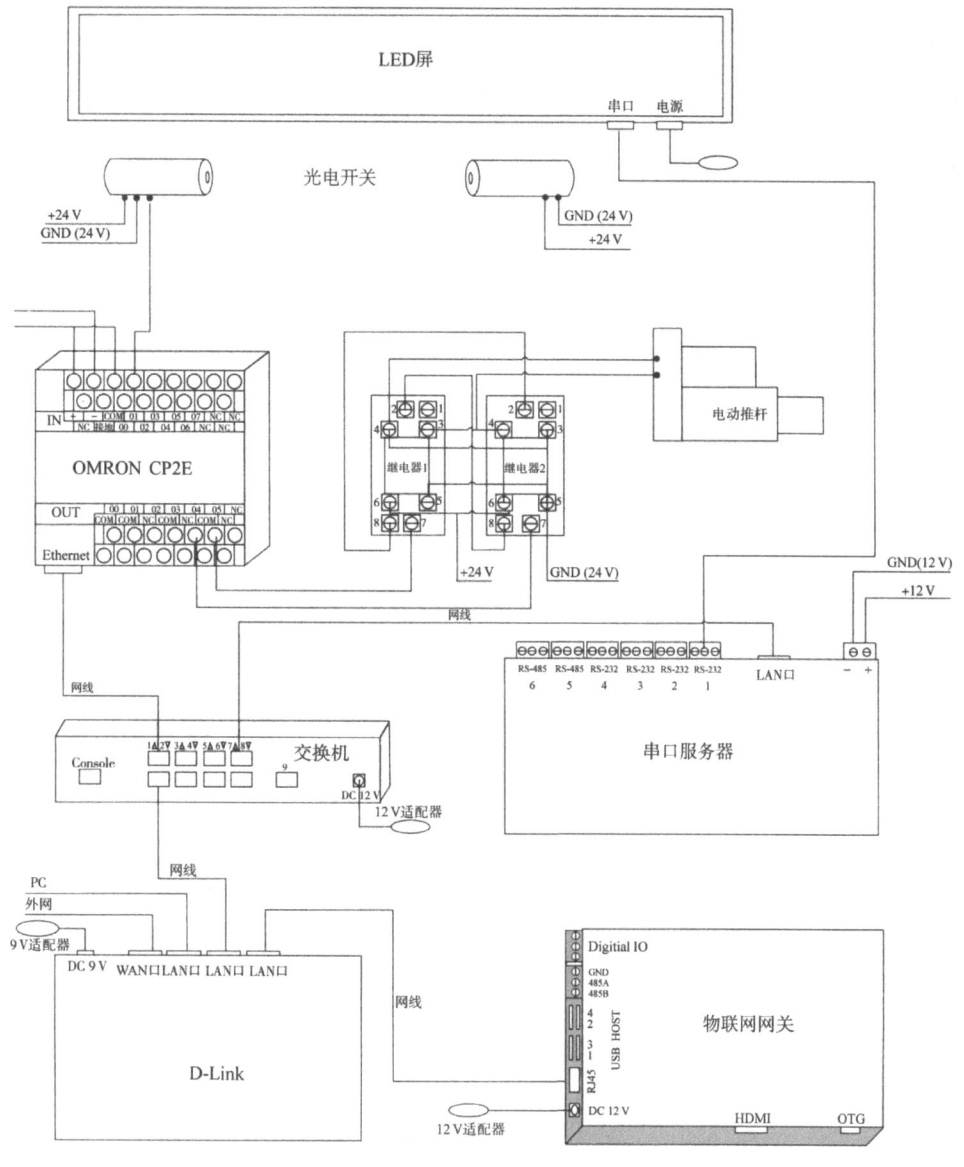

图 5-61　车位管理系统连线图

三、部署系统

（一）配置物联网网关

在物联网网关中，需要在 PLC 连接器下的 OMR 设备中添加光电对射传感器及电动推杆执行器。

1. 添加光电对射传感器

单击"OMR"设备按钮，单击"新增传感器"按钮，在"新增"对话框中填写要添加的传感器信息。在"传感名称"处填写"光电对射",在"标识名称"处填写"m_guangdds",在"传感类型"处选择"红外对射"选项,"可选通道号"根据执行器连接的PLC通道选择"DI1"选项,单击"确定"按钮,完成传感器添加,如图5-62所示。

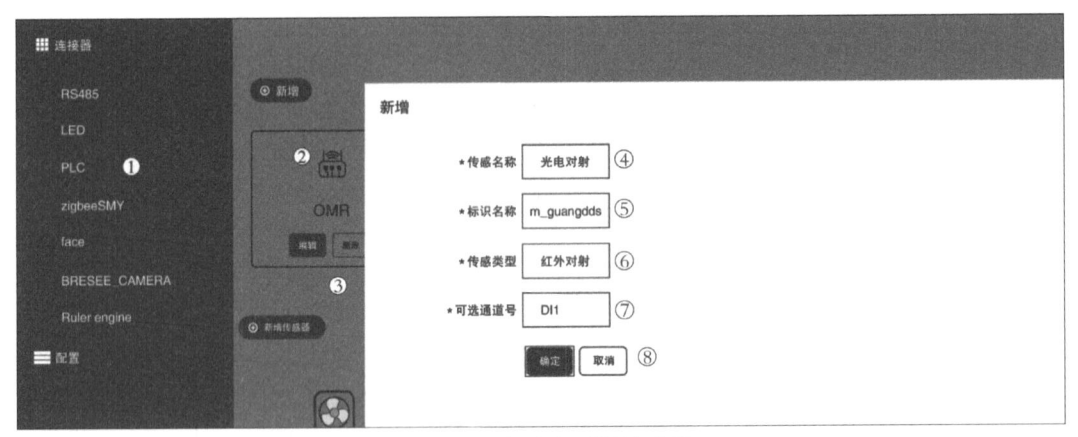

图5-62 添加光电对射传感器

2. 添加电动推杆执行器

单击"OMR"设备按钮,单击"新增执行器"按钮,在"新增"对话框中填写要添加的执行器信息。在"传感名称"处填写"电动推杆",在"标识名称"处填写"eletricputter",在"传感类型"处选择"电动推杆"选项,"可选通道号"根据执行器连接的PLC通道选择"DO4"与"DO5"选项,单击"确定"按钮,完成执行器添加,如图5-63所示。

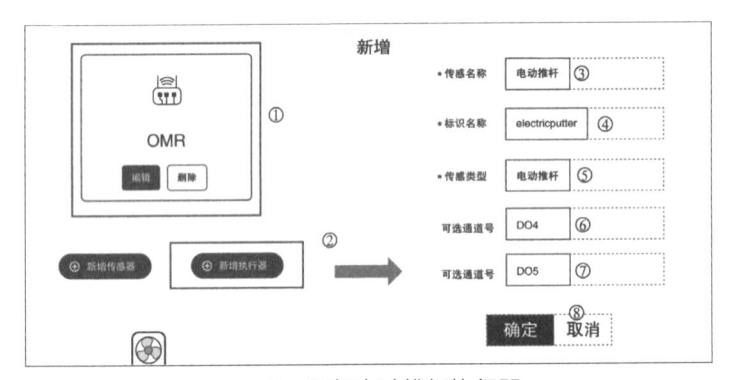

图5-63 添加电动推杆执行器

(二)配置云平台

云平台需要同步物联网网关的设备信息,并根据需求设置相应策略。

1. 同步物联网网关设备信息

登录云平台,进入物联网网关设备界面,在网关设备在线的情况下(小黄灯图标亮起),单击"数据流获取"按钮,完成云平台与物联网网关中的传感器、执行器同步。完成同步后,在传感器区块与执行器区块会显示物联网网关中添加的所有传感器与执行器。操作如图5-64所示。

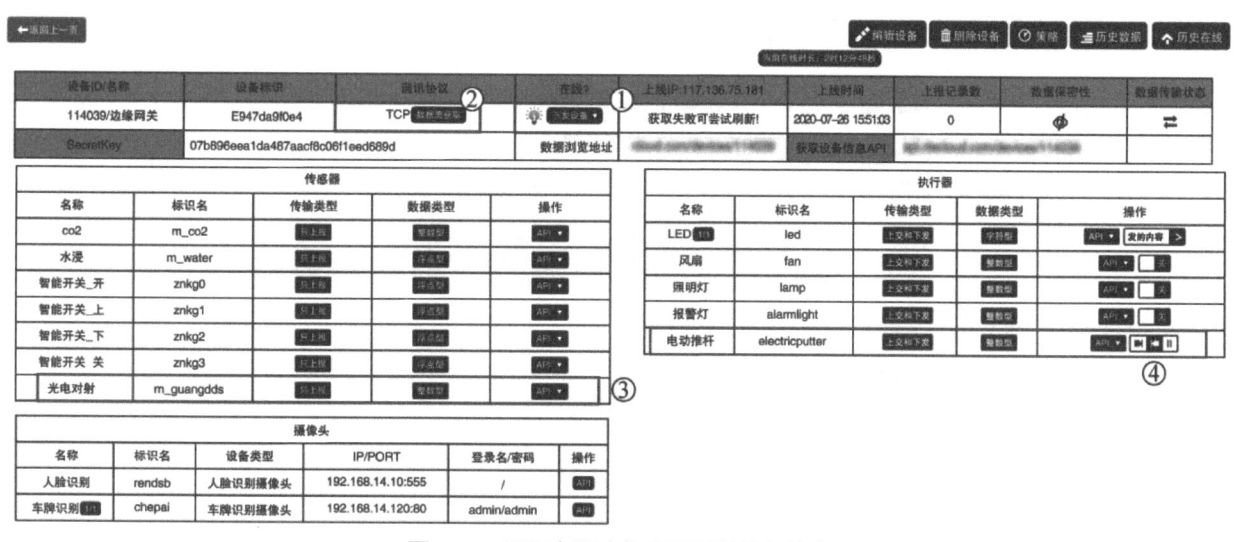

图 5-64　云平台同步物联网网关设备信息

2. 策略设置

当车位上停有车辆时，光电开关被遮挡，LED 屏显示车位已满，电动推杆伸出，通道关闭。当车位上没有车辆停放时，LED 屏显示车位空闲，电动推杆缩回，通道打开。车位已满策略设置如下。

进入"策略管理"界面，单击"新增策略"按钮，"选择设备"处选择"边缘网关"（物联网网关）选项，在"策略类型"处选择"设备控制"选项。"条件表达式"有三栏，第一栏选择"光电对射（m_guangdds）"选项，第二栏选择"等于"选项，第三栏输入"1"。在"策略动作"中选择"LED"选项，在"自定义值"处填写"车位已满"。单击"添加"按钮＋添加策略动作，选择"电动推杆"选项和"打开（1）"选项。单击"确定"按钮完成策略添加，如图 5-65 所示。

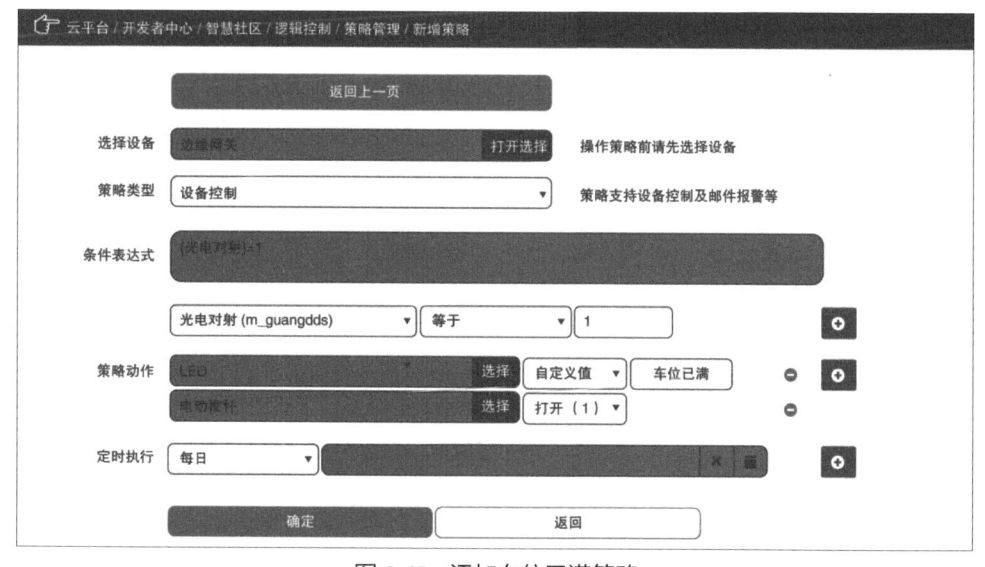

图 5-65　添加车位已满策略

参照车位已满策略，设置车位空闲策略，如图 5-66 所示。添加完成后需要开启策略。

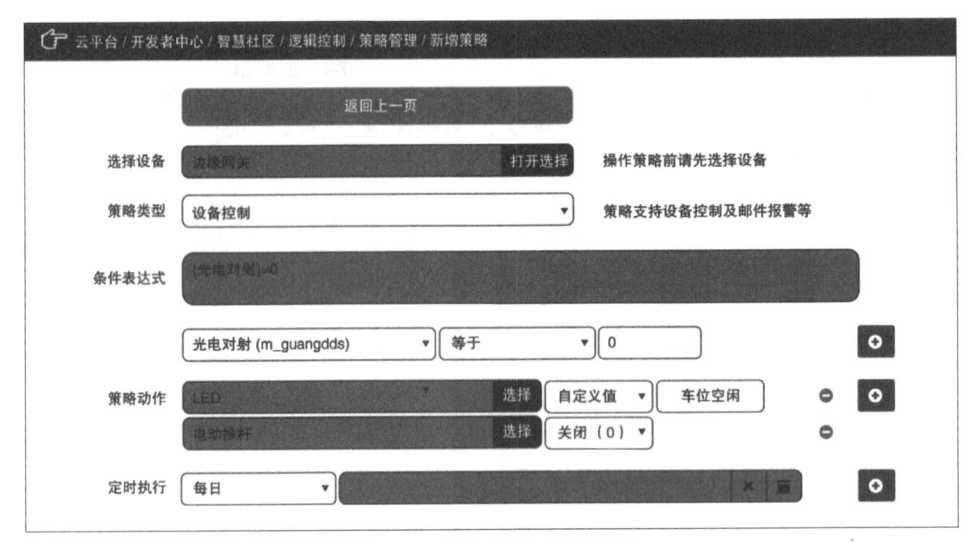

图 5-66　添加车位空闲策略

四、分析及排除硬件故障

（一）故障申报

云平台可以接收到光电开关数据，云平台对电动推杆发出指令，电动推杆无动作。

（二）故障分析

由于电动推杆是通过 OMRON CP2E 控制的，OMRON CP2E 若能接收到云平台指令，物联网网关即为正常，那么故障就在 OMRON CP2E 输出口到电动推杆的位置上；反之，物联网网关的执行器配置可能存在问题。

（三）故障处理策略

采用逐段分析排查，对重点怀疑处运用工具进行排查。应先查看 OMRON CP2E 输出指示灯状态，再根据显示结果排查物联网网关或者继电器连线，若继电器正常点亮，最后排查电动推杆。

（四）故障排查与修复

1. 检测 OMRON CP2E 设备

查看 OMRON CP2E 输出指示灯状态，若 OMRON CP2E 的 04 输出端口点亮，说明已接收云平台控制信号。但若 04 口连接的继电器没有触发，继电器工作指示灯将处于熄灭状态。

检测 04、05 口及其对应的 COM 电位。将黑表笔接电源 24 V 负极，红表笔接 04 口进行测量。测得电位为 22.62 V。同样方法测得 05 口电位为 22.62 V，04 口与 05 口下方的 COM 电位为 22.62 V。

将云平台的策略关闭，手动停止电动推杆，04 指示灯熄灭，分别测量三点电位，测得

04口电位为22.62 V、05口电位为22.62 V，COM电位为0 V。

各口电位数据见表5-15。

表5-15 各口电位数据

状态	04口	05口	COM
OMRON CP2E指示灯04亮、继电器指示灯全灭	22.62 V	22.62 V	22.62 V
设备指示灯全灭	22.62 V	22.62 V	0

结合图5-67继电器互锁电路分析数据。

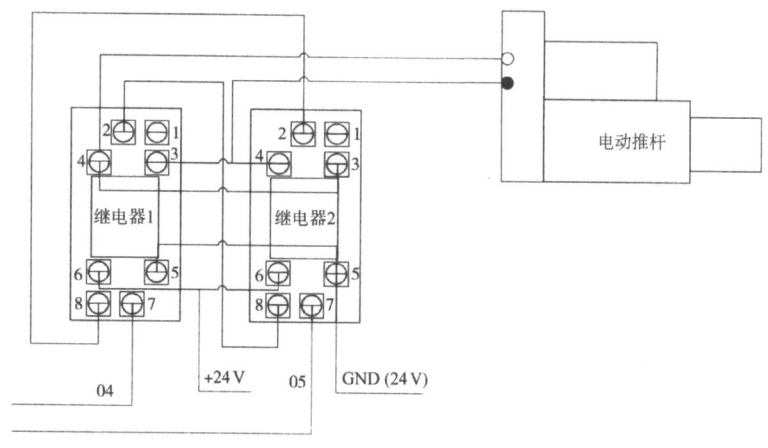

图5-67 继电器互锁电路

（1）04口、05口是接继电器控制线圈的7口，7口在内部是与8口相连，在断路情况下，它们的电位相同。因此电压都接近24 V。

（2）OMRON CP2E的04输出口灯亮，COM电压升到接近24 V，04输出口灯灭，COM电压降为0 V。说明OMRON CP2E输出仅仅作为一个开关。灯亮，开关接通，灯灭，开关断开，并无高低电平输出，因此，灯亮的情况下也不能给相应的继电器7口供低电平，也就无法驱动继电器控制线圈。

故障修复时，先将04、05输出口下的COM口与24 V负极相连，故障修复电路图如图5-68所示。

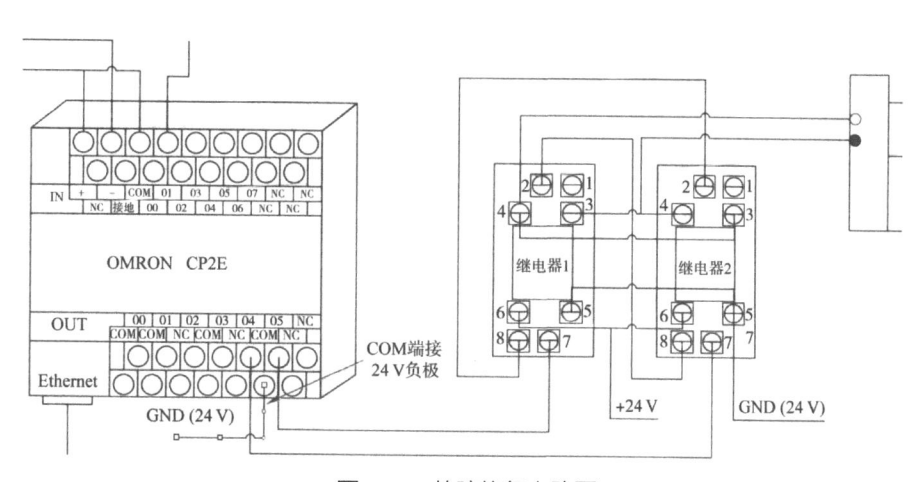

图5-68 故障修复电路图

2. 检测电动推杆设备

将电动推杆红黑线直接接入 24 V 电源。正接（红接正、黑接负）推杆推出，反接（红接负、黑接正）推杆缩回。电动推杆设备正常工作。如有异常情况说明电动推杆设备存在故障。

五、填写故障排查记录

根据系统故障如实填写故障排查记录表，见表 5-16。

表 5-16 故障排查记录　　　　编号：CWGL-2020-GZPC-01

合同名称：车位管理系统项目

序号	故障描述	故障原因及处理详情	排查时间	排查人员
1	云平台可以接收到光电开关数据，云平台对推杆发出指令，推杆无动作			
2				
3				
4				

项目评价

以小组为单位,配合指导老师完成项目评价表,见表5-17。

表 5-17 项目评价表

项目名称	评价内容	分值	评价分数 自评	评价分数 互评	评价分数 师评
职业素养考核项目（30%）	考勤、仪容仪表	10分			
	责任意识、纪律意识	10分			
	团队合作与交流	10分			
专业能力考核项目（70%）	积极参与教学活动并正确理解任务要求	10分			
	能根据设备运行监控的日常管理要求,通过监控设备信息,了解设备运行情况	20分			
	能根据设备故障现象,准确查询相应的设备信息和配置信息,分析、恢复设备配置参数	20分			
	能根据设备故障现象,分析故障原因,及时排除故障	20分			
合计：综合分数_____自评（20%）+互评（20%）+师评（60%）		100分			
综合评语		教师（签名）：			

思考练习

一、选择题

1. 终端设备安装在网络拓扑结构的（　　）。
   A. 前端　　　　　　B. 中端　　　　　　C. 后端　　　　　　D. 终端

2. 根据系统的工作原理及设备之间的关系,结合发生的故障分析和判断,减少测量、检查等环节,迅速确定故障发生的范围属于（　　）。
   A. 仪器测试法　　　B. 替代法　　　　　C. 直接检查法　　　D. 分析缩减法

3. 一般来说,（　　）故障不由本地运维部门负责。
   A. 硬件设备　　　　B. 网络通信设备　　C. 终端设备　　　　D. 服务器设备

4. 下面不属于硬件故障的是（　　）。
   A. 设备电源故障　　B. 设备连线故障　　C. 设备通信接口故障　D. 设备老化

二、填空题

1. 物联网系统集成项目设备运行监控主要方式有 _____ 和 _____ 。
2. 网络设备监控的内容主要包括 _____ 和 _____ 。
3. 物联网系统硬件主要由服务器设备、_____ 及终端设备构成。
4. 继电器是一种 _____ ，在电路中起着自动调节、_____ 、转换电路等作用。

三、简答题

1. 简述常见的物联网设备故障及原因。
2. 简述故障排除的步骤。
3. 请将常见的软件及通信故障汇总，分析原因并总结排除故障的方法，填写表5-18。

表 5-18　软件及通信故障排查记录

序号	故障现象	分析故障原因	故障处理方法
1			
2			
3			

请将常见的硬件故障汇总，分析原因并总结排除故障的方法，填写表5-19。

表 5-19　硬件故障排查记录

序号	故障现象	分析故障原因	故障处理方法
1			
2			
3			